넘버 미스터리

마커스 드 사토이 지음

넘버 미스터리

THE NUM8ER MY5TERIES

마커스 드 사토이 지음
안기연 옮김

승산

미디어 서평

꿈속처럼 기상천외하고 환상적이면서도 유용하기까지 하다. 수학이 이만큼 흥미로웠던 때는 없었다.

앨런 데이비스, 영화 배우

수학이 이렇게 재미있을 수 있다니! 복잡한 아이디어를 친숙하고 읽기 좋은 방법으로 풀어놓는 매력적인 책이다.

「타임 아웃」

퍼즐과 재미난 일화들이 잔뜩 들어 있는 즐거운 책이다. 저자는 수학에 능숙하면 모노폴리 게임에서 유리해지는 것은 물론 명성과 부까지 얻을 수 있음을 보여준다. 또한 말랑말랑한 기분전환용 수학을 거대한 미해결 난제와 연결시켜 묘사하면서도, 괴물 같은 수식과 어려운 증명을 굳이 피하려들지 않는다.

「뉴 사이언티스트」

실제 세계를 묘사하는 거침없는 친근함과 독창적인 시도는 사토이만의 장점이다. 그는 건축학, 도박, 축구, 스도쿠, 메시앙과 알반 베르크의 음악에 이르기까지 모든 것을 들여다본다.

「가디언」

오락성이 풍부하다. 사토이는 실제 세계에 도사리고 있는 색다른 세계를 파고든다.

「선데이 타임스」

현장 연구가의 열성적인 안내를 받으며, 한 저명한 생물학자와 함께 파나마 정글을 지나고 있는데 이 위대한 학자가 내게 속삭였다. "진정으로 자신의 동물을 사랑하는 사람에게 안내받는 건 정말 멋진 일임을 저는 잘 알지요." 동물을 사랑하는 생물학자로서 현장 연구가의 식물 사랑을 이해한다는 농담이다. 수는 사토이 교수가 기르는 동물이며, 수를 향한 그의 사랑이 책장 곳곳마다 묻어난다. 마커스 드 사토이는 수의 왕국에서 활약하는 스티브 어윈과 다름없다.

리처드 도킨스, 「이기적 유전자」, 「만들어진 신」의 저자이 책엔 흥미로운 퍼즐이랑 즐거운 수학이랑 아주 재미있는 것들이 가득 가득해요!

Sean White, 8세

대부분의 수학자의 철학이 그렇듯, 드 사토이는 단순히 남에게 설명을 듣는 것보다는 스스로 해보는 과정에서 수학의 기쁨을 누릴 수 있다고 생각한다. 그래서 그는 책 전반에 독자들이 참여할 수 있는 퍼즐들을 넣어 놓았다. 수학에 관심 있는 사람들 누구에게나 이 책을 권하며, 이 책의 독자층을 연령으로 제한하면 안 된다고 생각한다. 10대들에게 적합하고 똑똑한 8살 어린이도 읽을 수 있겠지만, 성인 독자들이 읽기에도 아주 훌륭하다.

S. Meadows

남편은 그동안 내 '수학책'들을 수면제 효과를 보려고 잠자리에서 읽었다. 어머니께 생일 선물로 이 책을 받기 전까지는! 남편은 게으른 비누 거품 이야기, 바빌로니아인이 손가락으로 60까지 세는 방법, 축구 팀의 에이스는 항상 등번호가 소수라는 사실 등등 7살짜리가 좋아할 주제들 속으로 빠져버렸다. 수학이 이렇게 재미있는지 누가 알았겠는가?

Ali Bell

대답하기 어려운 질문을 산더미처럼 해대던 호기심 많은 우리집 13살짜리 꼬마가, "이 책에는 그동안 제가 했던 질문들의 답이 있어요!"라고 말했다. 이만하면 이 책을 읽을 이유가 충분하지 않은가?

Lucy B

미래의 수학도로써 나는 마커스 드 사토이의 책 애독자이며, 책상에 그의 책을 이미 여럿 꽂아두었다. 그는 독자를 몰입시키는 책을 쓰며 그 내용은 명료하고, 전문 지식으로서 가치가 높다. 역시 이번에도 그는 나를 실망시키지 않았다.

Mr. Nigel R. Gooding

수학 지식이 별로 없는데도 이 책을 읽는 데는 전혀 문제되지 않았다. 몰랐던 것들을 깨닫는 여정이 전혀 고통스럽지 않았다. 이 책은 수학이 수들로 이루어진 시임을 알게 했으며, 수학의 목적을 알게 하였다. 신비한 수학의 세계를 이해하기에 늦은 나이는 없다.

M. Fox

샤니에게

차 례

머리말

기후 변화는 실제로 일어나고 있을까? 태양계는 언젠가 한순간에 파국을 맞을까? 인터넷으로 신용 카드 거래를 해도 안전할까? 카지노에서 돈을 따려면 어떻게 해야 할까?

언어를 쓸 수 있게 되고 나서부터 인류는 — 미래의 실마리를 얻기 위해, 다가오는 상황에 원만하게 대처하기 위해 — 끊임없이 질문을 던져 왔다. 이 거칠고 복잡한 세계를 가늠하기 위해 인류가 만들어낸 가장 강력한 수단은 바로 수학이다.

축구공이 그리는 궤적을 예측하고, 나그네쥐의 개체 수를 수치화하며, 모노폴리 게임에서 승자가 되기 위해 암호를 푸는 일까지, 수학은 자연의 수수께끼를 푸는 비밀의 언어였다. 그렇다고 수학자들이 모든 문제에 대한 답을 알고 있는 것은 아니다. 수많은 심오하고 근본적인 문제들이 여전히 풀리지 않은 채 남아 있으며, 수학자들은 그것들을 해결하기 위해 오늘도 씨름 중이다.

이 책의 각 장에서 당신은 수학의 큰 주제들 속을 여행하게 될 것이며, 그 끝에는 지금껏 누구도 풀 수 없었던 수학의 수수께끼들이 나타날 것이다. 이들은 악명 높은 미해결 난제들이다.

이 난제들 중 하나만 풀더라도 당신은 명예뿐 아니라 천문학적인 액수의 상금을 얻게 될 것이다. 랜던 클레이Landon Clay라는 미국인 사업가는 난제 하나당 상금으로 백만 달러를 걸었다. 일개 사업가가 수학 문제 해결에 이토록 어마어마한 상금을 걸었다는 사실이 이상한가? 그러나 그는 과학, 기술, 경제, 그리고 지구의 미래가 모두 수학에 달려 있음을 아는 사람이다.

백만 달러짜리 난제들은 다섯 개로 이루어진 각각의 장에서 하나씩 소개될 것이다.

1장, 「**영원히 끝나지 않는 소수들에게 일어난 의문의 사건**」은 수학에서 다루는 가장 기본적인 대상인 수를 주제로 한다. 나는 이 장에서 수학에서 가장 중요하면서도 가장 불가사의한 존재인 소수를 소개하려 한다. 그들의 비밀을 밝혀 낼 수 있는 사람이 백만 달러의 주인공이다.

2장, 「**도무지 종잡을 수 없는 형태**」에서는, 자연에 존재하는 기묘하고 경이로운 형태들 — 주사위에서 비눗방울, 홍차 티백에서 눈송이에 이르는 — 속을 여행하게 된다. 그리고 마지막에는 가장 어려운 난제에 직면한다. 이 우주는 어떠한 형태일까?

3장, 「**연승 행진의 비밀**」에서는 게임을 할 때 논리학과 확률론의 수학으로 상대보다 유리해지는 방법을 보게 될 것이다. 가짜 돈으로 모노폴리 게임을 하든 진짜 돈을 가지고 도박을 하든, 수학을 활용하면 많은 경우 선두에 서게 된다. 그러나 어떤 게임들은 규칙이 단순한데도 가장 명석한 사람들조차 이기는 방법을 알아내기 어려워한다.

4장, 「**해독할 수 없는 암호**」의 주제는 암호론이다. 수학은 비밀 메시지를 해독하는 데 줄곧 핵심적인 역할을 해 왔다. 이 장에서는 수학을 이용하여 인터넷상에서 안전하게 소통하고, 멀리 떨어진 곳에 메시지를 보내며, 심지어는 친구의 마음을 읽는 일도 가능한 새로운 암호를 어떻게 만들어내는지 볼 것이다.

5장, 「**미래를 예측하는 방법을 찾아서**」에서는 제목 그대로 모두가 꿈꾸던 이야기이다. 나는 수학 방정식이 가장 적중률 높은 예언자라고 말하고 싶다. 방정식은 일식을 예측하고, 부메랑이 왜 다시 돌아오는지를 설명하며, 궁극적으로는 우리 행성의 앞날에 벌어질 일을 이야기한다. 그러나 어떤 방정식들은 여전히 풀리지 않은 채로 남아 있다. 5장은 난류의 문제로 끝을 맺는다. 난류는 데이비드 베컴의 프리킥에서 항공기의 비행에 이르는 모든 일에 영향을 주지만, 아직도 풀리지 않은 악명 높은 난제이다.

이 책은 쉬운 것부터 어려운 것까지 다양한 난이도의 수학을 소개한다. 각 장을 마무리하는 미해결 문제들은 너무나 어려워서 지금까지도 그 해법을 아는 사람이 없을 정도이다.

그러나 나는 중요한 수학적 주제들을 사람들에게 알리는 일에 가치가 있음을 굳게 믿는다. 셰익스피어나 스타인벡을 접하면 문학이 주는 흥분을 경험할 수 있다. 모차르트나 마일스 데이비스를 처음 듣는 순간, 음악은 살아 움직인다. 모차르트를 직접 연주하기는 어렵다. 셰익스피어는 전공자들에게도 난해할 때가 있다. 그렇다고 우리가 이 위대한 사상가들의 작품을 전문적인 감식가들의 몫으로 남겨 두어야 한다는 법은 없다. 수학도 이와 똑같다. 그러니 여기에 등장하는 수학 내용의 일부가 어렵게 느껴진다면, 당신이 따라갈 수 있는 만큼만 즐기고 셰익스피어를 처음으로 읽었을 때의 느낌을 기억하라. 학교에서는 모든 것의 기초가 수학이라고 배운다. 이 책을 통해 나는 수학을 생활 속으로 끌어들여, 오늘날까지 인류가 발견한 위대한 수학을 선보이고자 한다. 또한 지금껏 풀리지 않은 문제들을 살펴봄으로써 역사적으로 뛰어난 수학자들과 자신을 비교해 보는 좋은 기회가 되길 바란다. 책을 덮고 나면, 보이는 모든 것과 우리가 하는 모든 일의 중심에 수학이 있음을 이해하길 바란다.

추천 웹 사이트

이 책의 원서 『The Number Mysteries』의 공식 웹 사이트는 http://www.fifthestate.co.uk/numbermysteries/ 이다. 책에 소개된 입체도형을 직접 만들어 보거나 게임을 할 수 있는 도구를 PDF 파일로 제공한다.

또한 책 전반에는 외부 웹 사이트가 소개되어 있다. 웹 브라우저에 주소를 입력하는 기존의 방법으로 접속해도 되고, 스마트폰으로 QR 코드를 읽어도 바로 접속된다. QR 코드는 검은색, 흰색 화소로 이루어져 있는 일종의 '바코드'와 같은 것이다. 우선 스마트폰으로 QR 코드를 읽는 애플리케이션을 내려받는다. (안드로이드폰은 안드로이드 마켓에서, 아이폰이라면 앱 스토어에서 'QR reader' 등으로 검색하자. 블랙베리폰은 BlackBerry Messenger로 버전 5.0부터 'Scan a Group Barcode' 메뉴로 코드를 읽을 수 있다.) 그런 다음 애플리케이션을 실행하여 카메라 렌즈를 대고 코드를 '찍으면' 해당 웹 사이트로 연결된다. 다음은 이외에 참고할 만한 웹 사이트이다.

■ www.simonyi.ox.ac.uk
옥스퍼드 대학교의 '대중의 과학 이해를 위한 찰스 시모니 석좌 교수직' 공식 사이트이다. 저자의 근래 소식을 알 수 있다.

- www.maths.ox.ac.uk/~dusautoy

각종 수학 저널과 대중 매체에 기고한 자료들을 보관하는 저자의 개인 홈페이지 주소이다.

- www.conted.ox.ac.uk

이 책을 중심 주제로 하여 옥스퍼드 대학교 평생교육원에서 개발한 5주짜리 교육 과정을 인터넷으로 수강할 수 있다.

- www.clymath.org

클레이 수학 연구소Clay Mathematics Institute의 웹 사이트이다. 백만 달러짜리 문제들이 수학 용어로 기술되어 있다.

- http://www-groups.dcs.st-and.ac.uk

세인트 앤드루스 대학교가 관리하는 웹 사이트이다. 방대한 수학적 전기 자료들을 참고할 수 있다.

이 책의 원서 출판사 4th Estate와 한국어판 출판사 도서출판 승산은 지금까지 언급한 외부 사이트의 어떤 내용에 대해서도 책임이 없음을 밝혀둔다.

1장
영원히 끝나지 않는 소수들에게 일어난 의문의 사건

1, 2, 3, 4, 5, …… 정말이지 단순하다. 1을 더하면 다음 수가 나온다. 그러나 이렇게 단순한 수들이 없다면 세상은 혼란에 빠질 것이다. 예를 들어, 아스널과 맨체스터 유나이티드의 경기에서 누가 이겼는지조차 알 수 없을 것이다. 분명 서로 골을 넣긴 했지만 얼마나 넣었는지 모르기 때문이다. 또, 이 책의 색인에서 뭔가를 찾을 때는 어떠한가? 음, '복권 당첨 번호 예측하기'를 다룬 글이 중간 어디쯤에 있더라 …… 그전에 복권 그 자체는 또 어떠한가? 숫자가 없다면 당첨조차 기대할 수 없다. 수라는 언어는 세상을 살아가는 데 놀라울 정도로 중요하다.

동물의 왕국에서도 수는 중요하다. 무리를 지어 다니는 동물들은 자기 무리의 수가 적보다 많은지를 먼저 판단하고 싸울지 도망갈지를 결정한다. 동물들의 생존 본능도 어느 정도 수학적 능력에 달려있다. 그러나 숫자들의 단순한 나열에서 받는 첫인상 뒤에는 수학의 가장 큰 수수께끼가 놓여 있다.

2, 3, 5, 7, 11, 13, …… 이들은 소수이다. 즉, 1과 자기 자신 외에는 다른 수로 나누어떨어지지 않으며 다른 모든 수를 구성하는 기본 요소이다. 수학의 세계에서 소수는 수소와 산소인 셈이다. 수 이야기의 핵심인 이들은, 무한히 펼쳐진 수들 사이에서 빛나는 보석과도 같다.

이처럼 소수들은 분명히 중요한 요소이면서도, 수학자들이 지식을 추구하는 과정에서 가장 골칫거리이기도 하다. 소수를 찾는 방법은 완벽한 수수께끼로 한 소수에서 다음 소수를 구하는 마법의 공식은 보이지 않는다. 이들은 어딘가에 숨겨진 보물이지만 보물 지도를 가진 이는 아무도 없다.

이 장에서는 이 특별한 수에 관하여 우리가 이해하고 있는 바를 탐구한다. 그 과정에서 여러 문화권들이 어떻게 소수를 기록하고 탐구했는지, 음악가들은 어떻게 당김음 리듬을 활용했는지 알게 될 것이다. 또한 외계 생명체와 소통할 때 소수가 사용되어온 이유가 무엇이며, 소수가 인터넷 보안에 이용되는 방법도 알게 될 것이다. 이 장의 마지막에서는 소수에 관한 수수께끼가 드러나는데, 여러분이 그것을 해결하면 백만 장자가 될 것이다. 그러나 그전에, 지금 주변에서 볼 수 있는 수에 숨겨진 위대한 비밀에서부터 출발하자.

베컴은 왜 등번호로 23번을 선택했을까?

2003년 데이비드 베컴이 레알 마드리드로 이적했을 때, 그가 등번호로 23을 선택한 이유를 둘러싸고 온갖 추측이 난무했다. 베컴은 영국의 맨체스터 유나

이티드에서는 7번 유니폼을 입고 활동했기 때문에 많은 사람들이 이를 이상한 선택이라고 생각했다. 문제는 레알 마드리드에서 7번 유니폼은 이미 라울 곤잘레스가 입고 있었으며 그가 영국에서 온 이 매력적인 선수에게 자기 번호를 넘길 생각은 없었다는 사실이었다.

수많은 이론들이 베컴의 선택을 설명했는데, 그중 가장 유명한 것은 마이클 조던이론이었다. 레알 마드리드는 미국 시장에 입성해서 수많은 미국인에게 유니폼 셔츠를 팔 계획이었다. 그러나 축구는 미국인에게 인기 있는 스포츠가 아니다. 미국인은 100 : 98의 점수로 끝나며 언제나 승자가 나와야 하는 농구나 야구 같은 스포츠를 좋아한다. 90분 동안이나 진행되는데 0 : 0 무승부로도 끝날 수 있는 경기에 그들은 흥미를 느끼지 못한다.

마이클 조던 이론에 따르면, 레알 마드리드의 조사 결과 세계에서 가장 인기 있는 농구 선수는 바로 시카고 불스에서 최다 득점을 올린 마이클 조던이었다. 조던은 활동 기간 내내 23번 유니폼을 자랑스럽게 입고 뛰었다. 레알 마드리드 팀이 해야 할 일은 23번 유니폼을 만들고 조던과의 연관성이 마법을 발휘해 미국 시장에 침투하는 행운이 일어나기를 바라는 것뿐이었다.

어떤 이들은 이를 너무 부정적인 시선으로 바라본 이론이라고 평하면서도 오히려 더 불길한 해석을 내놓았다. 율리우스 카이사르는 등을 23번 찔려 암살당했다. 베컴의 선택은 흉조였을까? 또 다른 이들은 베컴이 『스타 워즈』를 각별히 아끼기 때문이라고 보았다(영화 스타 워즈 1편에서 레이아 공주는 AA23번 감옥에 감금되었다). 심지어 베컴이 분쟁과 불화의 여신 에리스를 숭배하는 컬트 종교 디스코디니즘의 비밀 신도로서 숫자 23의 수비학에 집착하는 사람이라는 해석도 있었다.

그러나 23을 보는 순간 나에게는 수학과 관련된 설명이 떠올랐다. 23은 소수이다. 소수는 자기 자신과 1로만 나누어떨어지는 수이다. 17과 23은 자신보다 더 작은 두 수의 곱으로 표현될 수 없기에 소수이며, 15는 15 = 3 × 5이기 때문에 소수가 아니다. 소수는 수학에서 가장 중요한 수로서 다른 수들은 모두 소수들의 곱으로 만들어진다.

105를 예로 들어 보자. 이 수는 분명히 5로 나누어떨어진다. 따라서 105 = 5 × 21로 쓸 수 있다. 5는 소수이기 때문에 더는 나눌 수 없지만, 21은 그렇지 않다. 21은 3 × 7이다. 따라서 105는 3 × 5 × 7로 나타낼 수 있다. 그러나 이 이상의 분해는 불가능하다. 모두 더 이상 분해할 수 없는 소수이기 때문이다. 어떠한 수를 가지고도 이 작업을 할 수 있다. 1을 제외한 모든 자연수는 소수이거나 더 작은 소수들의 곱으로 나타낼 수 있는 '합성수'이기 때문이다.

그림 1.01

소수는 모든 수의 구성 요소이다. 분자가 수소나 산소, 나트륨이나 염소와 같은 원자로 구성되듯 수는 소수로 만들어진다. 2, 3, 5와 같은 수들은 수학의 세계에서 수소, 헬륨, 리튬이다. 그래서 이들은 수학에서 가장 중요한 수이다. 수학뿐만 아니라 레알 마드리드에도 이들은 분명히 중요했다.

2010년의 레알 마드리드 팀을 더 자세히 살펴보면서, 나는 팀 내에 수학자가 있을지도 모른다는 의혹을 품기 시작했다. 실제로 베컴이 이적한 그 시기에 레알 마드리드의 모든 주전 선수들, 갈락티코 군단 전부가 소수가 적힌 유니폼을 입고 경기하고 있었다. 카를로스(수비)는 3번, 지단(핵심 미드필더)은 5번, 라울과 호나우두(레알의 주요 스트라이커들)는 각각 7번과 11번. 따라서 어쩌면 베컴이 후에 스스로도 매우 애착을 갖게 된 소수 번호를 선택한 것은 필연이었을지도 모른다. LA 갤럭시로 이적했을 때 그는 축구로 미국 대중들의 환심을 사기 위해 자신의 등 번호를 소수로 고집했는지도 모른다.

보통 논리적이고 분석적이라고 여겨지는 수학자에게서 나온 소리치고는 지나치게 비이성적으로 들릴지도 모르겠다. 그렇지만 나도 내가 속한 축구팀 레크레아티보 해크니Recreativo Hackney에서 소수 번호의 유니폼을 입고 뛰고 있기에, 23번 선수와 무언가 연결되어 있다는 느낌을 받곤 한다. 내가 속한 아마추어 일요 축구팀은 레알 마드리드처럼 크지 않아 23번이 없었기에, 나는 그나마 꽤 그럴듯한 소수인 17 — 왜 그런지는 나중에 살펴보겠다 — 을 선택했다. 그러나 첫 번째 시즌에서 우리 팀의 성적은 전체적으로 썩 좋은 편이 아니었다. 우리는 런던 슈퍼 선데이 리그 2부에서 경기하고 있으며, 꼴찌로 그 시즌을 마쳤다. 이 리그는 런던에서 최하위 리그이므로 이제 올라가는 일만 남았다는 것은 좋은 점일 지도 모른다.

하지만 어떻게 해야 우리 팀의 등수를 올릴 수 있을까? 어쩌면 레알 마드리드는 무언가를 알고 있었을지도 모른다. 소수 등번호의 유니폼을 입고 경기하면서 심리적인 효험이라도 보았던 것일까? 아무래도 우리 팀 번호에는 8, 10, 15 같은 합성수(비소수)가 너무 많다. 다음 시즌에 나는 팀을 설득했고 선수들은 2, 3, 5, 7, …… 43의 소수 번호가 적힌 유니폼을 입고 경기를 했다. 그러자 우리 팀은 1부 리그로 승격했지만, 곧 소수 효과는 한 시즌에서만 지속된다는 교훈을 얻었다. 팀은 다시 2부 리그로 강등되었고 지금은 또 다시 행운을 가져다 줄 새로운 수학 이론을 찾아보는 중이다.

상상 속의 소수 축구 게임

『The Number Mysteries』 웹 사이트에서 (http://www.fifthestate.co.uk/number-mysteries/) 이 게임의 PDF 파일을 내려받는다. 각 게임 참여자는 축구 선수를 그린 종이 인형 셋을 잘라 세우거나 피규어를 말로 삼아 등번호를 서로 다른 세 소수로 붙인다. 또 이왕이면 2장 그림 2.04의 '플라톤 축구공'이나 96쪽의 '아르키메데스 축구공'을 사용하자.

　I 팀의 한 선수가 공을 가지고 경기를 시작한다. 공은 상대팀의 세 선수를 통과해야 한다. 상대방은 I 팀의 선수가 가진 공을 빼앗을 첫 번째 선수를 정한다. 이제 주사위를 던진다. 주사위는 흰색3, 흰색5, 흰색7, 검은색3, 검은색5, 검은색7의 6면으로 되어 있다. 자신의 차례에 주사위를 던져 나온 수로 자신의 등번호와 상대방의 등번호를 나누어 나머지를 구한다. 이때, 흰색 면이 나왔다면 자신의 나머지가 상대방의 나머지보다 크거나 같아야 이긴다. 반대

로 검은색 면이 나왔다면 자신의 나머지가 상대방의 나머지보다 작거나 같아야 이긴다

득점을 올리기 위해서는 상대편 선수들을 모두 이겨야 하며 그러려면 상대방이 임의로 선택한 소수와 대결해야 한다. 상대편에 패배하자마자 공은 상대방에게로 넘어간다. 공을 갖게 된 팀은 공을 빼앗은 그 선수를 가지고 상대 팀 세 명을 제쳐야 한다. I 팀의 슛이 빗나가면 II 팀이 공을 가지고 선수들 중 한 명에게 전달한다.

경기는 시간 제한 속에서 촉박하게 진행할 수도 있고 한 골에서 세 골을 넣을 때까지 진행할 수도 있다.

레알 마드리드의 골키퍼는 등번호 1이 적힌 유니폼을 입어야 할까?

레알 마드리드의 주전 선수들이 소수가 적힌 유니폼을 입는다면, 골키퍼는 어떤 번호가 적힌 유니폼을 입어야 할까? 다시 말해, 수학에서 1은 소수일까? 그렇기도 하고 아니기도 하다. (이것도 답이 되고 저것도 답이 되는, 누구나 사랑할 법한 수학 문제이다.) 2백 년 전의 소수표에서는 1이 첫 번째 소수였다. 나누는 수가 자기 자신뿐인 1도 결국 나눌 수 없는 숫자이기 때문이다. 그러나 오늘날 수학자들은 1을 소수라고 하지 않는데 이는 수의 구성 요소인 소수의 가장 중요한 특징 때문이다. 어떤 수에 소수를 곱하면 새로운 수가 나온다. 비록 1이 나누어지지 않는 수이기는 하지만, 어떠한 수에 1을 곱해도 처음의 수

가 나올 뿐 새로운 수를 만들어내지 못하기 때문에 1을 소수에서 제외하고 2를 가장 작은 소수로 간주한다.

레알 마드리드가 소수의 잠재력을 최초로 발견한 것은 결코 아니었다. 그렇다면 어떤 문명이 그것을 처음 발견했을까? 고대 그리스? 중국? 이집트? 수학자보다 먼저 소수를 발견한 것은 바로 작고 괴상한 벌레였다.

왜 미국 매미는 소수 17을 좋아할까?

북미 대륙의 숲 속에는 삶의 주기가 매우 이상한 매미 종이 산다. 17년 동안 이 매미들은 나무 뿌리에서 수액을 빨아 먹는 일 이외에는 거의 아무것도 하지 않고 땅속에 숨어 산다. 그러다가 17년째 되는 해 5월에 이들은 집단으로 지표면 위에 — 에이커 당 백만 마리, 곧 제곱미터당 40억 마리까지 — 등장하여 숲을 잠식한다.

매미들은 노래를 불러 짝을 유혹한다. 이 엄청난 소음 때문에 지역 주민들은 17년마다 일어나는 이 침략 기간 동안 대부분 다른 곳으로 거주지를 옮긴다지만 밥 딜런은 1970년 프린스턴 대학교의 명예 학위를 받으러 가던 중 대학 근처 숲에서 들려온 매미들의 불협화음에서 영감을 얻어 「매미들의 날Day of the Locusts」이라는 노래를 썼다.

짝을 유혹해서 짝짓기를 마치면, 암컷은 땅 위에 600여 개의 알을 낳는다. 6주간의 파티가 끝나면 매미들은 모두 죽고 숲은 17년 동안 다시 조용해진다. 다음 세대는 한여름에 부화하고, 애벌레들은 숲 바닥으로 떨어져 영양분을 공급받을 뿌리를 찾을 때까지 땅속을 파고 들어가 17년 후에 다시 일어날 성대한 매미 파티를 기다린다.

매미들이 17년이라는 시간 경과를 계산한다는 사실을 밝혀낸 것은 확실히 생물공학bionics이 달성한 경이로운 위업이다. 매미가 한 해 일찍 또는 한 해 늦게 나타나는 일은 매우 드물다. 동식물들의 1년 활동 주기는 대부분 계절과 온도의 변화에 따라 조절된다. 태양 주위를 17바퀴 돈 지구가 매미들의 출현을 자극할 수 있다는 결론을 내리기에는 아직 증거가 없다.

수학자들이 가장 이상하게 생각하는 점은 선택된 숫자가 17, 소수라는 점이다. 매미들이 땅속에 숨어 소수의 햇수를 보내게 된 것은 그저 우연에 불과할까? 그렇지 않은 것 같다. 어떤 매미 종은 땅속에 머무는 기간이 13년이며, 적게는 7년 동안 머무는 매미 종도 있다. 13과 7은 모두 소수이다. 놀랍게도 17년 주기 매미가 지나치게 빨리 나타나는 경우, 주기가 13년으로 바뀌기라도 한 듯 보통 1년이 아닌 4년이나 일찍 나타난다. 소수와 관련된 무언가가 실제로 다양한 종의 매미들을 돕는 듯하다. 그 무언가는 대체 무엇일까?

과학자들이 확실한 설명을 제시하지 못하는 동안 매미들이 소수에 중독된 이유를 설명하는 수학 이론이 나타났다. 우선, 몇 가지 사실. 숲에는 기껏해야 한 종류의 매미만 나타나며, 그래서 이 설명은 다른 종들 간의 자원 분배에 대해서는 다루지 않는다. 거의 매년 미국의 어딘가에서는 소수 주기를 지닌 매미 종이 출현한다. 2009년과 2010년은 매미가 없는 해였다. 이와 달리 2011년 미국 남동부에서는 엄청난 수의 13년 주기 매미들이 관찰되었다(우연히도 2011은 소수이지만, 매미들이 그 정도로 영리하지는 않을 듯하다).

현재 매미들의 소수 주기 생애를 설명하는 가장 훌륭한 이론에 따르면 매미들의 생애 주기는 숲 속에서 매미들이 출현하는 때에 맞춰 나타나 양껏 포식하려는 천적들과 관련이 있다. 이 이론에서는 자연선택의 원리가 등장하는데, 생애 주기가 소수인 매미는 합성수 주기의 매미보다 포식자를 만날 확률이 훨씬 낮으며 따라서 소수의 생애 주기를 가진 매미들만이 살아남는다.

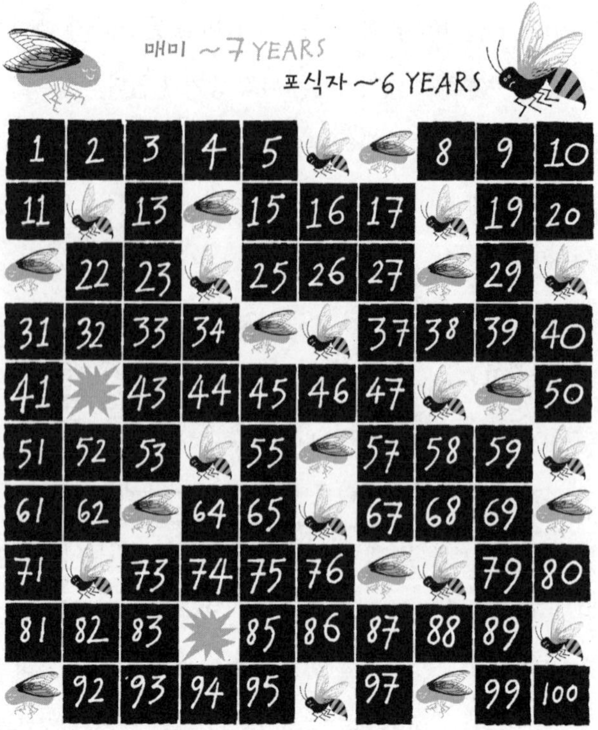

그림 1.02 100년 동안 생애 주기가 7년인 매미와 생애 주기가 6년인 포식자 사이에 일어나는 상호작용.

예를 들어, 포식자들이 6년마다 나타난다고 하자. 7년마다 나타나는 매미들은 42년마다 포식자들과 같이 나타난다. 이와 달리 8년마다 나타나는 매미는 포식자들과 24년마다 동시에 출현한다. 9년마다 나타나는 매미들은 훨씬 더 잦게 포식자들과 18년마다 함께 나타난다.

그림 1.03 생애 주기가 9년인 매미와 생애 주기가 6년인 포식자 사이에 일어나는 100년 동안의 상호작용.

실제로 북미 대륙의 숲 전체에서 가장 큰 소수를 찾으려는 매미들 간의 경쟁이 있었던 듯하다. 경쟁은 꽤 성공을 거두었기에, 포식자들은 굶어 죽거나 다른 곳으로 이주했고 매미들에게는 기묘한 소수 생애 주기가 남았다. 그러나 곧 나오겠지만 소수의 당김음 리듬을 활용한 생명체는 매미뿐만이 아니었다.

매미와 포식자의 대결

『The Number Mysteries』웹 사이트에서 매미 게임 PDF 파일을 내려받는다. 포식자들과 매미 두 종을 종이 인형으로 만들어 말로 삼는다. 포식자들을 6의 배수에 해당하는 숫자 위에 놓는다. 각 게임 참여자는 매미 한 종을 택한다. 면이 6개인 일반 주사위 세 개를 사용한다. 주사위는 선택한 매미 종이 나타나는 주기를 결정한다. 예를 들어, 8이 나온다면 8의 배수에 해당하는 숫자 위에 매미를 놓는다. 그러나 어떤 숫자 위에 이미 포식자가 있다면 그곳에 매미를 놓을 수 없다. 예를 들어, 24 위에는 포식자가 이미 있으므로 매미를 놓지 못한다. 승자는 가장 많은 매미를 판 위에 놓는 사람이다. 포식자의 주기를 6에서 다른 수로 바꾸면 게임에 변화를 줄 수 있다.

소수 17과 29는 어떻게 시간의 종말에서 핵심이 되었을까?

제2차 세계대전 중, 프랑스 작곡가 올리비에 메시앙Olivier Messiaen은 전쟁 포로로 독일에 있는 포로수용소 Ⅷ-A에 수감되었고, 거기서 클라리넷과 첼로, 바이올린 연주자를 만났다. 그는 자신이 피아노를 맡아 이 세 명의 연주자와 협주할 수 있는 사중주를 작곡해야겠다고 생각했다. 그 결과 20세기의 위대한 음악 작품: 『세상의 종말을 위한 4중주곡Quatuor pour la fin du temps』이 탄생했다. 이 곡은 포로수용소의 수감자와 교도관들 앞에서 초연되었고, 메시앙은 수용소 안에서 찾아낸 낡아빠진 업라이트 피아노로 이 곡을 연주했다.

제1악장 「수정의 전례(典禮)Liturgie de Crystal」에서 메시앙은 영원히 지속되는 시간의 느낌을 표현하려고 했으며, 소수 17과 29는 여기에서 핵심 음으로 쓰였다. 바이올린과 클라리넷이 주제음을 주고받으며 새소리를 표현하는 동안 첼로와 피아노는 리듬 구조를 제시한다. 피아노는 17음의 리듬 시퀀스를 계속해서 반복하고, 이러한 리듬 위에서 연주되는 화성 시퀀스는 29개의 화음으로 구성된다. 따라서 17음 리듬이 두 번째로 시작될 때 화성 시퀀스는 전체에서 약 3분의 2 정도 지점이 막 진행되고 있는 상태이다. 17과 29라는 소수를 선택한 결과 리듬 시퀀스와 화성 시퀀스는 17 × 29개 음을 지난 뒤에야 반복된다.

이렇게 끊임없이 변화하는 음악을 통해 영원한 시간의 느낌을 창조하는 것이 바로 메시앙이 심혈을 기울여 완성하려던 부분이었다. 그리고 그는 매미들이 포식자에 대항해 사용했던 기술을 똑같이 사용했다. 매미를 리듬, 포식자를 화음이라고 생각해보자. 서로 다른 소수 17과 29의 배수들은 좀처럼 만나지 않기 때문에, 음악이 반복되기도 전에 곡은 끝난다.

그림 1.04 메시앙이 작곡한 『시간의 종말을 위한 사중주』의 「수정의 전례」. 맨 처음 나타나는 굵은 수직선은 17음의 리듬 시퀀스가 끝나는 지점이다. 두 번째 굵은 수직선은 29음 화성 시퀀스가 끝나는 지점을 나타낸다.

소수를 음악에 활용한 작곡가는 메시앙만이 아니다. 알반 베르크Alban Berg 역시 곡에 자신을 나타내는 기호로 소수를 사용했다. 데이비드 베컴처럼 베르크도 숫자 23을 자랑스럽게 사용했다. 사실 집착했다고 보는 것이 옳다. 예를 들어, 그가 작곡한 『서정 조곡Lyric Suite』은 23소절 시퀀스로 구성되어 있다. 그 안에는 베르크와 어느 부유한 유부녀와의 연애사가 깔려있다. 10소절 시퀀스로 표현된 그의 연인이 베르크 자신을 상징하는 23과 뒤엉켜, 수학과 음악의 조합은 그의 연애사를 선명하게 전달한다.

메시앙이 소수를 『시간의 종말을 위한 사중주』에 사용한 것처럼, 최근에도 작곡에 수학이 활용되었다. 아마 영원히는 아니라도 적어도 천 년 안에는 반복 연주되지 않을 만큼 긴 곡이다. 새천년인 2000년의 시작을 기념하기 위해, 그룹 더 포그스The Pogues의 창립 멤버인 젬 피너Jem Finer는 런던의 이스트엔드에 음악 설비를 갖추고 1999년 12월 30일 자정에 연주를 시작했으며, 다가오는 새천년인 3000년에 처음으로 두 번째로 반복되는 연주를 하기로 했다. 『긴 연주Longplayer』라는 제목은 참으로 이 프로젝트에 적절하다.

피너의 곡은 다양한 크기의 티베트 명상 주발Tibetan singing bowl과 징 소리로 시작한다. 원곡은 20분 20초지만, 피너는 메시앙과 비슷한 수학적 기술을 활용하여 그것을 1,000년 길이의 곡으로 확장시켰다. 원곡을 복제한 여섯 곡이 각기 다른 속도로 동시에 연주된다. 또한, 20초마다 각 트랙은 원래 재생되는 지점으로부터 일정 간격 후에 다시 재생되는데 각 트랙의 시작점은 저마다 모두 다르고 그 지점을 수학이 결정한다. 모든 트랙은 1,000년이 지나서야 비로소 일치한다.

『긴 연주』는 http://longplayer.org를 방문하여 들을 수 있다.

음악가들 외에도 각종 예술 분야에서 활동하는 예술가들 역시 소수에 집착한다. 동화작가 마크 해던은 자신의 저서, 『한밤중 개에게 일어난 의문의 사건 The Curious Incident of the Dog in the Night-time』(1장의 제목인 '영원히 끝나지 않는 소수들에게 일어난 의문의 사건'은 이 책의 제목에서 따온 것이다)에서 장의 순서를 나타내는 수에 소수만을 썼다. 이 책의 화자인 아스퍼거 증후군에 걸린 소년 크리스토퍼는 예측이 가능한 수학의 세계를 좋아한다. 수학의 세계에 존재하는 논리를 따라가면 놀라움이란 없다. 그러나 사람 사이의 상호작용은 크리스토퍼가 감당하지 못할 불확실성과 비논리적인 반전으로 가득하다. 크리스토퍼는 말한다. "난 소수가 좋아요 …… 소수들은 삶과 같거든요. 그들은 매우 논리적이지만 평생을 걸쳐 생각해도 그 규칙성을 결코 알아낼 수 없으니까."

소수들은 심지어 영화에도 출연했다. 초현실 스릴러『큐브』에서 7명의 주인공은 복잡한 루빅큐브를 연상시키는 방에 갇힌다. 각 방은 정육면체 형태이며 각 면에 달린 여섯 개의 문을 통해 미로 속의 다른 방과 연결된다. 영화는 주인공들이 깨어나 자신들이 미로 속에 갇혔음을 알게 되는 장면에서 시작된다. 어떻게 그곳에 오게 되었는지 알지 못한 채, 그들은 나갈 길을 찾아야 한다. 어떤 방에는 부비트랩이 설치되어 있다. 주인공들은 방으로 들어가기 전에 그 방이 안전한지를 알아낼 방법을 찾아내야 한다. 그렇지 않으면 불에 타거나, 염산을 뒤집어쓰거나, 단단한 철사로 치즈가 잘리듯 작은 정육면체로 토막 나는 끔찍한 죽음이 기다리고 있음을 동료의 죽음을 목격하면서 알게 된다.

수학에 뛰어난 여고생 조앤은 어느 순간 각 방의 입구에 쓰여 있는 번호를 통해 그 방에 함정이 설치되었는지를 깨닫는다. 입구의 숫자가 소수이면 그 방에는 함정이 있는 듯했다. "머리 정말 기막히게 좋네"라고, 그녀의 수학적 추론에 감탄한 대장이 외친다. 그러나 똑똑한 조앤도 소수의 제곱수 방까지 주의해야함을 알아채진 못했다. 그들은 조앤 대신 일행인 자폐 천재에게 의지하며 분투하지만 나중에는 이 자폐 천재만이 유일하게 소수 미로를 살아서 빠져나온다.

일찍이 매미들이 터득했듯, 수학을 알면 이 세계에서 살아남는다. 학생들에게 동기를 부여하는 일이 어려운 수학 교사에게 『큐브』 주인공들의 끔찍한 죽음이 소수를 배워야 하는 이유를 가르쳐주는 훌륭한 자료가 될 것이다.

공상 과학 소설가들은 왜 소수를 좋아할까?

외계인이 지구인과 의사소통하는 장면을 묘사하는 것은 공상 과학 소설가들의 골칫거리이다. 공상 과학 소설가들은 자신들이 만들어낸 외계인이 매우 똑똑해서 이미 그 지역의 언어를 습득했다고 해야 하나, 바벨피쉬 같은 똑똑한 번역기가 있어서 통역을 해준다고 설정해야 하나? 그냥 우주의 모든 생명체가 영어를 할 줄 안다고 설정할까?

수많은 작가들이 그동안 모색해 온 하나의 방편은 수학이야말로 진정 보편적인 언어이며, 이 언어를 쓰는 이들의 첫마디는 바로 그 구성 요소 — 소수 — 라는 가정이다. 칼 세이건의 소설 『콘택트』에서, 외계 지적 생명체 탐사 SETI: the Search for Extra-Terrestrial Intelligence 프로젝트에서 일하는 엘리는 어떤 신호를 포착하고 그것이 단순한 배경 소음이 아니라 일련의 전기적 신호임을 알아차린다. 그녀는 그 신호가 이진법으로 표현된 수라고 추측한다. 그것들을 십진법으로 바꾼 뒤, 그녀는 어떤 패턴을 감지한다. 59, 61, 67, 71 …… 모두 소수들이다. 아니나 다를까 신호가 계속되면서 소수는 907까지에 걸쳐 순환한다. 그녀는 이것이 단순한 우연이 아니라 누군가가 소통을 시도하고 있다고 결론 내린다.

많은 수학자는 생물학, 화학, 물리학은 다를지 몰라도 수학만큼은 우주 어느 곳에서도 똑같을 것이라고 믿는다. 직녀성 베가를 공전하는 행성 위에서 소수에 관한 수학책을 읽는 생명체도 59와 61을 소수로 간주할 것이다. 케임브리지 대학교의 전설적인 수학자 하디G. H. Hardy는 이 수들이 소수인 이유는 '우리가 그렇게 생각해서도 아니고, 우리의 마음이 특정 방식으로 설계되어서도 아니고, 원래 그렇기 때문에, 수학적 실재란 그런 방식으로 만들어지기 때문'이라고 했다.

소수를 전우주가 공유하는 수라고 하더라도, 우리가 소수에 관해 알아낸 것을 다른 세계에서도 비슷한 방식으로 성취했을까 상상해보는 일은 여전히 재미있다. 몇천 년 동안 소수를 연구해 온 덕분에 우리는 중요한 사실을 발견했다. 그리고 그 사실들을 발견하는 과정의 각 단계에서 특정 문화의 상징과 역사 속 그 시기의 수학적 동기들을 볼 수 있다. 우리와 다른 관점을 가진 우주 저편의 또 다른 문명에서는 지구에서 발견하지 못한 수학적 정리들이 나오지 않았을까?

의사 소통의 수단으로 소수의 사용을 제시한 이는 칼 세이건이 처음이 아니며, 마지막이 되지도 않을 것이다. 나사NASA도 소수를 이용하여 외계의 지적 생명체와 접촉하려는 시도를 했다. 1974년 푸에르토리코의 아레시보 전파 망원경에서는 구상 성단 M13에 메시지를 전파했다. 별들의 수가 엄청난 구상 성단 M13이라면, 지구에서 보낸 메시지가 지적 생명체에게 도달할 가능성이 더 크기 때문이다.

그 메시지는 일련의 0과 1로 이루어져 있었으며 검은색과 흰색 화소의 그림(이미지)으로 만들 수 있었다. 그림은 이진법으로 표시된 1에서 10까지의 수와 DNA 구조 스케치, 태양계의 모습과 아레시보 전파 망원경의 모습을 나타낸다. 화소 수가 겨우 1,679이라 구체적이고 자세한 그림은 아니다. 그러나 1,679는 특별히 교묘하게 선택된 수인데, 여기에 화소를 배치하는 단서가 들어 있기 때문이다. 1,679 = 23 × 73이므로 사진을 구성할 때 화소들을 직사각형으로 배열하는 방식은 두 가지뿐이다. 가로 73 세로 23으로 배열하면 그림이 엉망이 되므로 반대로 배열하면 그림 1.05와 같다. M13 성단은 25,000광년 떨어져 있기 때문에 아직 답을 기다리는 중이다. 50,000년 안에 응답을 받으리라고는 꿈도 꾸지 않지만!

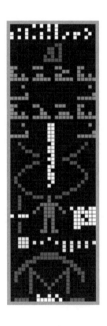

그림 1.05 아레시보 전파 망원경이 M13 성단을 향해 전파한 메시지

소수 자체는 보편적이지만 그 표기법은 역사적으로 크게 변화해왔으며 문

화에 따라 천차만별이다. 이제 시작될 지구 순례 여행에서 보게 되겠지만 말이다.

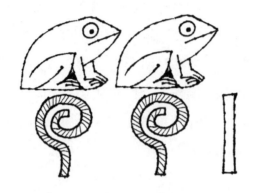

그림 1.06 이것은 어떤 소수일까?

역사적으로 고대 이집트는 최초의 수학이 나타난 지역 중 하나로, 당시에 숫자 200,201을 위와 같이 표기했다. 기원전 6000년, 사람들은 유목 생활을 버리고 나일 강 주변에 정착했다. 이집트 사회가 더욱 정교해지면서 세금을 기록하고 토지를 측량하며, 피라미드를 건축하는 데 사용할 숫자가 점점 더 필요해졌다. 이집트인은 글뿐만 아니라 수도 상형문자인 히에로글리프로 기록했다. 그들은 이미 오늘날 우리가 사용하는 십진법 체계를 개발하였다(수학적으로 특별히 중요해서가 아니라, 손가락이 10개라는 해부학적 사실 때문이었지만). 그러나 그들은 위치와 값이 대응하는 체계, 각 자릿수의 위치가 10의 거듭제곱에 대응되는 표기 방식을 발명하지 못했다. 위치-값 체계에 따르면 222의 2들은 위치가 다르기 때문에 모두 다른 값이다. 대신 이집트인은 10의 거듭제곱 각각에 해당하는 새로운 기호들을 만들어냈다.

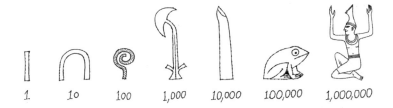

그림 1.07 10의 거듭제곱에 해당하는 고대 이집트 상형 문자.
10은 발꿈치뼈 모양, 100은 고리 밧줄, 1,000은 연꽃이다.

이 방식으로는 200,201을 꽤 간단하게 쓸 수 있지만, 소수 9,999,991을 그렇게 쓴다고 생각해보라. 55개의 기호가 필요할 것이다. 비록 이집트인은 소수의 중요성을 깨닫지 못했지만, 피라미드의 부피를 계산하는 공식 ─ 어찌 보면 당연하다 ─ 과 분수의 개념을 비롯한 복잡한 수학을 발전시켰다. 그러나 수의 표기법은 이웃 나라 바빌로니아보다 그다지 정교하지 못했다.

그림 1.08 이것은 또 어떤 소수일까?

고대 바빌로니아인은 수 71을 그림 1.08과 같이 썼다. 이집트 왕국과 마찬가지로 바빌로니아 왕국 역시 강 유역에서 번영했으며, 기원전 1800년부터 바빌로니아인은 오늘날의 이라크와 이란, 시리아에 해당하는 지역의 상당 부분을 통치했다. 자신들의 왕국을 유지하고 확장하기 위해 그들은 수의 조작과 관리의 대가가 되었다. 기록은 점토 서판에 보존되었고, 서기관들은 나무 막대기나 바늘로 젖은 점토에 기록한 후 그것을 건조시켰다. 바늘의 끝은 v자 꼴, 또는 쐐기 모양이었으며 이 때문에 바빌로니아 문자는 오늘날 쐐기 문자라는 이름으로 불린다.

기원전 약 2000년경 바빌로니아는 위치-값 체계의 아이디어를 최초로 사용한 문명이 되었다. 그러나 바빌로니아인은 10의 거듭제곱을 사용한 이집트인과는 달리 60을 기반으로 한 수체계를 사용했다. 그들은 쐐기의 조합으로 1부터 59까지의 수를 다르게 표현했으며, 60에 이르면 왼쪽에 '육십의 자리'를 만들어 올렸다. 이 방식은 십진법 체계에서 1의 자리의 수가 9를 넘으면 '십'의 자리에 1을 넣는 오늘날의 방식과 같다. 따라서 그림에 나타난 소수는 60을 나타내는 기호와 11을 나타내는 기호가 합쳐졌기 때문에 71이다. 59까지의 수에 해당하는 기호는 십진법 체계를 은밀하게 암시하는데, 1부터 9까지는 하나의 기호로 개수를 늘려가며 표현하지만 10은 그림 1.09처럼 새로운 기호로 표현했기 때문이다.

그림 1.09

60진법은 십진법 체계보다 수학적으로 훨씬 더 설득력 있다. 60을 나누는 수는 많으며 이러한 사실은 계산할 때 매우 유용하다. 예를 들어, 60개의 콩이 있다면 나는 그것을 여러 가지 형태의 두 수의 곱으로 분해할 수 있다.

$$60 = 30 \times 2 = 20 \times 3 = 15 \times 4 = 12 \times 5 = 10 \times 6$$

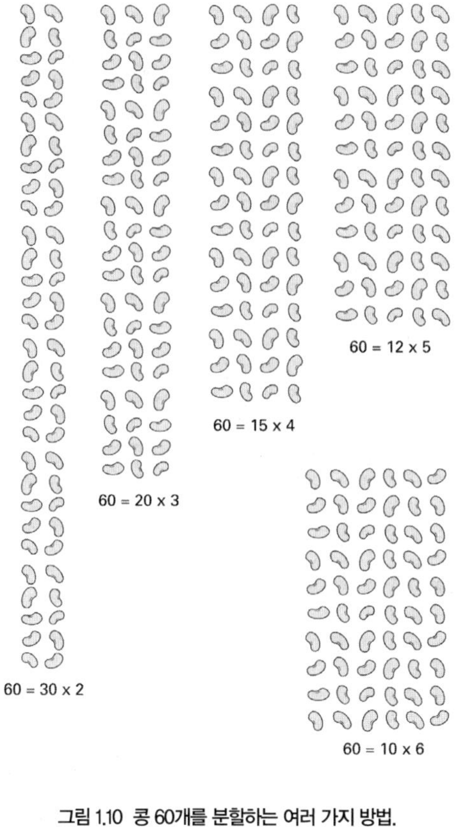

$60 = 12 \times 5$

$60 = 15 \times 4$

$60 = 20 \times 3$

$60 = 30 \times 2$

$60 = 10 \times 6$

그림 1.10 콩 60개를 분할하는 여러 가지 방법.

바빌로니아인은 수학에서 매우 중요한 수 0의 발견에 점점 가까이 다가갔다. 소수 3,607을 쐐기 문자로 쓰려면 문제가 생긴다. 3,607은 60의 제곱을 나타내는 기호와 7을 나타내는 기호로 나타내야 하는데, 막상 쓰고 보면 67처럼 보였기 때문이다. 물론 67도 소수이지만 내가 표현하려는 소수는 아니다. 이 문제를 해결하기 위해 바빌로니아인은 60의 자리에 세어야 하는 수가 없음을 나타내는 작은 기호를 도입했다. 따라서 3,607은 다음과 같이 쓴다.

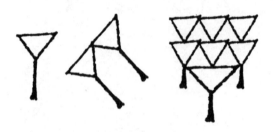

그림 1.11 3,607을 나타내는 쐐기 문자.

그러나 바빌로니아인은 0 자체를 독립적인 수로 보지 않았다. 그들에게 0은 위치-값 체계에서 60의 거듭제곱에 해당하는 특정 자리가 비었음을 나타내는 기호였다. 수학자들은 그로부터 2,700년을 더 기다려야 했고, 기원후 7세기에 이르러 인도인은 0을 하나의 수로 인정하였으며, 그 성질에 대해 연구했다. 바빌로니아인은 정교한 표기법을 발달시켰을 뿐만 아니라, 오늘날 모든 아이들이 학교에서 배우는 2차 방정식의 해법을 최초로 발견했다. 또한 이들은 직각삼각형에 관한 피타고라스의 정리를 어렴풋이 알고 있었던 최초의 사람들이기도 했다. 그러나 바빌로니아인이 소수의 아름다움을 올바르게 인식하고 있었다는 증거는 없다.

손가락으로 60까지 세기

오늘날 많은 곳에서 바빌로니아인이 쓴 60진법의 흔적이 나타난다. 1분은 60초이며, 1시간은 60분이고, 원은 360(= 6 × 60)도이다. 기록에 따르면 바빌로니아인은 손가락을 사용하여 상당히 정교한 방식으로 60까지 세었다.

각 손가락은 세 개의 뼈로 구성된다. 엄지손가락으로는 엄지를 제외한 나머지 네 개의 손가락의 12개의 뼈를 가리킬 수 있으므로, 12까지 셀 수 있다. 이때 오른손의 네 손가락은 그동안 12단위를 몇 번 세었는지 기억하는 데 사용한다. 이렇게 12단위를 총 다섯 개 까지(오른손에서 네 개의 12단위까지 세고 그에 더해 왼손에서 12단위 한 개를 더 센다) 셀 수 있기 때문에, 60까지 세는 일이 가능하다.

예를 들어, 소수 29를 나타내려면 오른손으로 12단위를 두 번 세고 왼손의 다섯 번째 손가락뼈를 가리켜야 한다.

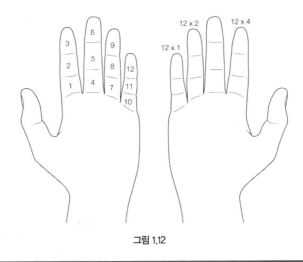

그림 1.12

그림 1.13

중앙아메리카의 마야 문명은 기원후 200년에서 900년까지 절정을 이루었으며 남멕시코에서 과테말라를 거쳐 엘살바도르까지 영향을 미쳤다. 그들은 정교한 수체계로 자신들이 만든 수준 높은 천문 계산을 쉽게 했으며, 17이라는 수를 그림 1.13처럼 표기했을 것이다. 이집트인, 바빌로니아인과는 달리 마야인은 20진법 체계를 사용했다. 1은 하나의 점으로, 2는 두 개의 점으로, 3은 세 개의 점으로 표시했다. 죄수가 감옥의 벽에다 날짜를 세는 것처럼 5가 되면 점 다섯 개를 찍는 대신 네 개의 점을 이어 선을 그렸다. 따라서 선은 5에 대응된다.

흥미롭게도 이 체계는 뇌가 적은 양의 정보를 금방 식별할 수 있다는 원리에 기반을 둔다. 우리는 하나와 둘, 세 개와 네 개의 차이점을 알 수 있다. 그러나 그 이상이 되면 점점 더 어려워진다. 일단 19 — 세 개의 선 위에 4개의 점 — 까지 세고 난 다음, 마야인은 20의 자릿수를 세는 칸을 만들었다. 그 다음 칸(자릿수)은 400(= 20 × 20)을 나타내야 하겠지만, 놀랍게도 실제로는 360(= 20 × 18)을 나타낸다. 언뜻 이해하기 어려운 이 체계는 마야 달력의 주기와 관련된다. 한 주기는 18개의 달로 이루어지며 한 달은 20일이다. 따라서 한 주기는 360일밖에 되지 않는다. 일 년을 365일로 만들기 위해서 마야인은

5일의 '나쁜 날'로 된 달을 추가했는데, 그들은 이 달을 매우 불길하게 여겼다.

재미있게도 바빌로니아인처럼 마야인도 20의 거듭제곱 자리가 비었음을 나타내는 특별한 기호를 사용했다. 그들의 수체계에서 각 자리는 신들과 관련되었으며, 신에게 아무것도 없는 것은 매우 불경스러운 일이었기 때문에 그들은 조가비 그림을 0으로 사용하였다. 0을 나타내는 이 기호는 수학적인 필요만큼이나 미신적인 필요에서 만들어졌다. 바빌로니아인처럼 마야인도 0을 독립적인 수로 여기지 않았다.

마야인은 천문학적 계산을 할 때 광대한 주기를 다뤘기 때문에 매우 큰 수를 다루는 체계가 필요했다. 한 주기는 소위 장주기 달력으로 측정되었는데, 이 달력은 기원전 3114년 8월 11일에서 시작하며 다섯 개의 자리 표시자를 사용하기 때문에 $20 \times 20 \times 20 \times 18 \times 20$일에 이른다. 즉 한 주기가 총 7,890년이다. 마야 달력에서 2012년 12월 21일은 마야식 날짜로 13.0.0.0.0.이 되는 의미심장한 날이다. 차 뒷좌석에서 계기판 미터기를 바라보며 숫자가 넘어가는 순간을 기다리는 아이들처럼, 과테말라인은 이날을 매우 고대하고 있다. 비록 일부 종말론자들은 그날이 지구가 멸망하는 날이라고 주장하지만.

그림 1.14

히브리 사람들은 숫자가 아닌 문자로 수 13을 이렇게 썼다. 유대 전통인 수비학에서 히브리 글자들은 모두 어떠한 수를 나타낸다. 김멜gimel과 요드yodh는 각각 세 번째와 열 번째 글자이다. 따라서 위와 같은 문자 조합은 수 13을 나타낸다(히브리어는 오른쪽에서 왼쪽으로 쓴다). 표 1.01은 모든 히브리 글자들이 상징하는 수를 나타낸다.

카발라에 정통한 사람들은 각 단어에 담긴 수들을 가지고 놀거나, 그것으로 단어들 간의 관련성을 살펴보곤 한다. 예를 들어, 내 이름 Marcus는 다음과 같은 값을 가진다.

$$\begin{array}{ccccccccccc} \text{mem} & & \text{resh} & & \text{kaph} & & \text{vav} & & \text{samekh} & & \\ 40 & + & 200 & + & 20 & + & 6 & + & 60 & = & 326 \end{array}$$

이는 '명예로운 사람man of frame' …… 또는 '바보asses'란 단어와 같은 값이다. 악마의 숫자 666은 가장 흉악했던 로마 황제 네로의 이름 값이다.

표 1.01에 나온 각 문자들의 숫값을 더해서 자신의 이름 값을 계산하자. http://billheidrick.com/works/hgemat.htm를 방문하여 자신의 이름과 같은 값을 가진 단어들을 보자.

히브리어 글자	대응하는 알파벳	숫값
א, aleph	A	1
ב, beth	B	2
ג, gimel	G	3
ד, daleth	D	4
ה, he	H, E	5
ו, vav	V, U, O	6
ז, zayin	Z	7
ח, heth	Ch	8
ט, teth	T	9
י, yodh	I, Y, J	10
כ, kaph	K	20
ל, lamedh	L	30
מ, mem	M	40
נ, nun	N	50
ס, samek	S	60
ע, ayin	O, Ng	70
פ, pe	P	80
צ, sadhe	Tz	90
ק, qoph	Q	100
ר, resh	R	200
ש, sin	Sh	300
ת, tav	Th	400

표 1.01 히브리어 글자와 영어 글자의 숫값

　　히브리 문화에서 크게 주목을 받지 못했던 소수와는 달리 소수와 관련된
수는 중요하게 여겨졌다. 수 하나를 골라서 자기 자신을 제외한 약수를 찾고,
이들을 모두 더해서 처음의 수가 나올 때 그 수를 완전수라고 한다. 6은 첫 번
째 완전수이다. 자기 자신을 제외하고 6은 1, 2, 3으로 나누어떨어진다. 이 수

들을 모두 더하면 6이다. 그다음 완전수는 28이다. 28은 1, 2, 4, 7, 14로 나누어떨어지며, 이들을 모두 더하면 28이 된다. 유대교에 따르면 세계는 6일 만에 완성되었으며 유대 달력이 사용하는 음력의 한 달은 28일이다. 따라서 유대 문화에서는 완전수에 특별한 의미를 부여한다.

기독교 신학자들 역시 완전수에 담긴 수학적, 종교적 특성들에 주목했다. 성 아우구스티누스(354~430)는 유명한 그의 저서 『신국론City of God』에서 '6은 그 자체로 완전한 수이지만, 이는 신이 6일 만에 모든 것을 창조했기 때문이 아니다. 진실은 오히려 그 반대이다. 신은 그 수가 완전하기 때문에 6일 만에 모든 것을 창조했다.'라고 주장했다.

흥미롭게도 완전수 속에는 소수들이 숨어 있다. 각 완전수는 메르센 소수(더 자세한 내용은 뒤에서 다루겠다)라고 불리는 특별한 종류의 소수에 대응된다. 현재까지 완전수는 총 47개밖에 알려지지 않았으며 가장 큰 완전수는 25,956,377자리나 된다. 짝수 완전수는 언제나 $2^{n-1}(2^n - 1)$의 꼴이다. 그리고 $2^{n-1}(2^n - 1)$이 완전수라면 $2^n - 1$은 소수이며, 역 또한 참이다. 아직까지 홀수 완전수의 존재는 밝혀지지 않았다.

그림 1.15 이것은 어떤 소수일까?

한자에 익숙하지 않은 이는 이것이 소수 5라고 생각할지도 모르겠다. 꼭 2

+ 3처럼 보이기도 하니까. 그러나 여기서 十은 덧셈 기호가 아니라 10을 뜻하는 중국의 글자인 한자이다. 위의 세 글자는 10의 단위 두 개와 일의 단위 3개로, 23을 나타낸다.

중국은 전통적으로 수를 표기할 때 위치−값 체계를 쓰지 않고 10의 거듭제곱에 해당하는 기호를 사용한다. 대나무 막대를 사용하는 또 다른 체계에서는 위치−값 체계를 사용하며, 이 체계는 10에 이르면 새로운 펨대를 사용하는 주판에서 유래하였다.

다음은 1에서 9까지의 수를 대나무 막대로 나타낸 표이다.

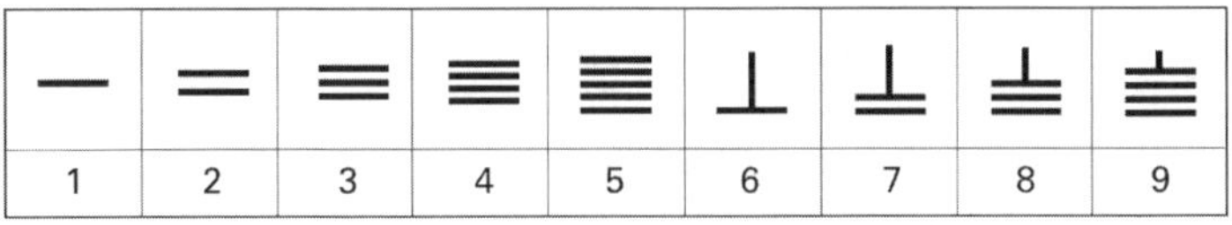

그림 1.16

혼동을 피하기 위해, 자리(10의 자리, 100의 자리, 100,000의 자리 등)가 바뀌면 다음과 같이 수를 돌려서 대나무 막대를 세로로 놓는다.

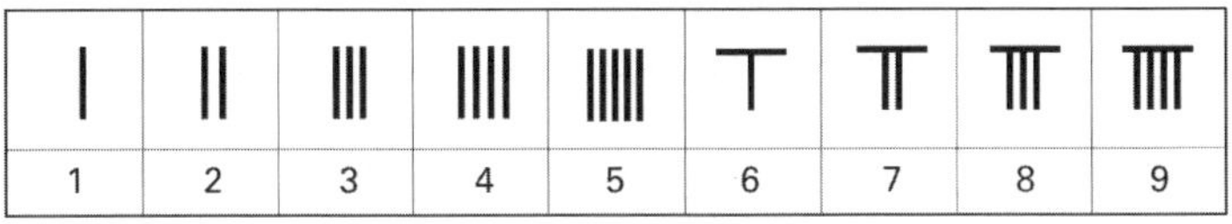

그림 1.17

고대 중국에는 음수의 개념도 있었으며, 음수는 다른 색깔의 대나무 막대로 표현하였다. 서구식 회계에서 사용하는 검은색과 빨간색 잉크는 빨간색과 검은색 막대를 사용하는 중국의 관습에서 유래된 것으로 보이는데, 흥미롭게도 중국인은 음수를 검은색 막대로 표현했다.

중국은 어쩌면 소수를 중요한 수로 부각한 최초의 문화일 것이다. 그들은 모든 수에 성별이 있다고 생각했다. 짝수는 여성이고 홀수는 남성이었다. 그들이 보기에 어떤 홀수들은 더 특별했다. 예를 들어, 조약돌 15개는 3행 5열처럼 깔끔하게 배열할 수 있다. 그러나 17개라면 그렇게 정렬하지 못한다. 그 돌들을 일렬로 나열하지 않고는 다른 방법이 없다. 따라서 중국인에게 소수는 진정한 남성의 수였다. 소수가 아닌 홀수 역시 남성이기는 했지만, 다소 여성성이 있었다.

고대 중국의 이러한 시각은 소수의 근본적인 성질을 향하고 있었다. 어떤 조약돌 무더기를 깔끔한 직사각형으로 배열할 방법이 없다면, 그 조약돌의 수가 바로 소수이다.

지금까지 우리는 이집트인이 개구리 그림으로, 마야인이 점과 선으로, 바빌로니아인이 점토에 그린 쐐기로, 히브리인이 히브리어 알파벳 문자로, 마지막으로 중국인이 막대의 배열로 수를 표현하는 모습을 보았다. 중국은 소수를 중요한 수로 인식한 최초의 문화이지만, 소수들이 지닌 수수께끼의 영역에 최초로 발을 들여 놓은 사람들은 중국인이 아니다. 그들은 바로 고대 그리스인이었다.

체를 쳐서 소수만 골라내는 그리스인의 조리법

다음은 고대 그리스인이 발견한 체계적인 방법으로, 작은 소수를 찾는 데 매우 효과적이다. 모든 합성수를 효과적으로 제거하기만 하면 된다. 먼저 1부터 100까지 숫자를 적고 1부터 지워나간다(앞서 말했듯, 그리스인은 1을 소수로 간주했지만 21세기의 수학자들은 그렇게 생각하지 않는다). 다음 숫자인 2로 넘어간다. 2는 최초의 소수이다. 이제 2 다음부터 두 번째마다 수를 지운다. 이렇게 하면 사실상 2 자신을 제외한 모든 2의 배수, 곧 모든 짝수를 지우게 된다. 수학자들은 다른 모든 소수는 홀수odd number인데 2는 유일한 짝수even number라며 이상한odd 소수라는 농담하길 좋아한다. 그러나 이 농담에 웃는 사람은 별로 없다.

~~1~~	2	3	~~4~~	5	~~6~~	7	~~8~~	9	~~10~~	11	~~12~~	13	~~14~~	15	~~16~~	17
~~18~~	19	~~20~~	21	~~22~~	23	~~24~~	25	~~26~~	27	~~28~~	29	~~30~~	31	~~32~~
33	~~34~~	35	~~36~~	37	~~38~~	39	~~40~~	41	~~42~~	43	~~44~~	45	~~46~~	47
~~48~~	49	~~50~~	51	~~52~~	53	~~54~~	55	~~56~~	57	~~58~~	59	~~60~~	61	~~62~~
63	~~64~~	65	~~66~~	67	~~68~~	69	~~70~~	71	~~72~~	73	~~74~~	75	~~76~~	77
~~78~~	79	~~80~~	81	~~82~~	83	~~84~~	85	~~86~~	87	~~88~~	89	~~90~~	91	~~92~~
93	~~94~~	95	~~96~~	97	~~98~~	99	~~100~~							

그림 1.18 2 다음에 두 번째로 나타나는 수들을 모두 지운다.

이제 지금까지 제거되지 않은 가장 작은 수 3을 택해서 그 자신을 제외한 3의 배수들을 규칙적으로 제거해 나간다.

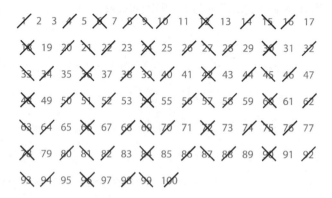

그림 1.19 이제 3 이후에 세 번째로 나오는 모든 수를 제거한다.

4는 이미 지운 상태이기 때문에 5로 넘어가서, 5 이후에 다섯 번째로 나오는 수를 제거한다. 이런 과정을 반복하여, 제거하지 않은 가장 작은 수 n을 찾아 그 이후에 n번째로 나오는 모든 수를 지운다.

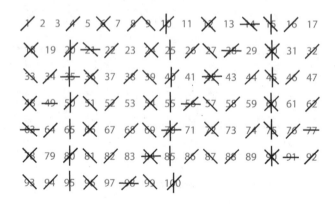

그림 1.20 1에서 100 사이의 수 중, 마침내 소수만 남는다.

이 과정은 매우 기계적이기에 매력적이다. 많이 생각하지 않아도 되기 때문이다. 예를 들어, 91은 소수인가? 이 방법을 사용하면 고민할 필요가 없다. 91은 91 = 7 × 13이므로 7 이후에 7번째마다 나타나는 모든 수를 제거할 때 지워진다. 구구단의 7단을 암기할 때 7 × 13까지 외우지는 않으므로 흔히 91을 소수로 착각한다.

이와 같은 체계적인 절차는 일련의 특정 지시들로 문제를 해결하는 알고리듬의 적절한 예이며 컴퓨터 프로그램은 본질적으로 이러한 알고리듬이다. 우리가 본 알고리듬은 2,000년 전 당시 수학 활동이 융성했던 알렉산드리아(현재의 이집트 카이로)에서 발견되었다. 당시 알렉산드리아는 알렉산더 대왕이 건설한 그리스 대제국의 거점 도시 중 하나였으며, 매우 훌륭한 도서관이 있었다. 기원전 3세기, 알렉산드리아 도서관의 사서였던 에라토스테네스는 소수를 찾는 초기 컴퓨터 프로그램을 개발했다.

그 프로그램은 에라토스테네스의 체라고 불렸는데, 합성수 한 그룹을 제거할 때 마치 소수 값에 따라 간격이 달라지는 체로 걸러내는 것처럼 보였기 때문이다. 처음에는 간격이 2인 체를 사용한다. 두 번째에는 간격이 3인 체를 사용한다. 그다음에는 간격이 5인 체를 사용한다. 그런 식이다. 유일한 문제라면 점점 더 큰 소수를 찾으려 할 때 이 방법은 비효율적이라는 것이다.

체를 쳐서 소수를 찾고 몇십만 장의 파피루스와 양피지 두루마기들을 관리하는 일을 하면서, 에라토스테네스는 지구의 둘레 길이를 구하고 지구와 태양, 지구와 달 사이의 거리를 계산했다. 그의 계산에 따르면 태양은 지구에서 804,000,000스타디아만큼 떨어져 있었다. 그가 사용한 측정 단위 때문에 결과의 정확성을 판단하는 일은 약간 어렵지만 말이다. 1스타디움(스타디아는 스타디움의 복수형이다)의 크기는 얼마인가? 웸블리 경기장 둘레만한 길이일까? 아니면 그보다 더 작은, 이를테면 로프터스 로드 경기장 정도일까? (정답을 말하자면, 1스타디움은 약 185m정도이다. 그리스 아테네의 올림픽 경기장 한 바퀴 길이가 이 정도였다고 한다. — 옮긴이)

태양계의 거리를 계산하는 일 외에도, 에라토스테네스는 나일 강 해안의 지도를 그리고 강이 주기적으로 범람하는 이유를 최초로 정확하게 설명했다. 범람은 강의 수원지가 있는 에티오피아에 내리는 폭우 때문이었다. 에라토스테네스는 시인이기도 했다. 다방면으로 활약한 인재였지만 친구들은 그를 베타 Beta라는 별명으로 불렀다. 어느 방면에서든 가장 뛰어난 사람은 아니었기 때문이다. 노년에 장님이 된 후 그는 스스로 아사했다고 전해진다.

독자들은 표지에 있는 뱀과 사다리 게임 보드를 이용하여 에라토스테네스의 체를 시험해 볼 수 있다. 수를 지워나갈 때마다 파스타 조각을 그 위에 놓는다. 파스타 조각으로 가려지지 않은 수들이 소수이다.

소수들을 다 쓰려면 시간이 얼마나 걸릴까?

소수는 무한하기 때문에 누구든 모든 소수를 기록하려면 영원히 이 일을 하게 될 것이다. 왜 우리는 결코 마지막 소수에 이르지 못하리라고, 소수들의 목록은 끝없이 새로운 소수로 채워질 것이라고 확신할까? 유한한 논리적 단계들로부터 무한을 포착하는 능력은 인간의 뇌가 이루어낸 매우 거룩한 성취이다.

소수들이 영원하다는 사실을 증명한 최초의 인물은 알렉산드리아에 살았던 그리스 수학자 유클리드였다. 그는 플라톤의 제자였으며 플라톤과 마찬가지로 기원전 3세기에 살았으나 에라토스테네스보다 50살 정도 많았다.

소수가 무한히 많음을 증명하기 위해서 유클리드는 거꾸로 유한개의 소수가 존재하는 것이 실제로 가능한지를 물었다. 소수들의 목록이 유한하다면 소수가 아닌 다른 모든 수는 목록 속의 유한한 소수들을 곱해서 만들 수 있다. 예를 들어 소수의 목록에 2, 3, 5밖에 없다고 가정하자. 서로 다른 2와 3, 그리고 5의 조합들로 모든 수를 만들 수 있을까? 유클리드는 이 세 소수로 절대로 만들 수 없는 수를 교묘한 방법으로 고안해냈다. 우선 세 소수를 모두 곱하여 30을 만들었다. 그다음 — 이 단계가 천재적인 발상인데 — 1을 더하여 31을 만들었다. 목록 속의 모든 소수 2, 3, 5 중 어떠한 수로도 31은 나누어떨어지지 않고, 언제나 나머지는 1이다.

유클리드는 모든 수가 소수의 곱으로 만들어진다는 사실을 알고 있었다. 그렇다면 31은 어떻게 되는 걸까? 2, 3, 5로 나누어지지 않는 이상, 목록에 존재하지 않는 또 다른 소수, 31을 만들어내는 소수가 존재해야 했다. 사실 31은 그 자체로 소수이기 때문에 유클리드는 '새로운' 소수를 만들어낸 셈이었다. 여러분은 이 새로운 소수를 목록에 추가하면 그만이라고 생각할지도 모르겠다. 그러나 유클리드는 같은 수법을 다시 한 번 사용했다. 소수의 목록이 얼마나 크건, 그 안에 있는 소수를 모두 곱한 후 1을 더했다. 그 때마다 목록에 있는 어떠한 소수로 나누어도 1이 남는 수가 나왔고, 이 새로운 수를 나누는 소수가 목록 밖에 존재해야 한다는 결론을 내렸다. 이런 이유로 소수는 무한히 많다.

유클리드는 소수에 끝이 없음을 증명했지만, 그의 증명에는 한 가지 문제가 있었다. 그의 증명으로는 소수들이 어디에 있는지 알 수 없었다. 그의 증명 방법이 새로운 소수들을 생성하는 방법이라고 생각할지도 모르겠다. 어쨌든

2, 3, 5를 곱해서 1을 더하면 31이라는 새로운 소수가 나오지 않던가. 그러나 그 방법이 언제나 성공하지는 않는다. 예를 들어 2, 3, 5, 7, 11, 13이라는 소수 목록이 있다고 하자. 이 소수들을 모두 곱하면 30,030이다. 이제 이 수에 1을 더한다. 30,031이다. 이 수는 2부터 13까지의 어떠한 소수로도 나누어떨어지지 않는다. 언제나 1이 남기 때문이다. 그러나 이 수는 59와 509라는 두 소수로 나누어떨어지기 때문에 소수가 아니며, 59와 509는 목록에 존재하지 않는다. 수학자들은 유한한 목록 속의 모든 소수를 곱하여 1을 더하여 언제까지 새로운 소수를 만들어 낼 수 있는지 알지 못한다.

http://www.youtube.com/watch?v=0LU4nkQKIN4을 방문하면 소수 번호의 유니폼을 입은 내가 속한 축구팀 선수들과, 내가 소수가 무한히 많은 이유를 설명하는 영상을 볼 수 있다.

딸들의 중간 이름을 41과 43으로 지은 이유

표를 아무리 크고 길게 작성해도 모든 소수를 다 담을 수 없다면, 소수들을 찾아내는 데 도움이 될 패턴을 찾아보면 어떨까? 지금까지 찾아낸 소수를 통해 새로운 소수를 찾아낼 기발한 방법은 없을까?

다음은 에라토스테네스의 체를 사용하여 찾아낸 1에서 100 사이의 소수들이다.

$$2,\ 3,\ 5,\ 7,\ 11,\ 13,\ 17,\ 19,\ 23,\ 29,\ 31,\ 37,\ 41,$$
$$43,\ 47,\ 53,\ 59,\ 61,\ 67,\ 71,\ 73,\ 79,\ 83,\ 89,\ 97$$

다음 소수가 무엇이 될지 알아내기 어려운 이유는, 소수들의 위치를 파악하는 데 도움이 될 만한 패턴이 전혀 보이지 않기 때문이다. 소수들은 수학의 구성 요소가 아니라 마치 복권 번호 같다. 버스를 기다릴 때처럼, 없을 때는 계속해서 나타나지 않다가 돌연 여러 소수가 잇달아 튀어나온다. 소수들의 이러한 행동은 3장에서 보게 될 무작위 과정random process에서 볼 수 있는 매우 전형적인 특징이다.

2와 3을 제외하고 두 소수 사이의 가장 가까운 간격은 17과 19, 41과 43에서처럼 2가 되는데, 두 소수 사이에는 언제나 짝수가 들어가며 그 수는 소수가 아니기 때문이다. 이렇게 매우 가까운 소수들을 쌍둥이 소수라고 부른다. 소수에 대한 나의 집착 때문에 내 쌍둥이 딸들의 이름은 포티원(41)과 포티쓰리(43)가 될 뻔했다. 콜드플레이의 리드 싱어 크리스 마틴과 영화배우 기네스 팰트로가 자신들의 딸 이름을 애플Apple이라 짓고, 음악가 프랭크 자파도 딸들을 문 유닛Moon Unit, 디바 씬 머핀 피긴Diva Thin Muffin Pigeen이라는 괴상한 이름으로 불렀는데, 나라고 딸들을 41과 43이라고 부르면 안 될 이유가 있을까? 그러나 아내의 반응이 시큰둥했기에 41과 43은 나만 아는 쌍둥이들의 '은밀한' 중간 이름이 되었다.

수의 세계에서 더 멀리 나아갈수록 소수들은 점점 희박해지는 반면, 쌍둥이 소수들의 출현 빈도는 놀라울 정도로 잦아진다. 예를 들어 소수 1,129 이후 21개의 수에서는 소수가 나오지 않다가, 돌연 쌍둥이 소수 1,151과 1,153이 튀어나온다. 소수 102,701 뒤에는 비소수가 59개 지나가고 그러다가 또 갑자기 102,761과 102,763이라는 쌍둥이 소수가 나온다. 2009년이 시작될 무렵 가장 큰 쌍둥이 소수들은 58,711자리였다. 관측 가능한 우주의 범위 내에 있는 원자의 수도 80자리로 나타낼 수 있음을 생각하면 이 수들은 터무니없이 크다.

그런데 이보다 더 큰 쌍둥이 소수들이 있을까? 유클리드 덕분에 무한히 많은 소수들을 계속해서 찾아낼 수는 있겠지만, 그 과정에서 쌍둥이 소수들도 계속해서 나타날까? 아직까지 쌍둥이 소수들의 무한성에 대해 유클리드만큼 기발한 증명을 제시한 사람은 없다.

언젠가 소수의 비밀을 밝혀줄 것만 같았던 쌍둥이가 있었다. 『아내를 모자로 착각한 남자』에서, 저자 올리버 색스는 실존 인물들인 백치 천재savant syndrom(자폐증과 같은 지적장애를 지닌 이들 중 일부가 암기나 음악 등 특정 분야에서 천재적 재능을 보이는 현상이다 — 옮긴이) 쌍둥이에 관해 썼는데 그들은 소수를 자신들만의 은어처럼 사용했다. 쌍둥이 형제는 색스의 진료실에 앉아 번갈아가며 거대한 수들을 자기들끼리 주고받곤 했다. 처음에 색스는 그 대화에 어리둥절했으나, 어느 날 밤 쌍둥이의 암호에 담긴 비밀을 알아차렸다. 기를 쓰고 소수를 공부한 다음 색스는 자신의 가설을 시험해보기로 했다. 다음날 그는 6자리의 소수를 번갈아 가며 주고받는 쌍둥이의 대화에 끼어들었다. 소수 은어에서 생기는 잠깐의 침묵을 활용하여 색스가 7자리 소수를 말하자 뜻밖의 사건에 쌍둥이는 깜짝 놀랐다. 그들은 앉아서 한동안 생각에 잠겼고, 마침내 그 수가 자신들이 그때까지 주고받았던 소수의 범위를 확장시켰음을 깨닫고는 동지라도 만난 듯 동시에 미소를 지었다.

색스와 함께한 시간 동안 쌍둥이는 9자리 소수까지 다루게 되었다. 이들이 만약 홀수나 제곱수를 번갈아 가며 주고받았다면 그리 놀랍지 않을 테지만, 소수는 완전히 무작위로 흩어져 있기 때문에 그들의 대화가 충격적인 것이다. 쌍둥이가 한 일은 이들의 또 다른 능력과도 관련이 있는 듯하다. 쌍둥이는 종종 텔레비전에 출연해서 1901년 10월 23일이 수요일임을 맞추어 사람들을 놀라게 했다. 주어진 날짜의 요일은 모듈러 산술, 또는 시계 산술이라 불리는 수학을 통해 알아낸다. 어쩌면 쌍둥이들은 어떠한 수가 소수인지를 확인하는 핵심적인 방법이 시계 산술임을 알았을지도 모른다.

예를 들어, 17을 택해서 2^{17}을 계산한 다음 이 수를 17로 나눈 나머지가 2라면 17은 소수일 가능성이 크다. 이 방법을 개발한 사람을 흔히 중국인으로 잘못 알고 있지만, 실제로는 17세기 프랑스 수학자 피에르 드 페르마가 발견했으며 그는 나머지가 2가 아니면 17은 반드시 소수가 아님을 증명했다. 일반적으로 p가 소수인지 아닌지를 확인하려면, 2^p을 계산한 다음 그 값을 p로 나누어본다. 나머지가 2가 아니라면, p는 소수가 아니다. 요일을 맞추는 쌍둥이들의 재능은 7로 나눈 나머지를 구하는 방법에 기초하는데 어떤 사람들은 이 기법이 페르마가 사용한 방법과 유사했기 때문에 쌍둥이들이 소수를 찾아낼 때 그 기법을 사용했을 거라고 추측했다.

처음에 수학자들은 2^p을 p로 나누었을 때 나머지가 2라면 p는 소수여야 한다고 생각했다. 그러나 이 조건을 만족해도 소수가 아닌 예가 발견되었다. 예를 들어, 341 = 31 × 11은 소수가 아니지만 2^{341}을 341로 나누면 나머지가 2이다. 이 반례는 1819년에 와서야 발견되었으며, 어쩌면 쌍둥이들은 341을 제거하는 더 교묘한 테스트를 알고 있었을지도 모른다. 페르마는 p가 소수라면 p보다 작은 모든 수 n에 대하여 n^p을 소수 p로 나누면 나머지는 언제나 n임을 증명하여 테스트가 2의 거듭제곱에서 확장됨을 보였다. 따라서 만약 어떤 p에 대하여 n이 이 조건을 만족하지 못한다면, p는 절대 소수가 아니다.

예를 들어 3^{341}을 341로 나누면 나머지가 3이 아닌 168이다. 쌍둥이들이 여섯 자리 이하의 수들을 일일이 이런 방식으로 확인하기란 불가능했을 것이다. 그렇게 하기엔 너무나 많은 테스트를 거쳐야 한다. 그러나 위대한 헝가리의 수학 천재 폴 에르되시Paul Erdös가 추정한 바로는(비록 그는 자신의 결과를 엄밀하게 증명하지 못했지만) 10^{150}보다 작은 어떤 수가 소수임을 확인하고자 할 때, 페르마 테스트를 한 번만 통과해도 그 수가 소수가 아닐 가능성은 10^{43}분의 1로 낮아진다. 어쩌면 쌍둥이는 의외로 간단히 소수를 찾아낼 수 있었을지도 모른다.

소수 사방치기 게임

소수 사방치기는 두 사람이 하는 게임으로 쌍둥이 소수를 아는 사람에게 유리하다.

1에서 100까지의 수를 쓰거나, 『The Number Mysteries』 웹 사이트에서 소수 사방치기 게임 판을 내려받는다. 첫 번째 경기자는 1에서 5칸 이내에 있는 소수 위에 말을 놓는다. 두 번째 경기자가 말을 더 큰 소수로 옮기는데 그 소수는 첫 번째 경기자가 말을 놓았던 곳에서 최대 5칸 이내에 있어야 한다. 첫 번째 경기자가 이어서 최대 5칸 안에 있는 더 큰 소수로 말을 움직인다. 패자는 더 이상 규칙에 따라 말을 움직일 수 없는 첫 번째 경기자이다. 규칙은 다음과 같다. (1) 5칸을 넘겨 말을 이동시킬 수 없다, (2) 소수로만 이동시켜야 한다, (3) 뒤로 움직이거나 있던 자리에 그대로 있어서는 안 된다.

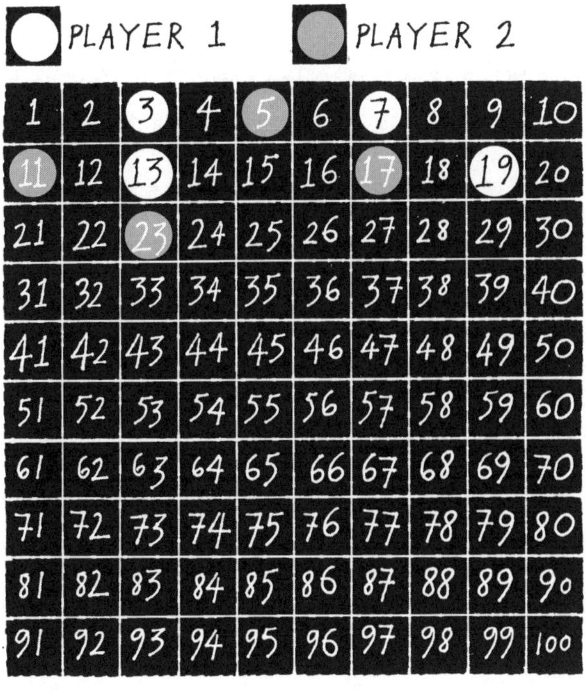

그림 1.21 소수 사방치기 게임 전개의 예. 최대 5칸까지 이동이 가능하다.

그림 1.21은 게임의 전형적인 전개를 보여준다. 경기자 1은 경기에서 지게 되는데 말이 23에 있고 23 뒤의 다섯 칸 이내에는 소수가 없기 때문이다. 시작 할 때 경기자 1이 더 전략적으로 움직일 수는 없을까? 주의를 기울이면, 일단 5를 지나치고 난 후에는 선택의 여지가 별로 없다는 사실을 알게 될 것이다.

누구든 말을 5에 놓는 사람은 게임에서 이기는데, 자신의 차례가 다시 돌아올 때 말을 19에서 23으로 옮기면 상대방은 더는 나아가지 못하기 때문이다. 따라서 첫 시작이 중요하다.

게임을 조금 바꾸어 보면 어떻게 될까? 말을 최대 7칸까지 움직일 수 있다고 가정하자. 경기자들은 이제 더 멀리 뛸 수 있다. 특히 23에서 6칸 떨어진 29는 규칙의 허용 범위 안에 있기 때문에 이전 게임의 한계였던 23을 벗어날 수 있다. 이번에도 첫 시작이 중요할까? 게임은 어디에서 끝나게 될까? 게임을 해 보면 이번에는 움직일 때마다 더 많은 선택을 할 수 있으며, 특히 쌍둥이 소수들이 있을 때 그렇다는 사실을 알게 될 것이다.

언뜻 보면, 선택의 수가 매우 많아서 첫 시작이 별로 중요하지 않은 것처럼 보인다. 그러나 다시 한 번 보라. 89에 오면 다음 소수가 8칸 앞에 있는 97이기 때문에 진다. 거쳐 온 소수들을 다시 역추적해 보면, 67에서 쌍둥이 소수 71과 73 중 어느 곳에 말을 놓아야 할지 중요한 선택의 기로에 서게 된다. 이 중 한쪽을 선택하면 이긴다. 다른 쪽을 선택하면 반드시 진다. 67에 있는 사람은 누구든 게임에서 이길 수 있으며, 89는 여기서 그다지 중요하지 않은 것 같다. 그렇다면 어떻게 해야 그 위치에 확실히 도달할 수 있을까?

계속해서 게임을 역추적하면 소수 37에서 중대한 결정을 하게 된다. 37에서는 내 쌍둥이 딸들 41과 43 어느 쪽으로도 갈 수 있다. 41로 움직이면 승리가 보장된다. 따라서 이제 게임의 주도권은 소수 37로 오는 사람이 갖게 된다. 이와 같은 방식으로 게임을 역추적해가면 실제로 첫수를 어떻게 두느냐에 따라 게임의 승패가 결정된다는 것을 알 수 있다. 말을 5에 놓아라. 그러면 이후에 말을 89로 움직이게 하는 중대한 모든 결정이 자신의 손에 들어오기 때문에, 상대방은 꼼짝없이 지게 된다.

이동 거리를 더 크게 하면 어떻게 될까? 게임에 끝이 있으리라고 보장할 수 있을까? 최대 99칸까지 이동할 수 있다면 어떻게 될까? 언제나 99칸 안에 있는 또 다른 소수로 이동할 수 있기 때문에 게임이 영원히 계속된다고 말할 수 있을까? 소수들이 무한히 많은 이상, 어떤 시점에 이르면 어떤 소수로부터 99칸 이내에 항상 다음 소수가 있어서 거리낌 없이 이동할 수 있을지도 모른다.

사실 우리는 이 게임에 끝이 존재한다는 사실을 증명할 수 있다. 최대 이동거리를 아무리 크게 설정해도 언제나 그보다 더 길게 합성수들로 채워지는 구간이 있게 마련이며 게임은 거기서 끝난다. 연속하는 99개의 합성수들을 어떻게 찾아야 할지 알아보자. 수 $100 \times 99 \times 98 \times 97 \times \cdots \times 3 \times 2 \times 1$을 택한다. 이 수는 100 팩토리얼로 알려져 있으며 $100!$로 표현한다. 우리는 이 수에 관한 중요한 사실 — 1부터 100까지 어떠한 수를 택하든 $100!$은 그 수로 나누어떨어진다 — 을 이용할 것이다.

다음의 연속하는 수들을 보라.

$$100! + 2, \ 100! + 3, \ 100! + 4, \ \cdots , \ 100! + 98, \ 100! + 99, \ 100! + 100$$

$100!+2$는 2로 나누어떨어지기 때문에 소수가 아니다. 마찬가지로 $100! + 3$도 3으로 나누어떨어지므로 소수가 아니다($100!$은 3으로 나누어떨어지기 때문에 3을 더해도 3으로 나누어떨어진다). 사실 이 수들은 모두 소수가 아니다. $100! + 53$에서, $100!$은 53으로 나누어떨어지고, 거기에 53을 더해도 결과는 여전히 53으로 나누어떨어진다. 따라서 이 99개의 연속하는 수들은 어느 것도 소수가 아

니다. 100! + 1이 아니라 100! + 2에서 시작한 이유는 100! + 1이 1로 나누어 떨어진다는 결론밖에 내리지 못하며 이 결론으로는 그 수가 소수인지 알 도리가 없기 때문이다(실제로는 소수가 아니다).

이동 간격이 커질 때 사방치기 게임이 언제 끝날지에 관한 정보가 http://www.trnicely.net/gaps/gaplist.html#MainTable에 있다.

따라서 최대 이동 거리를 99칸으로 설정해도 소수 사방치기 놀이는 어느 지점에선가 확실히 끝나게 된다. 그러나 100!은 터무니없이 큰 수이다. 실제로 게임은 그보다 훨씬 작은 수에서 끝난다. 99개의 연속하는 합성수 다음에 최초로 나타나는 소수는 396,733이다.

이 게임을 하다 보면 수의 세계에서 불규칙하게 흩어져 있는 소수의 모습이 분명하게 드러난다. 언뜻 보기에는 다음에 등장할 소수를 알 방법은 없다. 그러나 다음 소수를 찾아낼 기발한 도구가 없다면, 소수를 만들어내는 기발한 식이라도 찾을 수 없을까?

토끼와 해바라기로 소수를 찾을 수 있을까?

해바라기 꽃잎의 수를 세어보자. 대부분은 89, 소수이다. 11번째 세대의 토끼 쌍의 수 또한 89이다. 토끼와 해바라기들은 소수를 찾아내는 비밀의 공식을 알고 있을까? 꼭 그렇다고 할 수는 없다. 이들은 89가 소수이기 때문에 좋아한 것이 아니라, 자연은 원래 피보나치 수들을 선호하고 89는 피보나치 수이기 때문이다. 이탈리아 피사의 수학자였던 피보나치는 1202년 토끼들이 어떻게 번식하는지를 연구하면서 중요한 수열을 발견했다.

피보나치는 성별이 다른 가상의 새끼 토끼 한 쌍에서 출발했다. 이 시작 지점을 첫째 달로 한다. 둘째 달에 토끼들은 자라서 짝짓기를 하고, 셋째 달에 새로운 새끼 토끼 한 쌍이 탄생한다(사고 실험의 목적을 위해 모든 새끼는 수컷 한 마리와 암컷 한 마리로 구성된다고 가정한다). 넷째 달에 처음의 성체 토끼는 또 다른 새끼 토끼 한 쌍을 낳는다. 그전에 낳았던 새끼 토끼들은 이제 성체가 되었기 때문에, 총 두 쌍의 성체 토끼와 한 쌍의 새끼 토끼가 있다. 다섯째 달에 성체 토끼 두 쌍은 각각 새끼 토끼 한 쌍씩을 낳는다. 넷째 달에 태어난 새끼 토끼들은 성체가 된다. 따라서 다섯째 달에 이르면 성체 토끼 세 쌍과 새끼 토끼 두 쌍으로 총 다섯 쌍의 토끼들이 생겨난다. 달마다 생겨나는 토끼 쌍의 수는 다음과 같다.

1, 1, 2, 3, 5, 8, 13, 21, 34, 55, 89, ……

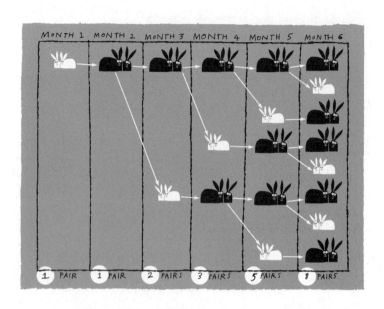

그림 1.22 피보나치 수는 토끼들의 개체 성장을 계산하는 열쇠이다.

피보나치가 토끼들의 수를 쉽게 알아내는 방법을 발견하기 전까지 이렇게 번식하는 토끼들을 일일이 세어 나가기란 상당히 골치 아픈 문제였다. 수열에서 다음에 등장하는 수는 앞의 두 수를 더해준 값이다. 둘 중 더 큰 수는 그 시점에서 토끼 쌍의 수이다. 이 토끼들은 다음 달까지 계속 생존하며, 둘 중 더 작은 수는 성체 토끼 쌍들의 수이다. 이 성체 쌍들 각각은 새끼 토끼 쌍들을 추가로 낳기 때문에, 다음 달 토끼들의 수는 이전 두 세대 개체 쌍들의 합이다.

어떤 독자는 이 수열을 보고 댄 브라운의 『다빈치 코드』를 떠올렸을지도 모른다. 실제로 이 수열은 주인공이 성배를 찾는 과정에서 풀어야 할 첫 번째 암호이다.

토끼와 댄 브라운 말고도 피보나치 수열을 좋아하는 생물들이 있다. 꽃잎의 수는 흔히 피보나치 수이다. 연령초는 3, 팬지는 5, 참제비고깔은 8, 천수국은 13, 치커리는 21, 제충국이라는 국화는 34, 해바라기는 55(어떨 때는 89)장의 꽃잎을 갖춘다. 어떤 식물들의 꽃잎은 피보나치 수의 두 배에 해당한다. 이러한 식물들은 백합처럼 겹꽃이다. 여러분이 키우는 꽃의 꽃잎 수가 피보나치 수가 아니라면, 그것은 시들어 꽃잎이 떨어졌기 때문이다 …… 라는 식으로 수학자들은 예외를 피해 간다. (화가 난 정원사들의 편지가 쇄도할까 봐 나는 위와 같은 이유가 아닌 예외들이 있음을 인정하겠다. 예를 들면 취란화의 꽃잎은 보통 7장이다. 생물학은 수학처럼 완벽함을 다루지 않는다.)

꽃잎뿐만 아니라, 주변에 흔히 돌아다니는 솔방울과 파인애플에도 피보나치 수를 발견할 수 있다. 바나나를 잘라보면 단면이 3개의 구획으로 나누어져 있다. 사과를 가로로, 곧 꼭지와 직각 방향으로 잘라보면 오각형 별 모양이 보인다. 똑같은 방법으로 감을 잘라보면 팔각형 별이 보인다. 토끼의 개체 수든 해바라기나 과일의 구조든, 피보나치 수는 성장이 일어나는 모든 곳에 존재한다.

껍질이 성장하는 과정도 피보나치 수와 밀접한 관련이 있다. 새끼 달팽이는 매우 작은 껍질, 사실상 가로 세로가 1 × 1인 정사각형 집에서 자라난다. 달팽이가 껍질 밖으로 성장하게 되면 또 다른 방이 추가되고, 이러한 과정은 달팽이가 성장하는 동안 반복된다. 그러나 추가되는 공간의 크기를 무한정 키울 여력은 없으므로, 달팽이는 간단하게 이전 두 방을 합한 것과 같은 면적의 방을 추가한다. 마치 피보나치 수가 앞의 두 수를 더해 만들어지는 방식과 같다. 그 결과 껍질의 성장은 단순하지만 아름다운 나선이 만들어진다.

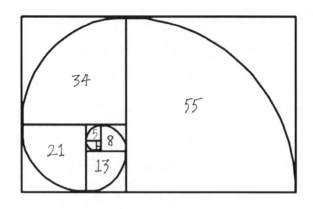

그림 1.23 피보나치 수를 이용해서 껍질을 만들어가는 과정.

사실 피보나치 수에 피보나치라는 이름이 붙은 이유는 그가 처음으로 이 수들을 발견해서가 아니다. 실제로 이 수들은 수학자가 아닌 중세 인도의 시인과 음악가들이 발견했다. 그들은 길고 짧은 리듬 단위를 조합하여 만들 수 있는 모든 리듬 구조를 탐구하는 데 관심을 두었다. 긴 소리가 짧은 소리의 두 배 길이면, 박자 수가 일정할 때 얼마나 많은 패턴을 넣을 수 있을까? 예를 들어 8박자 동안에는 네 번의 긴 소리 또는 여덟 번의 짧은 소리를 낼 수 있다. 그러나 이 극단적인 두 경우 사이에도 무수한 조합이 가능하다.

8세기에 인도 작가 비라한카는 가능한 서로 다른 리듬을 얼마나 많이 만들어낼 수 있는지 알아보고자 했다. 그의 실험에 따르면 박자 수가 증가하면, 리듬 패턴의 가짓수는 1, 2, 3, 5, 8, 13, 21 …… 과 같았다. 피보나치와 마찬가지로 그도 이 수열에서 다음에 나올 수는 앞의 두 수의 합임을 깨달았다. 따라서 8박자 안에서 만들어 낼 수 있는 리듬 구조의 가짓수를 알아내려면 수열에서 여덟 번째로 나오는 수를 찾으면 되고, 그렇게 13과 21의 합인 34개의 리듬 패턴이 나온다는 결과를 얻게 된다.

토끼들의 개체 수 증가를 따라가기보다는 이러한 리듬 속에 숨겨진 수학을 이해하는 일이 더 쉬울지도 모르겠다. 예를 들어, 8박자일 때 리듬 수는 6박자의 리듬에 긴 소리 하나를 더하거나 7박자의 리듬에 짧은 소리 하나를 더해서 구한다.

흥미롭게도 피보나치 수열과 이 장의 주인공 소수는 서로 관련이 있다. 처음 몇 개의 피보나치 수들을 살펴보자.

$$1, 1, 2, 3, 5, 8, 13, 21, 34, 55, 89, 144, \cdots\cdots$$

p가 소수일 때, p번째 피보나치 수는 그 자체로 소수이다. 예를 들어 11은 소수이며 11번째 피보나치 수 89도 소수이다. 이 사실이 항상 참이라면 더 큰 소수들을 끊임없이 쉽게 찾아낼 수 있겠지만, 안타깝게도 그렇지는 않다. 19번째 피보나치 수는 4,181인데, 19는 소수이지만 4,181은 37×113으로 소수가 아니다. 피보나치 수열에 무한히 많은 소수가 있는지에 대해서는 아직까지 증명도 반증도 되지 않았다. 이 문제는 소수와 관련하여 수학에서 지금껏 해결하지 못한 수많은 수수께끼 중 하나일 뿐이다.

쌀과 체스 판을 이용해서 어떻게 소수를 찾을까?

전설에 따르면 체스는 인도의 어느 한 수학자가 발명했다. 왕은 수학자의 발명에 너무나 감동하여 원하는 것이 무엇이든 상으로 주겠다고 말했다. 수학자는 잠시 생각하더니 체스 판의 첫 번째 칸에는 쌀 1톨을, 두 번째 칸에는 쌀 2톨을, 세 번째 칸에는 4톨, 네 번째 칸에는 8톨을 두는 식으로 각 칸에 이전 칸의 두 배에 해당하는 쌀을 놓아 달라고 청했다.

왕은 수학자의 소박한 청에 놀라워하며 흔쾌히 승낙했지만, 곧이어 충격에 빠졌다. 쌀알을 체스 판 위에 놓기 시작할 때 처음 몇 번은 쌀알이 거의 보이지도 않았다. 그러나 16번째 칸에 이르자 1킬로그램의 쌀이 추가로 필요했다. 20번째 칸에 이르자 시종은 수레에 쌀을 한가득 실어와야 했다. 왕은 체스 판의 마지막인 64번째 칸에 이르지 못했다. 체스 판에 놓인 쌀알의 총수는 다음과 같았기 때문이다.

$$18,446,744,073,709,551,615$$

런던 한가운데에서 이와 같은 상황이 벌어졌다면, 64번째 칸 위에 있었을 쌀 무더기는 런던 외곽 순환고속도로 M25에 이를 만큼 넓고 모든 건물을 뒤덮을 정도로 높았을 것이다. 실제로 그 양은 지난 천 년 동안 전 세계에서 생산된 쌀의 양보다도 많을 것이다. 당연히, 인도의 왕은 수학자에게 약속했던 상을 주지 못했고 대신 자신의 재산 반을 주어야 했다. 수학을 잘하면 이런 식으로도 부자가 될 수 있다.

그림 1.24 수를 계속해서 두 배로 하면 매우 빠르게 커진다.

그런데 이 쌀이 큰 소수를 찾는 문제와 대체 어떠한 관련이 있단 말인가? 그리스인이 소수의 무한성을 증명한 이래로, 수학자들은 계속해서 더 큰 소수를 만들어낼 기발한 식을 찾아 다녔다. 프랑스 수도사 마랭 메르센Marin Mersenne이 그 훌륭한 공식 중 하나를 발견했다. 피에르 드 페르마Pierre de Fermat, 르네 데카르트Rene Descartes와 절친한 친구였던 메르센은 17세기 유럽 전역의 과학자들이 서신 교류로 연구하는 데 마치 인터넷 허브와도 같은 역할을 하여 과학진보에 공헌한 인물이다.

그는 페르마와 편지를 주고받는 과정에서 거대한 소수를 찾는 강력한 식을 발견했다. 그 공식의 비밀은 쌀과 체스 판 이야기 속에 숨어 있다. 체스 판의 첫 번째 칸에서부터 쌀알을 세어나가면, 보통 누적된 총량은 소수이다. 예를 들어, 세 개의 칸을 더하면 1 + 2 + 4 = 7로, 소수이다. 다섯 칸을 더하면 1 + 2 + 4 + 8 + 16 = 31로, 역시 소수이다.

메르센은 체스 판의 소수 번째 칸에 이를 때마다 누적된 쌀알 총수가 매번 소수가 되는지 궁금했다. 만약 그렇다면, 이는 더 큰 소수를 계속해서 생성하는 방법을 알아냈다는 뜻이었다. 일단 쌀알을 소수 개 세었다면, 그만큼의 쌀알을 놓아야 할 칸까지의 쌀알을 모두 센다. 메르센은 이렇게 하면 훨씬 더 큰 소수가 나올 것이라고 기대했다.

메르센에게도, 수학적으로도 안타까운 일이지만 그의 가설은 꼭 들어맞진 않았다. 소수인 11번째 칸까지 누적된 쌀알 수는 2,047이다. 슬프게도 2,047은 23 × 89이기 때문에 소수가 아니다. 비록 메르센의 공식이 언제나 성립하지는 않았지만, 지금까지 발견된 가장 큰 소수 중 일부는 그 공식에서 나왔다.

소수와 관련된 기네스 기록

엘리자베스 1세 여왕 시대 때, 알려진 가장 큰 소수는 19번째 칸까지 누적된 쌀알 수 524,287이었다. 넬슨 제독이 트라팔가르 해전에서 싸우고 있을 때, 가장 큰 소수 기록은 체스 판의 31번째 칸 2,147,483,647까지 증가했다. 1772년 스위스 수학자 레온하르트 오일러Leonhard Euler가 소수임을 증명한 뒤로 이 10자리 소수는 1867년까지 가장 큰 소수의 자리를 지켰다.

2006년 9월 4일, 그 기록은 체스 판의 — 만약 그렇게 큰 체스 판이 있다면 — 32,582,657번째 칸에 놓일 쌀알 수로 경신되었다. 이 새로운 소수는 980만 자리가 넘었으며, 소리 내어 읽으려면 한 달 반이 걸린다고 한다. 이 수는 거대 슈퍼컴퓨터도 아닌 인터넷에서 내려받은 소프트웨어를 이용하여 한 아마추어 수학자가 발견했다.

이 소프트웨어 프로그램은 컴퓨터가 노는 시간을 활용하여 계산을 수행하는데, 어떠한 메르센 수가 소수인지를 테스트하도록 개발된 기발한 전략들을 수행한다. 데스크톱(사무실용) 컴퓨터로 980만 자리의 메르센 수가 소수인지를 확인하려면 여러 달이 걸리지만, 그래도 이만한 크기의 임의의 수가 소수인지를 확인하는 다른 방법들에 비하면 훨씬 빠른 편이다. 2009년까지 만 명 넘는 사람들이 인터넷 메르센 소수 찾기 프로젝트GIMPS: the Great Internet Mersenne Prime Search에 참여했다.

그러나 조심해야 한다. 소수 찾기에는 위험이 따른다! 미국 전화국에 근무하던 한 김프스 회원은 회사 컴퓨터 2,585대를 메르센 소수 찾기에 동원했다. 회사에서는 전화번호를 검색하는 데 5초가 아닌 5분이 걸리자 수상하게 여기기 시작했다.

메르센 소수 찾기 프로젝트에 참여하고 싶다면, www.mersenne.org 에서 소프트웨어를 내려받는다.

결국 FBI가 감속의 원인을 발견하자 사원은 모든 사실을 자백했다. '그 모든 컴퓨터의 계산 능력이 너무나 탐났습니다.'라고 그는 말했다. 전화국은 과학 탐구 정신에 공감하지 못했고, 사원을 해고했다.

2006년 9월이 지나고 수학자들은 가장 큰 소수 기록이 10,000,000자리의 벽을 넘을지 숨죽이며 지켜보았다. 학문적인 이유에서만은 아니었다. 최초 발견자에게 십만 달러의 상금이 주어지기 때문이다. 상금은 캘리포니아에 설립되어, 사이버공간의 공동 연구와 협력을 장려하는 기관인 전자 프런티어 재단 Electronic Frontier Foundation에서 후원하였다.

기록은 2년이 더 지나고서야 깨졌다. 운명의 잔인한 장난인지, 기록을 경신한 소수 두 개는 며칠 차이로 발견되었다. 독일의 아마추어 소수 탐정 한스 미하엘 엘베니히는 2008년 9월 6일 자신의 컴퓨터가 11,185,272자리의 새로운 메르센 소수를 막 찾아내고는 확신했을 것이다. 그러나 그가 자신의 발견을 관계 당국에 제출했을 때 흥분은 절망으로 바뀌었다. 그는 14일 차로 누군가에게 졌던 것이다. 그해 8월 23일, UCLA 수학과 에드슨 스미스의 컴퓨터가 12,978,189자리의 더 큰 소수를 이미 발견했다. UCLA에서 소수 기록 깨기는 이제 새로운 일도 아니다. UCLA의 수학자 라파엘 로빈슨은 1950년대에 다섯 개의 메르센 소수를 발견했으며, 1960년대 초에는 알렉스 허위츠가 두 개를 추가로 발견했다.

김프스가 사용하는 프로그램의 개발자들은 상금을 그저 메르센 소수를 찾아낸 운 좋은 사람에게 주어서는 안 된다는 데 동의했다. 5,000달러는 소프트웨어 개발자들에게 돌아갔고, 20,000달러는 1999년 이후 그 소프트웨어를 이용하여 기록을 경신한 사람들이 나누어 가졌으며, 25,000달러는 자선 단체에 기부하였고 나머지 50,000달러가 에드슨 스미스에게 돌아갔다.

소수를 찾아내어 상금을 받고 싶은데 10,000,000자리 기록이 깨졌다고 해서 걱정할 필요는 없다. 새로운 메르센 소수에게 각 3,000달러의 상금이 걸려 있다. 더 큰 상금을 원한다면, 1억 자리가 넘는 소수에 대해서는 150,000달러가 걸려 있고, 10억 자리의 소수에는 200,000달러가 걸려 있으므로 도전해 보길 바란다. 고대 그리스인 덕분에 아직 발견되지 않은 소수가 언제나 우리를 기다리고 있다는 사실을 알 수 있다. 단지 누군가가 결국 다음 소수를 발견하기까지 시간이 오래 걸린 나머지 상금의 가치가 물가 상승률로 너무 크게 떨어지지만 않는다면 말이다.

12,978,189자리의 수를 쓰는 방법

에드슨 스미스가 발견한 소수의 크기는 경이롭다. 그 소수를 책에 쓰면 3,000쪽이 넘지만, 다행히 수학을 이용하면 훨씬 더 간결한 표현식을 만들 수 있다.

체스 판의 N번째 칸에 이를 때까지 누적되는 쌀알의 수는 다음과 같다.

$$R = 1 + 2 + 4 + 8 + \cdots\cdots + 2^{N-2} + 2^{N-1}$$

이 수의 공식을 찾기 위한 트릭이 있다. 너무나 명백해서 언뜻 보면 전혀 쓸모가 없어 보이는 그 트릭은 바로 $R = 2R - R$이다. 도대체 어떻게 자명한 이 식이 R을 계산하는 데 도움이 된다는 말인가? 수학에서는 조금만 다르게 생각하면 모든 것이 완전히 달리 보일 때가 있다.

일단 $2R$을 계산하자. 전체의 합에서 모든 항을 두 배로 해서 계산하면 된다. 한 칸에서의 쌀알의 수를 두 배로 하면, 그 결과는 다음 칸의 쌀알 수와 같다는 점이 핵심이다. 따라서

$$2R = 2 + 4 + 8 + 16 + \cdots\cdots + 2^{N-1} + 2^N$$

이다. 다음으로 여기에서 R을 뺀다. 이렇게 하면 $2R$의 모든 항이 지워지고 마

지막 항만이 남는다.

$$R = 2R - R$$

$$= (2 + 4 + 8 + 16 + \cdots\cdots + 2^{N-1} + 2^N) - (1 + 2 + 4 + 8 + \cdots\cdots + 2^{N-2} + 2^{N-1})$$

$$= (2 + 4 + 8 + 16 + \cdots\cdots + 2^{N-1}) + 2^N - 1 - (2 + 4 + 8 + \cdots\cdots + 2^{N-2} + 2^{N-1})$$

$$= 2^N - 1$$

따라서 체스 판의 N번째 칸까지 누적된 쌀알 수는 $2^N - 1$으로, 오늘날 기록을 경신하는 소수들은 이 공식을 통해 발견된다. 적절한 횟수만큼 계속해서 두 배를 해준 다음 1을 빼주고 그 결과가 메르센 소수이기를 바라자. 소수 중 이 공식을 만족하는 소수를 메르센 소수라고 부른다. 에드슨 스미스가 발견한 12,978,189자리의 소수를 보고 싶다면, 이 식에 $N = 43,112,609$를 대입하라.

우주를 가로지를 만큼 긴 국수가락 뽑기

두 배 하기의 위력을 이용하여 거대한 수를 만들어내는 일은 쌀이 아닌 다른 음식으로도 할 수 있다. 드래곤 누들, 라미엔(拉麵)이라고 하는 이 중국식 면 요리는 전통적으로 양팔로 반죽을 늘린 다음 반으로 접어 다시 두 배로 늘리는 식으로 만들어진다. 반죽을 늘릴 때마다 면발은 더 길고 가늘어지는데, 반죽은 금방 굳으므로 갈라져서 엉망이 되기 전에 재빨리 작업해야 한다.

아시아에서는 면의 길이를 두 배로 하는 작업을 가장 많이 하는 요리사를 뽑는 대회가 열리는데, 2001년 장훈유라는 대만 요리사는 2분 동안 반죽 두 배하기를 14번이나 했다. 그가 만들어 낸 면은 너무나 가늘어서 바늘구멍도 통과할 수 있을 정도였다. 두 배 하기의 위력은 이처럼 강력해서 타이베이 중심가에 위치한 장훈유의 식당에서 면을 펼치면 도시 변두리까지 닿았을 것이다. 그리고 그 자리에서 면을 잘라 국수를 만들자 총 16,384그릇이 나왔다.

두 배 하기의 힘은 바로 이와 같으며, 매우 빠르게 상당히 큰 수를 만들 수 있다. 예를 들어 장훈유가 반죽을 계속해서 면 두 배 하기를 46회 반복했다면, 면의 두께는 원자만큼 얇고 길이는 타이베이에서 태양계의 바깥 경계에 다다를 만큼 길었을 것이다. 90회 반복했다면 관측 가능한 우주의 한쪽 끝에서 다른 쪽 끝까지 이르렀을 것이다. 현재까지 기록된 가장 큰 소수가 얼마나 큰지 감을 잡기 위해 말하자면, 면 두 배 하기를 43,112,609회 반복한 다음 거기서 하나의 면을 제거하면 2008년 발견된 최고 기록의 소수를 얻는다.

당신의 전화번호가 소수일 가능성은 얼마나 될까?

수학자들이 하는 괴상한 일 중 하나는 자신의 전화번호가 소수인지를 확인하는 것이다. 나는 최근 이사를 해서 전화번호가 바뀌었다. 전에 살던 집의 전화번호들은 모두 소수가 아니었기 때문에(예전 집 호수 53은 소수였다) 새로운 집(집 호수는 1로, 고대 그리스 시대엔 소수였었다)에서는 운이 좋기를 기대했다.

처음에 전화 회사에서 준 번호는 가능성이 있어 보였지만, 컴퓨터에 넣고 시험해보니 7로 나누어졌다. "아무래도 잘 안 외워지는데 …… 혹시 다른 번호로 바꿀 수 있을까요?" 다음으로 받은 번호 역시 소수가 아니었다. 3으로 나누어졌기 때문이다. (여러분의 번호가 3으로 나누어지는지 확인하는 간편한 방법은 이렇다. 전화번호의 각 수들을 모두 더한 다음, 그 수가 3으로 나누어지면 전화번호도 3으로 나누어진다.) 세 번 정도의 시도를 더 하자, 화가 난 전화 회사 직원이 날카롭게 대꾸했다. "선생님, 죄송하지만 다음 번호는 그냥 떠오르는 대로 불러 드릴 겁니다." 맙소사, 결국 하고많은 수 중 하필이면 짝수 번호를 받게 되다니!

그건 그렇고 내가 소수 전화번호를 받을 확률은 얼마였을까? 내 전화번호는 8자리이다. 8자리의 수가 소수일 확률은 대략 17분의 1인데, 자릿수가 증가하면 확률은 어떻게 변할까? 한 예로, 100 이하의 소수는 25개이고 따라서 자릿수가 2 이하인 수가 소수일 확률은 4분의 1이다. 평균적으로 1부터 100까지 셀 때 네 번에 한 번꼴로 소수가 나타나는 셈이다. 그러나 수가 커질수록 소수는 더 드물게 나타난다.

다음의 표는 자릿수에 따른 확률의 변화를 보여준다.

소수는 점점 더 드물게 나타나지만, 거기에는 규칙이 있다. 하나의 자릿수를 추가할 때마다 확률은 대략 2.3씩 줄어든다. 최초로 이 규칙을 알아낸 사람은 열다섯 살 소년이었다. 그 소년의 이름은 카를 프리드리히 가우스Carl Friedrich Gauss(1777~1855)로, 훗날 가장 위대한 수학자 중 한 사람이 되었다.

자릿수	소수를 얻을 확률
1 2	$\dfrac{1}{4}$
3	$\dfrac{1}{6}$
4	$\dfrac{1}{8.1}$
5	$\dfrac{1}{10.4}$
6	$\dfrac{1}{12.7}$
7	$\dfrac{1}{15.0}$
8	$\dfrac{1}{17.4}$
9	$\dfrac{1}{19.7}$
10	$\dfrac{1}{22.0}$

표 1.02

가우스는 생일 선물로 함수표에 관한 책을 받은 후 이 사실을 발견했는데 책의 뒷면에는 소수들을 정리한 표가 실려 있었다. 그는 이 책에 나온 수들에 집착한 나머지 남은 생애를 표를 확장하며 보냈다. 가우스는 수치들을 가지고 실험해보길 좋아하는 수학자였으며, 어디까지 수를 세든 소수들이 드문드문 나타나는 모습은 위와 같이 균일하게 유지된다고 믿었다.

그러나 100자리 수로 넘어가거나, 1,000,000자리 수로 넘어가면 돌연 이상한 일이 벌어지지 않는다고 어떻게 장담할까? 새로운 자릿수가 추가될 때의 확률을 구하기 위해서는 언제나 2.3을 빼면 될까? 아니면 어느 시점부터 확률은 완전히 다른 형태로 나타날까? 가우스는 패턴이 계속해서 유지된다고 믿었지만, 그 믿음은 1896년이 되어서야 입증되었다. 두 명의 수학자 아다마르와 샤를 드 라 발레 푸생은 각각 독자적으로 오늘날 소수 정리로 불리는 내용 — 소수가 나타나는 빈도는 언제나 일정 패턴을 따른다 — 을 증명했다.

가우스의 발견을 따라 매우 강력한 기준이 만들어졌고 소수의 수많은 성질이 예측되었다. 소수를 선택할 때 자연은 마치 한 면에만 '소수PRIME'라고 적혀 있고 나머지 면은 모두 비어 있는 주사위를 사용하는 듯하다.

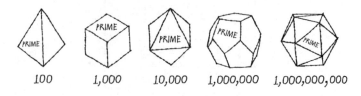

그림 1.25 자연이 사용하는 소수 주사위

이를테면 어떤 수를 소수로 정할지 말지를 주사위를 던져서 결정하는 것이다. '소수'라고 쓰인 면이 위를 향하면, 그 수를 소수로 표시하고 아무것도 쓰이지 않은 면이 나오면, 소수로 분류하지 않는다. 물론 이는 경험에 기대어 어림짐작한 추정이다. 주사위를 던져 100을 소수로 만들 수는 없다. 그러나 수학자들은 이 모델을 통해 결정된 수의 집합에서 소수의 분포가 실제 소수의 분포와 매우 유사하리라고 생각한다. 주사위의 면의 개수는 가우스의 소수 정리를 통해 알 수 있다. 세 자리 수의 경우, 한 면에만 소수가 적힌 정육면체 주사위를 사용한다. 네 자리 수에는 정팔면체 주사위를, 다섯 자리 수에는 10.4면체를 …… 물론 면이 10.4개인 다면체같은 것은 없고 이론상의 주사위들이다.

백만 달러짜리 소수 문제

백만 달러짜리 문제는 이 주사위들의 특징과 관련된다. 주사위는 믿을 만한 것일까? 주사위는 소수들을 공평하게 분배하고 있을까, 아니면 치우친 부분이 있어 때로는 지나치게 많거나 적게 소수들을 만들어낼까? 이 문제가 바로 그 유명한 리만 가설이다.

베른하르트 리만Bernhard Riemann은 독일 괴팅겐에 살았던 가우스의 제자였다. 그는 소수 주사위들이 소수를 분배하는 방식을 설명하는 매우 복잡한 수학을 발견했다. '허수'라는 특별한 수와 제타 함수zeta function를 써서 방대한 분석을 통해 리만은 소수 주사위들의 낙하를 결정하는 수학을 알아냈다. 분석을 통해 그는 주사위가 공평하리라고 생각했지만, 자신의 가설을 증명하지는 못했다. 리만 가설의 증명, 그것이 당신이 해야 할 일이다.

리만 가설은 방 안의 기체 분자의 비유를 통해 해석되기도 한다. 물리학에서는 임의의 순간에 각 분자들의 위치는 알 수 없을지 모르지만, 그 분자들이 방 안에 꽤 고르게 분포되어 있다고 가정한다. 어느 한 구석에만 분자들이 몰려 있고 다른 구석이 진공일 때는 없다. 리만 가설이 소수에 대하여 말하는 바도 이와 같다. 리만 가설은 실질적으로 특정 소수가 어디에서 발견될지 알려주지 않지만, 소수들이 무작위적이면서도 공평하게 분포하고 있음을 보장한다. 그와 같은 보장만으로도 대부분의 수학자는 충분한 자신감을 갖고 수의 세계를 탐험할 수 있다. 그러나 누군가가 수백만 달러를 차지하기 전까지, 우리는 소수들이 무슨 일을 하는지 결코 알지 못한 채 끝없이 이어지는 수학의 우주 속을 더 깊이 헤아려 나가야 할 것이다.

2장
도무지 종잡을 수 없는 형태

17세기의 위대한 과학자 갈릴레오 갈릴레이는 언젠가 이렇게 썼다. "우주라는 책은 그 안에 쓰여 있는 문자에 익숙해지고 말을 학습한 뒤에야 읽을 수 있다. 우주의 문자는 삼각형과 원, 그리고 그 외의 기하학적 형태들로 이루어져 있으며 그 언어는 수학으로서, 이들 없이 인간은 우주에 쓰인 어떠한 단어도 이해할 수 없다. 이 형태들이 없다면 인간은 어두운 미로 속을 방황할 뿐이다."

육각형 눈송이에서 DNA의 나선까지, 다이아몬드의 방사 대칭에서 복잡한 나뭇잎 모양에 이르기까지, 이 장은 자연의 신비하고 황홀한 형태의 모든 것을 보여준다. 왜 물방울은 완벽한 구 모양일까? 폐와 같은 엄청나게 복잡한 형태들은 어떻게 만들어질까? 우리 우주는 어떤 형태일까? 수학은 자연이 왜, 그리고 어떻게 이처럼 다양한 형태들을 만드는지 이해할 때 핵심이 될 뿐만 아니라 새로운 형태나 더 이상 발견할 형태가 없음을 파악하는 수단이다.

형태에 관심을 보이는 사람은 수학자뿐이 아니다. 건축가, 공학자, 과학자,

예술가 모두 자연의 형태가 어떤 식으로 기능하는지를 탐구한다. 이들은 모두 기하학에서 그 해답을 구한다. 고대 그리스 철학자 플라톤은 아카데미아의 현판에 '기하학을 모르는 자는 이곳에 들어오지 못한다.'라고 썼다. 이 장은 플라톤의 아카데미아와 수학적인 형태의 세계로 들어갈 수 있는 허가증이다. 그리고 마지막에 1장과 마찬가지로 그 해답에만 백만 달러가 걸려있는 수학계의 골칫거리를 소개한다.

왜 비눗방울은 공 모양일까?

철사를 사각형으로 구부려서 비눗물에 담근 후 꺼내서 불어보자. 왜 정육면체 비눗방울이 만들어지지 않을까? 철사의 모양이 삼각형일 때 왜 피라미드 형태 비눗방울이 나오지 않을까? 틀의 모양에 관계없이 비눗방울이 완벽한 공 모양으로 나오는 까닭은 무엇일까? 답은 자연이 게을러서, 그리고 구는 자연이 가장 만들기 쉬운 형태이기 때문이다. 비눗방울은 최소의 에너지를 써서 만들 수 있는 형태를 찾는데, 이때 소모하는 에너지는 표면적에 비례한다. 비눗방울 속 공기의 부피는 일정하며 형태가 바뀐다고 변하지 않는다. 구는 같은 기체를 품는 형태 중 표면적이 가장 작다. 그래서 구는 최소한의 에너지를 소모하는 형태이다.

제조업자들은 오랫동안 완벽한 구를 만드는 자연의 능력을 모방하려고 애썼다. 볼 베어링이나 총탄을 만들 때 완벽한 구는 생사의 문제와 직결되기도 한다. 구가 약간만 불완전해도 자칫 총의 역화나 기계 고장을 일으키기 때문이다. 1783년, 브리스톨 태생의 배관공 윌리엄 와츠는 구를 편애하는 자연의 취향을 활용해보기로 했다.

높은 탑 꼭대기에서 녹인 쇳물을 아래로 떨어뜨리면, 쇳물은 하강하는 동안 물방울처럼 완벽한 구의 형태가 된다. 와츠는 탑의 바닥에 물을 담은 수조를 놓아두면 쇳물방울이 물에 닿을 때 구 모양으로 굳을지 궁금했다. 그는 브리스톨에 있는 집에서 납을 이용해 자신의 생각을 실험해보기로 했다. 문제는 녹인 납이 구의 형태로 변할 시간이 있으려면 적어도 3층 이상의 높이에서 실험해야 한다는 점이었다.

그래서 와츠는 자신의 주택에 세 층을 더 올렸고 납이 건물을 통과하면서 떨어지도록 모든 층에 구멍을 뚫었다. 이웃들은 와츠의 집 위로 갑자기 나타난 괴이한 탑에 놀랐다. 탑 주위에 중세 성 장식 등을 가미하여 고딕양식을 전개하려 애썼지만 말이다. 그러나 와츠의 실험은 꽤 성공적이어서 비슷한 탑들이 곧 영국과 미국 전역에서 우후죽순 나타났다. 그의 탄환 제조탑은 1968년까지 사용되었다.

그림 2.01 자연에서 영감을 얻은 윌리엄 와츠가 구 형태의 볼 베어링을 만든 과정.

자연은 구의 형태를 애용하지만, 그보다 훨씬 효율적인 다른 기묘한 형태는 없다고 어떻게 장담할 수 있을까? 위대한 그리스 수학자 아르키메데스는 실제로 구가 일정한 부피에 대해 표면적이 최소인 형태임을 최초로 주장했다. 이를 증명하려고, 아르키메데스는 구의 표면적과 부피를 계산하는 공식을 유도했다.

구의 부피를 계산하는 일은 상당히 어려운 과제였지만, 그는 교묘한 수를 썼다. 그는 구를 평행한 수많은 층으로 얇게 잘라서 각 층을 원반으로 근사했다. 아르키메데스는 원반 하나의 부피를 계산하는 공식은 알고 있었다. 원의 넓이에 원반의 두께를 곱해주면 된다. 각 원반의 부피를 모두 더함으로써 그는 구의 부피에 대한 근삿값을 얻었다.

문득 그의 머릿속에 기발한 생각이 떠올랐다. 원반을 계속해서 얇게 잘라 무한소의 두께로 만들면, 부피의 정확한 값이 나온다! 수학에서 무한이라는 개념이 최초로 활용된 순간이었으며, 2천 년도 더 지난 뒤 뉴턴과 고트프리트 라이프니츠는 이와 유사한 기법을 토대로 하여 미적분학을 발전시켰다.

그림 2.02 구는 다양한 크기의 원반을 쌓아 올린 형태로 근사할 수 있다.

아르키메데스는 계속해서 이 기법을 다른 형태들의 부피 계산에도 활용했다. 그는 특히 공을 같은 높이의 원기둥에 넣었을 때, 기둥 속 기체의 부피는 정확히 공 부피의 절반이라는 사실을 발견한 데 뿌듯해했다. 그는 이 발견에 너무나 흥분하여 원기둥과 구를 자신의 묘비에 새겨야 한다고 고집했다.

구의 표면적과 부피를 계산하는 법을 알아내는 데는 성공했지만, 아르키메데스는 구가 자연에서 가장 효율적인 형태라는 자신의 직감을 증명할 방법을 찾지 못했다. 그 사실을 증명하려면 더 정교한 수학이 필요했고, 1884년에 이르러서야 독일인 헤르만 슈바르츠Hermann Schwarz가 구보다 에너지가 낮은 신비의 형태는 존재하지 않는다는 사실을 보였다.

세계에서 가장 둥근 축구공을 만드는 법

테니스, 크리켓, 당구, 축구 등 공으로 하는 스포츠는 많다. 자연은 탁월한 구 제조자지만 인간은 너무나 서툴다. 우리는 대개 납작한 재료에서 형태를 잘라내어 틀에 넣어 다지거나 꿰매어 공을 만든다. 어떤 스포츠에서는 인간이 만든 불완전한 구의 형태가 유리하게 작용하기도 한다. 크리켓 공은 가죽을 네 조각 꿰매어 틀에 넣어 다진 것이라 완전한 구는 아니다. 이 바느질한 부분은 크리켓 볼러(야구로 치면 투수 — 옮긴이)가 던진 공이 경기장의 어디로 튈지 예측하기 어렵게 하기도 한다.

탁구 선수에게는 반대로 완전한 구 모양의 공이 필요하다. 탁구공은 두 개의 셀룰로이드 반구를 녹여 붙여서 만들지만, 95%가 넘는 공들이 버려지기 때문에 이 방법은 그다지 효율적이지 않다. 탁구공 제조업자들은 기형의 공들속에서 완전한 구를 골라내는 일을 굉장히 즐거워한다. 기계가 탁구공을 공중으로 쏘아 보내면, 구의 형태가 아닌 공은 왼쪽 또는 오른쪽으로 휘어진다. 완전한 구만이 목표 지점으로 반듯하게 날아가 총을 쏜 지점의 정확히 반대편에서 발견된다.

그렇다면 어떻게 해야 완전한 구를 만들 수 있을까? 2006년 독일 월드컵 공인구 후원사는 자신들이 세계에서 가장 완벽한 구 모양 축구공을 만들었다

그림 2.03 초기 축구공의 도안.

고 주장했다.

축구공은 대개 편평한 가죽 조각들을 꿰매 붙여서 만드는데, 지금껏 제조된 수많은 축구공들은 고대 이래로 사용된 모든 형태들을 조합한 것이다. 가장 대칭적인 축구공을 만드는 방법을 알아보기 위해 일단은 동일한 대칭 형태의 가죽 조각들을 잘 배열해서 결합한 입체가 대칭이 되는 '공들'을 연구해보자. 입체가 가능한 한 대칭적이 되려면, 각 꼭짓점에서 만나는 면의 수가 같아야 한다. 플라톤은 기원전 360년, 자신의 저서 『티마이오스』에서 이러한 형태들을 소개했다.

플라톤이 생각한 축구공의 형태는 몇 가지나 될까? 구성 요소의 수가 가장 적은 형태는 네 개의 정삼각형을 붙여 만든 정사면체로, 삼각형을 밑변으로 한 피라미드와 같다. 그러나 면의 수가 지나치게 적은 까닭에 좋은 축구공은 아니다. 3장에서 나오겠지만, 비록 축구 경기에서는 쓰이지 않을지라도 이 형태는 다른 고대 게임에서는 중요한 요소였다.

또 다른 형태는 여섯 개의 정사각형으로 이루어진 정육면체이다. 얼핏 보면 축구공으로 쓰기에는 지나치게 안정된 형태지만, 실제로는 수많은 초기 축구공들의 기본 구조이다. 1930년 제1회 월드컵에서 사용된 축구공은 12개의 직사각형 가죽띠들이 여섯 쌍으로 짝지어 만들었고, 배열이 마치 정육면체처럼 되어있다. 비록 지금은 쪼그라들어 비대칭적으로 변했지만, 이 공은 잉글랜드 북서부 프레스턴 시의 국립 축구 박물관에 진열되어 있다. 1930년대에 사용된 다소 특이한 형태의 또 다른 축구공 역시 정육면체를 기본으로 하며 여섯 개의 H모양 조각들이 교묘하게 연결되어 있다.

다시 정삼각형으로 돌아가자. 정삼각형 8개를 대칭적으로 잘 배열하면, 혹은 더 간편하게 정사각형을 밑변으로 한두 개의 피라미드를 붙이면 정팔면체를 만들 수 있다. 일단 두 피라미드를 붙이고 나면 이음매가 어디인지 알 수 없다.

면의 수가 많아질수록 플라톤의 축구공은 더 둥글어질 가능성이 크다. 정팔면체에 이은 다음 형태는 12개의 정오각형으로 구성된 정십이면체이다. 이 도형은 일 년 열두 달과도 통하는 구석이 있으며, 각 면에 달력이 새겨진 정십이면체가 고대 유물로 발견되기도 했다. 그러나 모든 플라톤 입체 가운데 구 형태의 축구공에 가장 가까운 것은 바로 20개의 정삼각형으로 만든 정이십면체이다.

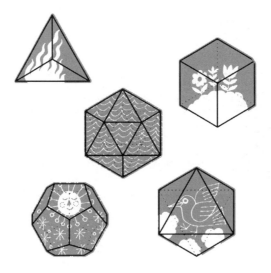

그림 2.04 플라톤 입체들은 자연을 구성하는 요소들과 관련이 있었다.

플라톤은 이 다섯 입체가 매우 근본적인 형태라고 믿었고 자연을 구성하는 네 가지의 고전적인 요소와 관련이 있다고 생각했다. 가장 뾰족한 형태의 정사면체는 불, 안정적인 정육면체는 땅, 정팔면체는 공기, 가장 둥근 형태인 정이십면체는 흐르는 물이었다. 다섯 번째 형태인 정십이면체에 대해 플라톤은 우주의 형상을 나타낸다고 생각했다.

플라톤이 놓친 여섯 번째 축구공은 없을까? 또 다른 그리스 수학자 유클리드는 절정기에 쓴 역사상 가장 위대한 수학책에서 똑같은 대칭 도형을 어떤 식으로 조합해서 이어 붙여도 여섯 번째 플라톤 입체를 만드는 일은 불가능하다는 사실을 증명했다. 『원론Elements』이라는 짧은 제목의 이 책은 수학에서 논리적 증명에 사용하는 분석 기술을 확립하는 데 기여했다. 세계에 대해 100%의 확실함을 보장하는 수학의 힘으로, 플라톤 입체에 관한 한 수학자들은 확신한다. 유클리드의 증명에 따르면 여섯 번째 플라톤 입체가 발견되는 일은 없다.

 『The Number Mysteries』 웹 사이트에 들어가서 PDF 파일을 내려 받으면 다섯 개의 플라톤 축구공을 만드는 방법에 대한 설명서가 들어 있다. 종이로 공을 만들고 손가락 축구를 하면서 어떤 형태의 공이 얼마나 좋은지 알아보자. http://www.youtube.com/watch?v=mKW2lcQjPv8의 동영상에 나오는 몇 가지 기술을 시도해보자.

아르키메데스는 플라톤의 축구공을 어떻게 개조했을까?

플라톤의 다섯 축구공에서 꼭짓점의 일부를 제거하면 어떤 일이 일어날까? 정이십면체의 모든 꼭짓점을 잘라내면 더 둥근 축구공이 될 것이다. 정이십면체에서는 한 꼭짓점에서 다섯 개의 삼각형이 만나기 때문에 꼭짓점을 하나씩 제거할 때마다 오각형이 나온다. 세 개의 꼭짓점을 제거하면 육각형이 모습을 낸다. 이렇게 만든 깎은 정이십면체truncated icosahedron라는 형태는 실제로 1970년 멕시코 월드컵 결승전에서 최초로 선보인 이래, 지금까지 축구공의 형태로 사용하고 있다. 그런데 여러 가지 대칭 도형들을 가지고 다음 월드컵에서 사용할 만한, 깎은 정이십면체보다 더 우수한 축구공을 만들 방법은 없을까?

기원전 3세기에 그리스 수학자 아르키메데스는 플라톤 입체들을 개조하는 일에 착수했다. 그는 먼저 두 개 이상의 도형을 입체의 구성 면으로 쓰면 어떻게 될지 조사하였다. 이때도 도형들은 서로 깔끔하게 맞아야 했기 때문에 각

면의 모서리 길이가 모두 같아야 했다. 이렇게 하면 모서리를 따라 면들이 정확하게 맞춰진다. 또한 가능한 한 대칭적이어야 하므로, 면이 만나는 꼭짓점은 모두 동일하게 보여야 했다. 어느 한 꼭짓점에서 두 삼각형과 두 사각형이 만난다면 모든 꼭짓점에서 그래야 했다.

기하의 세계는 아르키메데스의 마음속에 언제나 함께 했다. 하인이 수학에 몰입한 그를 억지로 끌어내어 목욕탕으로 데리고 갈 때조차 그는 굴뚝의 검댕이나 기름을 묻힌 손가락으로 자신의 몸 위에 기하학적 도형들을 그리며 시간을 보내곤 했다. 그리스의 철학자 플루타르코스는 '기하학 연구에서 맛보는 기쁨으로 아르키메데스는 무아지경의 황홀한 상태로 빠져들었다'라고 기록했다.

기하학의 황홀경 속에서 아르키메데스는 축구공에 가장 적합한 형태들을 완벽하게 분류했고, 그 형태들을 만드는 13가지 방법을 발견했다. 발견한 형태들을 기록한 아르키메데스의 원고는 남아 있지 않으며 500년쯤 후 알렉산드리아에 살았던 파푸스가 쓴 글 외에는 13가지 입체들의 발견에 관하여 알려주는 기록도 없다. 그럼에도 이 형태들은 아르키메데스 입체라는 이름으로 남아 있다.

아르키메데스가 만든 입체의 일부는 초기의 축구공처럼 플라톤 입체를 깎아서 만든 것이었다. 정사면체의 네 꼭짓점을 잘라보자. 그렇게 하면 원래의 삼각형 면은 육각형으로 바뀌고, 깎은 면에서 네 개의 새로운 삼각형이 나타난다. 이렇게 네 개의 육각형과 네 개의 삼각형을 붙이면 깎은 정사면체라 불리는 형태를 만들 수 있다(그림 2.05).

그림 2.05

이처럼 13개의 아르키메데스 입체 중 일곱 개는 플라톤 입체를 깎아서 만들며, 오각형과 육각형으로 구성된 전형적인 축구공도 이러한 입체에 해당된다. 아르키메데스의 발견에서 더 놀라운 부분은 다른 형태들에 있다. 예를 들어, 30개의 사각형, 20개의 육각형, 12개의 10각형을 잘 붙이면 부풀려 깎은 십이이십면체great rhombicosidodecahedron라는 대칭 입체를 만들 수 있다(그림 2.06).

그림 2.06

2006년 독일 월드컵에서 소개된 공인구 팀가이스트teamgeist는 한 아르키메데스 입체를 기초로 하여 제작되었으며, 세계에서 가장 둥근 공이라 보도되었다. 14개의 곡면 조각으로 이루어진 그 공은 깎은 정팔면체를 중심으로 구성되었다. 여덟 개의 정삼각형으로 구성된 정팔면체의 꼭짓점 여섯 개를 잘라낸다. 여덟 개의 삼각형은 육각형이 되고, 여섯 개의 꼭짓점은 사각형으로 대체된다(그림 2.07).

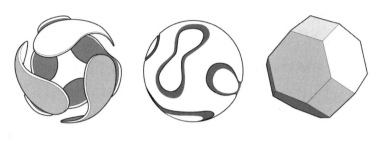

그림 2.07

앞으로 더욱 이색적인 아르키메데스의 축구공이 미래의 월드컵을 대표할지도 모른다. 나라면 92개의 대칭 도형들 ― 12개의 오각형과 80개의 정삼각형 ― 로 만든 다듬은 십이이십면체snub dodecahedron를 축구공으로 선택하겠다(그림 2.08).

그림 2.08

죽는 순간까지도 아르키메데스의 정신은 '수학적 대상'을 향했다. 기원전 212년, 로마인이 그의 고향인 시라쿠사를 침략했다. 그는 어떤 수학 문제를 풀기 위한 도식을 그리는 데 너무나 몰두한 나머지 자신이 살고 있는 도시의 몰락을 전혀 모르고 있었다. 칼을 휘두르며 자신의 방에 들이닥친 한 로마 군인에게 아르키메데스는 하던 계산을 마저 끝낼 수 있도록 해달라고 간청했다. "이런 미완성의 상태로 계산을 남겨두고 내가 어떻게 죽겠소?" 그가 외쳤다. 그러나 군인은 Q.E.D(quod erat demonstrandum. '위와 같이 증명하였다'라는 뜻의, 증명 종료를 나타내는 수학용어. — 옮긴이)를 기다릴 마음이 없었고, 아르키메데스는 미완성의 정리를 두고 칼에 찔려 쓰러졌다.

13개의 아르키메데스 입체들은 http://mathworld.wolfram.com/Archi-medeanSolid.html에서 찾아볼 수 있다.

어떤 모양의 티백에 든 차로 마셔볼까?

축구공 제조업자들뿐만 아니라 차를 마시는 영국인에게도 입체는 뜨거운 화제였다. 영국인은 대대로 단순한 사각형 모양의 티백에 만족했지만, 이제는 원, 구, 심지어는 피라미드 형태의 티백들이 궁극의 차를 우려내려는 소망과 함께 세계인의 찻잔 속에 담겨 있다.

티백은 20세기가 시작될 무렵 뉴욕의 차 상인인 토마스 설리번이 실수로 발명하였다. 그는 비단으로 만든 조그만 봉지에 차 샘플을 넣어 고객들에게 판매했는데, 사람들은 그의 의도를 잘못 이해하여 차를 봉지에서 꺼내지 않고 봉지 전체를 물속에 넣어버렸다. 1950년대에 영국인이 이 실수를 받아들이면서 차를 마시는 습관은 급격하게 변화했고, 오늘날 영국에서는 날마다 1억 개가 넘는 티백들이 찻잔 속에 잠겨 있다고 추정된다.

수년 동안, 믿음직스러운 사각형 덕분에 차 애호가들은 찻주전자에서 이미 사용한 찻잎을 매번 씻어내는 수고를 하지 않아도 차를 만들 수 있었다. 사각형은 매우 효율적인 형태이다. 티백을 만들기에 가장 쉬운 모양이기도 하고 티백 재료가 낭비되는 일도 없다. 50년 동안 티백 제조업에서 으뜸가는 피지 팁스PG Tips사는 영국 각지에 산재한 공장에서 연간 티백을 몇십억 개씩 제조해왔다.

그러나 1989년, 주요 경쟁사인 테틀리Tetley사가 티백의 모양을 바꾸는 과감한 시도를 통해 시장을 장악했다. 그들은 원형 티백을 선보였다. 시각적 변화에 불과했지만, 그래도 시도는 성공했다. 새로운 형태의 티백 판매량은 급상승했다. 피지 팁스는 자사의 소비자들을 빼앗기지 않기 위해 더 나은 형태의 티백을 생산해야 했다. 원은 사각형에 익숙해진 소비자들을 흥분시킬 수 있을지 모르겠지만, 그래봤자 편평한 2차원 형태일 뿐이었다. 그래서 피지사의 연구팀은 3차원으로의 도약을 감행했다.

피지 팁스 팀은 차에 관한 한 영국인이 조급한 민족임을 알고 있었다. 영국인은 평균적으로 티백을 약 20초간 잔 속에 담근 뒤 걷어낸다. 보통의 2차원 티백을 정확히 20초 동안 찻잔 속에 담근 뒤 꺼내 열어보면 중간의 찻잎은 물과 접촉할 시간도 없기에 완전히 건조한 상태이다. 피지 연구팀은 3차원 형태의 티백이라면 소형 찻주전자와 같은 역할을 하기 때문에 찻잎이 전부 물과 접촉하리라고 믿었다. 그들은 런던의 임페리얼 칼리지에 있는 열-유체 전문가의 협조로 컴퓨터 모델을 돌려서 3차원 입체에 차의 맛을 향상시킬 힘이 있다는 자신들의 믿음을 확인하기까지 했다.

이제 다음 단계의 질문이 나왔다. 어떤 형태가 좋을까? 3차원 형태들의 후보를 고르는 일은 소비자 테스트를 거쳤다. 원기둥 모양, 중국 연등 모양, 완전한 구 모양의 티백들이 실험 대상이었다. 비눗방울에서 알 수 있듯이 구는 일정 부피의 티백을 만들 때 재료가 가장 적게 드는 3차원 형태라는 점에서 상당히 매력적이다. 그러나 평면인 모슬린 천으로 만들어내기에는 가장 어려운 형태이기도 하다. 크리스마스 선물로 축구공을 포장해 본 사람들이라면 알 것이다.

평면인 종이를 재료로 한다면 평면으로 이루어진 3차원 입체는 당연히 고려 대상이므로, 피지 팁스는 플라톤과 아르키메데스가 2,000년 전에 생각했던 형태들을 조사하기 시작했다. 스포츠 용구 제조업자들이 발견했던 오각형과 육각형으로 이루어진 축구공은 구에 매우 근접하지만, 그 형태는 티백 개발자들이 관심을 갖기 시작한 형태로는 가장 멀었다. 정사면체는 사실 표면적이 일정할 때 부피가 가장 작다. 반면에 만들어야 하는 면의 수가 가장 적다는 장점이 있다. (세 개 이하의 편평한 면으로 3차원 입체를 만들기는 불가능하다.)

피지 팁스는 이윤을 추구하는 회사로 티백 재료가 얼마나 낭비되는지에도 신경을 쓰기 때문에, 티백의 형태는 시각적 매력이 있으면서도 효율적이어야 했다. 무엇보다도 영국은 하루에 1억 잔이 넘는 차를 소비하는 나라이기 때문에 빠른 속도로 만들어 낼 수 있어야 했다. 공장 안을 꽉 채운 노동자들이 온

종일 네 개의 작은 삼각형들을 이어 붙여 피라미드를 만든다면 얼마나 비효율적이겠는가! 이 상황을 해결할 돌파구는 누군가가 피라미드 모양 티백을 만들어낼 아름답고 우아한 방법을 발견하면서 열렸다.

과자 봉지를 만드는 과정을 생각해보자. 보통은 원통 모양 봉지의 밑을 먼저 봉하고, 과자를 채운 다음 같은 방향을 따라 윗부분을 봉한다. 그러나 이때 밑부분과 같은 방향으로 봉하는 대신 봉지를 90° 비틀어서 봉하면 어떻게 될까? 여러분은 손에 사면체 봉지를 쥐게 된다. 그 사면체에는 여섯 개의 모서리가 있다. 봉지가 봉해진 두 테두리와 그 두 테두리를 잇는 네 개의 선 — 각 봉인의 끝에서 반대편 봉인의 끝까지 이어진 모서리 — 이다. 바로 피라미드를 만드는 아름답고 효율적인 방법이다. 과자 봉지를 티백으로 바꾸어 같은 방법으로 비틀면 피라미드 모양의 티백을 얻게 된다. 재료의 낭비도 없고, 기계는 1분에 2,000개의 속도 — 영국의 차 수요를 충분히 충족시키는 빠르기 — 로 티백을 생산해 낼 수 있다. 이 기계는 20세기의 특허품 100위 안에 들 정도로 혁신적인 물건이었다.

4년간의 개발 끝에 피라미드 티백은 1996년 세상에 나왔다. 피라미드 티백은 효율적이었으며, 소비자들은 그 모양에서 현대성과 파격성을 느꼈다. 수년 동안 피지 팁스 광고의 특징이었던 정장 입은 원숭이들은 새 광고에서 유쾌하게 변신했고, 회사는 티백 판매 순위에서 다시 정상에 올랐다. 정사면체는 찻잎을 만나 차의 깊은 맛을 우려낸다. 그러나 세상에는 더 사악한 무언가가 플라톤 입체의 형태로 나타나는 일도 일어난다.

왜 이십면체에 걸리면 목숨이 위험할까?

1918년 스페인 독감이 유행했을 당시 최소 5,000만 명의 사람들이 사망하였으며, 이는 제2차 세계대전의 사상자 수보다 훨씬 많았다. 참상을 경험한 과학자들은 이 위험한 질병의 기제를 알아내는 데 집중했고, 그 결과 근본적인 원인은 세균이 아니라 당시의 현미경으로는 볼 수 없었던 훨씬 더 미세한 존재임이 곧 밝혀졌다. 새로운 병원체는 독을 의미하는 라틴어인 '바이러스'라는 이름으로 불렸다.

바이러스의 진정한 본질은 X선 회절이라는 신기술의 개발로 그와 같은 파괴를 일으키는 유기체의 근본적인 분자 구조를 꿰뚫어 볼 수 있게 되면서 밝혀졌다. 분자는 이쑤시개에 끼운 탁구공들로 시각화할 수 있다. 진짜 과학에 비하면 지나치게 단순할지도 모르지만, 모든 화학 연구실에서는 분자 구조의 세계를 탐색하는 데 도움을 주는 공–막대 도구를 갖추고 있다. X선 회절에서 X선 광선은 조사 대상 물질을 통과하며 이때 부딪치는 분자들로 인해 여러 각도로 편향된다. 이렇게 만들어진 X선 사진은 공–막대 구조에 빛을 쪼였을 때 만들어지는 그림자와 어느 정도 비슷하다.

수학은 이 그림자들이 지닌 정보를 알아내는 싸움에서 강력한 동맹군이 된다. X선 회절로 얻은 2차원 그림자 사진으로 어떤 3차원 입체가 그와 같은 그림자를 만들 수 있는지 알아내는 것이 문제이다. 보통은 어느 각도에서 '빛을 비추어야' 그 분자의 정확한 특징이 가장 잘 드러나는지 알아내면 해결에 진전이 생긴다. 누군가의 머리를 정면에서 비추었을 때 나타나는 그림자로 귀가 붙어 있는지 이상을 알기란 거의 불가능하지만, 옆모습은 여러분이 바라보는 상대에 대하여 훨씬 많은 정보를 준다. 분자도 마찬가지다.

DNA의 구조를 밝혀낸 뒤, 프랜시스 크릭과 제임스 왓슨은 도널드 캐스퍼, 아론 클루그와 함께 X선 회절의 2차원 사진이 바이러스에 대해 어떤 정보를 알려주는지 연구했다. 놀랍게도, 이들은 대칭으로 가득한 형태를 발견했다. 첫 번째 이미지는 점들이 삼각형으로 배열된 모습을 보여주었고, 이는 바이러스를 3분의 1회전 할 수 있으며 그 결과가 회전 전과 똑같은 3차원 형태임을 뜻했다. 바로 여기에 대칭이 있었다. 수학자들이 수집한 형태들을 조사한 생물학자들은 바이러스의 형태로 가장 적합한 후보가 플라톤 입체임을 알았다.

문제는 다섯 입체 모두 3분의 1회전 했을 때 모든 면이 재배치되는 회전축을 가진다는 점이었다. 또 다른 회절 이미지를 얻은 후 생물학자들은 바이러스의 형태를 더 정확하게 짚어낼 수 있었다. 점들이 오각형으로 배열된 이미지가 나타나자 과학자들은 마침내 더 흥미로운 플라톤 입체, 20개의 삼각형으로 이루어졌으며, 각 꼭짓점마다 다섯 개의 삼각형이 만나는 정이십면체에 도달했다.

바이러스가 대칭적인 형태를 좋아하는 이유는 대칭이 자기복제에 들어가는 수고를 크게 줄여 주기 때문이며, 이러한 이유로 바이러스성 질병의 전염성은 매우 강하다. 실제로 'virulent'라는 형용사에는 '전염성이 강한'이라는 뜻이 있다. 예로부터 사람들은 대칭에서 아름다움을 느껴왔으며, 대칭은 다이아몬드, 한 송이 꽃, 수퍼 모델의 얼굴 등에서 나타난다. 그러나 대칭은 항상 바람직한 모습으로만 나타나지는 않는다. 생물학 책에 나오는 인플루엔자에서 헤르페스, 소아마비에서 에이즈 바이러스에 이르기까지 가장 치명적인 바이러스 중 일부는 정이십면체의 형태로 구성된다.

베이징 올림픽 수영 경기장 구조는 불안정할까?

베이징 올림픽 수영 경기장은 빼어나게 아름다운 건축물로, 특히 밤에 불이 켜졌을 때는 거품으로 가득한 투명한 상자 같다. 이 건물을 설계한 애럽Arup사는 건물 안에서 진행되는 수상 경기들의 핵심을 표현하는 동시에 건물 자체에 자연스럽고 유기적인 느낌을 주려고 했다.

애럽사는 일단 벽을 덮을 수 있는 정사각형이나 정삼각형, 정육각형의 타일들을 살펴보았지만, 지나치게 규칙적이어서 자신들이 추구하는 유기적인 느낌을 살리지 못한다고 생각했다. 그래서 그들은 식물 조직의 세포 구조나 결정結晶처럼 자연에서 형태들이 틈을 메우는 방식을 조사했다. 이러한 틈 메우기 구조들 속에는 아르키메데스의 축구공과 같은 종류의 형태들도 있었지만, 애럽사는 수많은 물방울이 모여 만들어내는 거품 형태에 특히 관심을 보였다.

비눗방울 하나를 이루는 가장 효율적인 형태는 구라는 사실조차 1884년에 와서야 증명되었는데 둘 이상의 비눗방울이 결합하여 거품을 만드는 문제로 수학자들이 지금껏 고뇌하는 것도 무리는 아니다. 부피가 같은 두 비눗방울이 결합하면 어떤 형태가 나올까? 비눗방울은 게으르기 때문에 언제나 최소 에너지가 드는 형태를 추구한다. 에너지는 표면적에 비례하기 때문에, 거품은 표면적이 최소인 형태를 이루어야 한다. 합쳐진 두 비눗방울은 경계를 공유하며 두 비눗방울이 그냥 닿아있을 때보다 표면적이 더 작아진다.

비눗방울을 불 때, 같은 부피의 두 방울이 결합하면 그 모양은 다음과 같다.

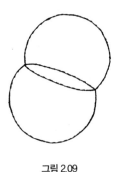

그림 2.09

두 개의 부분 구가 120° 각도로 만나고 평평한 막으로 구분된다. 이 형태는 분명 안정되어 있다. 그렇지 않다면 자연에서 유지되지 못할 것이다. 문제는 이보다 더 표면적이 작은, 따라서 더 적은 에너지를 가짐으로써 더 효율적인 다른 형태가 존재할까이다. 비눗방울이 현재의 안정된 상태에서 벗어나게 하려면 일정한 에너지를 공급해야만 하지만, 두 비눗방울이 취할 수 있는 더 낮은 에너지 상태가 있을지도 모른다. 예를 들어, 결합된 두 비눗방울은 더 낮은 에너지 상태로 가기 위해 아주 기묘한 배치를 이룰 수도 있지 않을까? 비눗방울 하나가 도넛 모양 띠처럼 다른 한 비눗방울 주위를 감싸는, 그림 2.10 과 같은 배치 말이다.

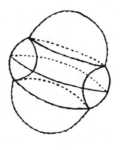

그림 2.10

결합된 비눗방울이 위와 같이 배치될 수 없다는 최초의 증명은 1995년에 발표되었다. 원래 수학자들은 컴퓨터에 도움 청하기를 매우 싫어하는데, 그 이유는 컴퓨터가 우아함과 아름다움에 관한 그들의 기준과 맞지 않기 때문이 다. 그래도 증명에 필요한 엄청난 양의 계산들을 확인하기 위해서는 컴퓨터 가 필요했다.

5년 후, 이중 방울 추측double bubble conjecture에 관해 이번에는 컴퓨터를 쓰 지 않고 오로지 종이와 연필만을 사용한 순수한 증명이 발표되었다. 사실 그 증명은 더 일반적인 추측에 관한 증명이었다. 두 비눗방울의 부피가 같지 않 고 한쪽이 더 작다면, 비눗방울들이 결합할 때 그 사이를 분리하는 벽은 평평 하지 않고 큰 비눗방울 쪽으로 구부러진다(그림 2.11 왼쪽 그림). 분리벽은 제3의 부분구로 두 물방울과 만나게 되는데 이때 세 거품 막이 서로 120°의 각을 이 룬다(그림 2.11 오른쪽 그림).

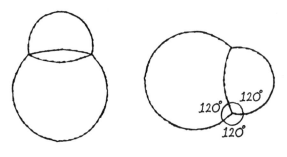

그림 2.11

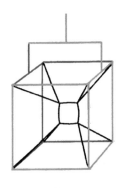

그림 2.12

실제로 이 120° 특성은 일반적인 규칙임이 밝혀졌다. 이 규칙을 처음으로 발견한 사람은 벨기에 과학자 조셉 플래토Joseph Plateau로, 그는 1801년에 태어났다. 빛이 눈에 미치는 영향에 관하여 조사하면서 그는 태양을 30초 정도 바라보았고 이 때문에 40세에 장님이 되었다. 이후, 친인척과 동료들의 도움으로 그는 비눗방울의 형태를 연구하는 일을 시작했다.

플래토는 우선 비눗물에 철사로 만든 틀을 담그고 거기서 나타나는 여러 형태들을 조사하였다. 정육면체 모양의 철사 틀을 담그면, 13개의 벽이 나타나면서 중앙의 정사각형에서 만난다 (그림 2.12).

엄밀하게 말하면 정사각형은 아니다. 중앙의 도형을 잘 살펴보면 모서리들이 볼록하게 튀어나와 있기 때문이다. 여러 형태의 철사 틀에서 나타나는 다양한 형태들을 조사하면서, 플래토는 비눗방울들이 결합하는 규칙을 공식으로 만들기 시작했다.

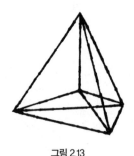

그림 2.13

첫 번째 규칙, 비누막들은 언제나 120°의 각으로 세 지점에서 만난다. 이렇게 세 벽이 이루는 모서리는 발견자를 기려 플래토 경계Plateau border로 불린다. 두 번째 규칙은 이 경계들이 만나는 방식이다. 네 벽이 만나면서 이루는 플래토 경계는 약 109.47°(정확히 말하면 $\cos^{-1} -\frac{1}{3}$)이다. 정사면체의 네 꼭짓점에서 중심을 향해 선을 그리면 비누 거품에서 네 개의 플래토 경계가 어떤 배치를 이루는지 알게 된다(그림 2.13). 따라서 정육면체 모양의 철사 틀 중심에 형성되는 볼록한 정사각형의 모서리들은 사실상 109.47°로 만난다. 과학자들은 플래토의 규칙을 충족하지 않는 비눗방울은 불안정하기 때문에 그 규칙을 만족하는 안정된 배치로 떨어진다고 믿었다. 1976년에 이르러서야 진 테일러Jean Taylor가 마침내 거품 속의 비눗방울들이 플래토의 규칙을 만족해야 함을 증명했다. 그녀의 연구로 비눗방울들이 어떻게 연결되어야 하는지 이론적으로 밝혀졌지만, 실제 거품 속에서 비눗방울은 어떤 형태를 취할까? 답을 찾으려면 같은 공기를 품는 여러 형태 중에, 각각의 거품이 막의 표면적을 최소화하는 형태가 무엇인지 알아야 한다.

꿀벌들은 이미 2차원에서 그 문제에 대한 답을 알아냈다. 벌들이 정육각형으로 집을 짓는 이유는 각 방마다 고정된 양의 꿀을 담는 데 필요한 밀랍의 양이 최소가 되기 때문이다. 그러나 효율성에서 육각형 벌집을 능가하는 2차원 구조는 없다는 벌집 정리도 인간이 증명해낸 것은 최근 일이다.

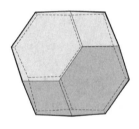

그림 2.14

3차원의 구조로 올라가면 더 혼란스럽다. 1887년 유명한 영국의 물리학자 켈빈Kelvin 경은 비눗방울들의 표면적을 최소화하는 열쇠로 아르키메데스의 축구공 중 하나를 제시하였다. 그는 육각형은 효율적인 벌집을 구성하는 요소이고, 깎은 팔면체 — 정팔면체의 여섯 꼭짓점을 깎아서 만든 형태 — 는 비누 거품을 구성하는 중요한 요소라고 믿었다(그림 2.14와 그림 2.15).

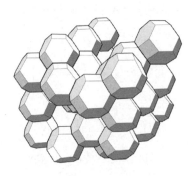

그림 2.15 깎은 팔면체 형태의 비누 거품.

거품 속의 비눗방울들이 어떻게 만나야 하는지에 관한 플래토의 규칙을 따르면 비눗방울들이 만나서 생기는 면과 모서리들은 실제로는 편평하지 않고 곡선으로 이루어져야 한다. 예를 들어 정사각형의 모서리들은 90°로 만나는데, 플래토의 두 번째 규칙은 이를 허용하지 않는다. 대신에 정육면체 철사 틀에서처럼 정사각형의 모서리가 볼록해지면 두 막은 플래토 규칙이 요구하는 109.47°에서 만난다.

켈빈 경이 제시한 구조가 최소한의 표면적을 갖는 거품을 만드는 방법이라고 많은 이들이 믿었지만, 아무도 증명하지 못했다. 그러나 1993년, 더블린 대학교의 데니스 웨이어와 로버트 펠란은 어떤 두 가지 형태로 거품을 채우면 켈빈 구조를 0.3% 능가한다는 사실을 발견했다. (이 사건은 수학으로 무언가를 증명하는 일이 시간 낭비라고 생각하는 모든 이에게 교훈이 된다.)

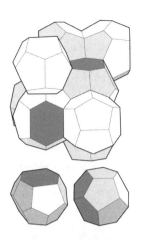

그림 2.16 데니스 웨이어와 로버트 펠란이 발견한 두 형태.

이 두 형태는 아르키메데스의 입체가 아니다. 그림의 첫 번째 입체는 변의 길이가 다른 오각형들로 이루어진 변형된 십이면체이다. 두 번째 입체는 십사면체tetrakaidecahedron로 불리며 늘린 육각형 두 개와 두 종류의 오각형 12개로 구성된다. 웨이어와 펠란은 이 입체들을 결합하면 켈빈 구조보다 더 효율적인 형태를 만들 수 있음을 알았다. 여기서도 플래토 규칙을 만족하기 위해 모서리와 면은 반듯하게 펴지지 않고 구부러져 있어야 한다. 실제 거품 속을 조사하기란 매우 어렵기 때문에, 이 형태들은 재미있게도 컴퓨터를 이용해 시뮬레이션 실험을 한 결과 발견되었다.

그렇다면 이 형태가 비눗방울이 만들어낼 수 있는 최선일까? 우리는 모른다. 다만, 현재로서는 가장 효율적인 결합 형태로 보인다. 그러나 사실 켈빈 경도 자신의 구조가 최선이라고 생각했었으므로 모르는 일이다.

애럽사의 설계자들은 올림픽 수영 경기장 안에서 벌어지는 수상 스포츠의 이미지를 떠올릴 흥미로운 자연의 형태를 찾기 위해 안개, 빙하, 파도 등을 관찰하는 중이었다. 우연히 웨이어와 펠란의 거품 형태를 보게 된 그들은 그때까지 건축업계에서 시도하지 않았던 무언가를 창조할 수 있겠다고 생각했다. 지나치게 규칙적인 형태로 만들지 않기 위해서, 그들은 거품을 비스듬히 잘라보기로 했다. 곧 베이징 올림픽 수영 경기장 워터 큐브의 측면에서 보이는 것은 유리면을 거품 속에 비스듬히 넣었을 때의 비눗방울이 만들어 내는 형태이다.

그림 2.17 베이징 올림픽 수영 경기장의 외관에서 불안정한 비눗방울이 보인다.

이 구조는 언뜻 무작위random해 보여도 실은 건물 전체에 걸쳐서 반복되며, 그럼에도 애럽사가 추구하는 유기적인 느낌을 잃지 않는다. 그러나 자세히 들여다보면 플래토의 규칙을 만족하지 않는 듯한 비눗방울이 있는데, 그 형태 속에는 플래토 조건인 120°, 109.47°뿐만 아니라 90° 각이 있다. 그렇다면 워터 큐브는 안정적일까? 수영 경기장이 실제로 비눗방울들로 이루어졌다면, 답은 아니오이다. 직각 비눗방울은 모든 비눗방울이 따라야 하는 수학적 규칙을 따르도록 모양이 바뀌어야 한다. 그러나 중국의 관계 당국에서는 걱정할 필요가 없다. 워터 큐브는 그 아름다운 구조를 창조한 수학 덕분에 안정적으로 서 있을 것이다.

비눗방울이 뭉친 형태에 관심을 갖는 사람은 애럽사와 중국 정부 외에도 많다. 비눗방울의 배열을 이해하면 식물 세포, 초콜릿, 휘핑크림, 그리고 맥주 거품의 구조를 이해하는 데 도움이 된다. 거품은 불을 끄고, 방사능 유출로 인한 물의 오염을 막고, 광물을 가공한다. 불을 피우거나 기네스 맥주잔 꼭대기의 거품이 너무 빨리 사라지지 않게 하는 데에 관심이 있다면, 거품의 수학적 구조에서 해답을 찾아야 한다.

눈송이는 왜 육각형일까?

이 질문에 최초로 수학적인 답을 제시한 사람은 17세기의 천문학자이자 수학자인 요하네스 케플러Johannes Kepler였다. 그는 석류 속을 관찰하다가 아이디어를 얻었다. 처음에 석류씨는 동그란 공 모양에서 시작된다. 과일가게 주인이라면 알겠지만, 공으로 가장 효율적으로 공간을 채우려면 육각형 층으로 배열하면 된다. 각 층은 서로 깔끔하게 포개어지며 각 공은 바로 아래층에 있는 세 공 위에 편안하게 자리를 잡는다. 이때 네 공은 정사면체의 꼭짓점을 이룬다.

케플러는 이것이 공간을 메우는 가장 효율적인 방식, 다시 말해 공 사이의 공간이 차지하는 부피가 최소가 되는 배열이라고 추측했다. 그런데 이 육각형 틈 메우기보다 더 나은 복잡한 배열이 존재하지 않으리라고 장담할 수 있을까? 케플러 추측이라 불리게 된 이 간단한 명제는 몇 세기 동안이나 수학자들을 괴롭혔다. 케플러 추측은 결국 20세기가 끝날 무렵 수학자들 간의 협력과 컴퓨터의 도움으로 증명되었다.

석류로 다시 돌아가자. 과일이 자라면서 씨앗들은 서로 짓누르기 때문에, 공 모양에서 다른 형태로 변하면서 공간을 완전히 채운다. 석류 중심부의 각 씨앗은 12개의 다른 씨앗과 접촉하며 이들이 서로 짓눌리는 동안 씨앗은 12면을 갖춘 형태로 변하게 된다. 12개의 정오각형 면으로 이루어진 정십이면체를 떠올릴지도 모르겠지만, 정십이면체를 붙여서 모든 공간을 채우도록 완벽하게 쌓기란 불가능하다. 플라톤 입체 중에서 그런 일이 가능한 형태는 정육면체뿐이다. 석류 씨앗의 경우 12개의 면은 가오리연 모양을 이룬다. 마름모꼴 십이면체rhombic dodecahedron라 불리는 이 형태는 자연에서도 흔히 나타난다(그림 2.18).

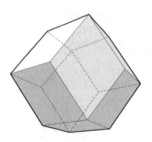

그림 2.18

보석 가넷의 결정을 이루는 12개의 면은 가오리연처럼 보인다. '가넷'이라는 단어는 사실 석류를 뜻하는 라틴어에서 유래되었는데, 석류의 씨앗 역시 면이 마름모꼴인 작고 빨간 12면체를 형성하기 때문이다.

석류 씨앗에서 관찰되는 가오리연 모양의 면을 분석하면서 영감을 얻은 케플러는 약간은 덜 대칭인 이 가오리연 모양으로 만들 수 있는 모든 대칭적인 입체를 조사하기 시작했다. 플라톤은 완벽하게 대칭인 한 다각형으로 만들어지는 입체들을 생각했었다. 아르키메데스는 한 걸음 더 나아가 둘 이상의 대칭적인 다각형으로 만들어지는 입체들을 조사하였다. 케플러의 연구는 플라톤과 아르키메데스 입체에서 확장된 입체들에 관한 연구를 촉발했다. 그 결과 카탈란 다면체Catalan solids, 푸앵소 다면체Poinsot solids, 존슨 다면체Johnson solids, 불안정 다면체shaky polyhedra, 평행다면체zonohedra 와 같은 다양하고 이색적인 입체들을 갖게 되었다.

케플러는 틈 메우기의 핵심인 육각형과 육각 눈송이가 관련이 있다고 믿었다. 그의 연구는 황실 외교관 마테우스 바커에게 새해 선물로 그가 헌정한 ― 언제나 연구 자금이 부족한 과학자들이 재빠르게 처신하는 한 예이다 ― 책의 주제가 되었다. 케플러가 생각하기에, 공 모양의 빗방울이 구름 속에서 얼면 석류씨처럼 자신들끼리 어떻게든 뭉쳐지게 된다. 그럴듯한 생각이지만, 결과는 틀렸다. 눈송이가 육각형인 진짜 이유는 1912년 X선 결정학이 나타남으로써 밝혀진 물의 분자 구조와 관련이 있다.

물 분자는 하나의 산소 원자와 두 수소 원자로 구성된다. 물 분자들이 결합해 결정이 형성되면 물 분자에 속한 각 산소 원자는 이웃한 산소 원자들과 수소 원자를 공유하고, 차례로 다른 물 분자로부터 두 수소 원자를 빌린다. 따라서 얼음 결정의 산소 원자는 각각 네 개의 수소 원자와 연결된다. 공―막대 모형에서, 수소 원자를 나타내는 네 개의 공은 산소 원자 주변에 배열된다. 이때 각 수소는 나머지 세 수소와 가능한 한 멀리 떨어진 형태로 배열되어야 한다. 그와 같은 조건을 수학적으로 보면 각 수소를 정사면체의 꼭짓점에 놓고 산소 원자를 정사면체의 중앙에 놓는 경우와 같다.

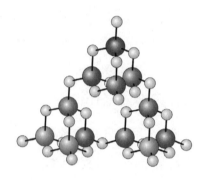

그림 2.19

제시된 결정 구조는 과일가게에 쌓여 있는 오렌지들과 공통점이 있다. 한 층의 세 오렌지는 그 위에 놓인 네 번째 오렌지와 함께 정사면체를 이룬다. 그러나 각 층의 오렌지를 살펴보면 모든 곳에서 정육각형이 보인다. 얼음 결정에서 나타나는 이 정육각형들은 눈송이 모양의 핵심이다. 케플러의 '직관'은 틀리지 않았다. 오렌지를 쌓는 일과 육각형 눈송이는 관련이 있었지만, 눈송이 속의 정육각형을 찾는 일은 눈의 원자 구조를 분석할 수 있게 된 후에야 가능해졌다. 눈송이가 커지면서 물 분자들은 정육각형의 여섯 꼭짓점에 달라붙어 눈송이의 여섯 팔을 만들어낸다.

눈송이가 지닌 고유의 개성은 이렇게 분자에서 거대한 눈송이가 만들어지는 동안 나타난다. 한편 얼음 결정이 생성될 때의 핵심이 대칭이라면, 이제

부터 보게 될 중요한 수학적 형태는 눈송이의 진화와 관련된다. 바로 프랙탈이다.

영국 해안선 길이는 얼마일까?

영국 해안선의 길이는 18,000km일까, 36,000km일까? 아니면 그보다 더 길까? 놀랍게도 이 질문에 대한 답은 상식에서 완전히 빗나가며, 20세기 중반 수학에서 찾아낸 형태와 관련이 있다.

물론 하루에 두 번씩 조수가 밀려들어 왔다가 나가면서 해안선의 길이는 끊임없이 변한다. 그러나 해안선을 한순간 고정한다 해도 여전히 그 길이는 정확하지 않다. 해안선의 길이를 어떻게 하면 정확하게 측정할 수 있을까라는 질문에서 어려움이 시작된다. 자의 끝과 끝을 이어 나가면서 국토를 한 바퀴 돌기 위해서는 얼마나 많은 자가 필요한지를 생각할 수도 있지만, 고정된 자를 사용하면 그보다 규모가 작은 수많은 세부사항을 놓치게 된다.

딱딱한 직선 자 대신 긴 밧줄을 사용하면 복잡하게 얽힌 해안선을 더 잘 측정할 수 있을 것이다. 해안선을 따라 밧줄을 놓은 뒤 그 길이를 측정하기 위해 곧게 편다면, 밧줄로 잰 해안선의 길이는 자를 가지고 측정한 근삿값보다 상당히 클 것이다. 그러나 밧줄의 유연성에도 한계가 있기 때문에 센티미터 규모의 복잡한 세부까지 잡아낼 수는 없다. 가느다란 실을 사용하면 이러한 세부를 잡아낼 수 있을 것이며, 그렇게 되면 측정된 해안선의 길이는 더욱 길어질 것이다.

그림 2.20 영국 해안선의 길이 측정하기.

영국 육지 측량부에서는 영국 해안의 길이를 17,819.88km로 정하였다. 그러나 해안선을 더 세밀하게 측정하면 그 길이의 두 배가 나올 것이다. 정확한 지질학적 측량이 얼마나 어려운지를 보여주는 예로, 1961년 포르투갈은 스페인과의 국경선이 1,220km라고 주장한 반면, 스페인은 990km라고 주장했다. 네덜란드와 벨기에의 국경선을 둘러싸고 일어난 주장의 차이도 마찬가지였다. 경계선을 더 길게 계산하는 나라는 언제나 더 영토가 더 작은 쪽이다.

이러한 측정에 한계가 있을까? 세부에 더 집중할수록 해안선은 더 길어진다. 왜 그렇게 되는지를 보기 위해, 수학적 해안선을 만들자. 해안선을 만들기 위해서는 끈 뭉치가 필요하다. 끈 뭉치에서 끈을 1미터 풀어내어 바닥에 놓는다.

그림 2.21

이 모양은 실제 해안선이라고 하기에는 지나치게 반듯하므로, 큰 후미를 만들자. 끈을 더 써서 같은 길이의 두 모서리가 가운데 3분의 1지점에서 들어가고 나오게 하자.

그림 2.22

이렇게 후미를 만들려면 뭉치에서 실을 얼마나 더 빼내야 할까? 처음 선은 각 $\frac{1}{3}$ m 길이의 세 선분으로 이루어지지만, 새로운 해안은 각 $\frac{1}{3}$ m 길이의 네 선분으로 이루어진다. 따라서 새 해안선의 길이는 처음 길이의 $\frac{4}{3}$ 배인 $\frac{4}{3}$ m 이다.

새로 만든 해안은 그다지 복잡하지 않다. 그래서 다시 한 번, 해안선의 각 선분을 삼등분하여 가운데 부분을 같은 길이의 두 모서리로 대체한다. 이제 우리는 다음과 같은 해안을 만들었다.

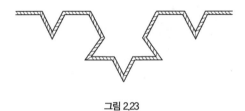

그림 2.23

이 해안선의 길이는 얼마나 될까? 네 선분 각각은 다시 $\frac{4}{3}$ 배만큼 증가했기 때문에, 해안선의 길이는 이제 $\frac{4}{3} \times \frac{4}{3}$ m $= (\frac{4}{3})^2$ m이다.

다음에 무슨 일을 할지 아마도 감이 올 것이다. 이 절차를 계속 반복하여 선분을 세 부분으로 나누어 가운데 부분을 같은 길이의 두 선분으로 대체한다. 이렇게 할 때마다 도형의 길이는 $\frac{4}{3}$ m 씩 증가한다. 100번을 반복하면 우리가 만든 해안선의 길이는 $(\frac{4}{3})^{100}$ m 만큼 증가하여, 30억 킬로미터가 넘는다. 그 길이의 끈을 반듯하게 펴면 지구에서 토성까지 닿는다.

절차를 무한히 반복하면 길이가 무한히 긴 해안선을 얻게 될 것이다. 물론 물리학적으로는 특정 한계치, 소위 플랑크 상수에 의해 결정된 길이 이하로 선분을 나누지 못한다. 물리학자의 말대로라면 측정 장치를 삼켜버릴 블랙홀을 만들어내지 않는 이상 10^{-34} m 이하 길이를 측정하는 것은 사실상 불가능하기 때문이다. 계속해서 조그만 후미를 해안선에 더해나가다 보면 72번째 단계에 이르러 선분의 길이는 이미 10^{-34} 이하가 될 것이다. 그러나 수학자는 물리학자가 아니다. 수학자들은 선분을 무한히 나눌 수 있으며, 그렇게 해도 블랙홀로 사라지지 않는 세계에서 산다.

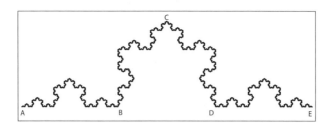

그림 2.24 A에서 B까지, 작은 부분을 3배 확대하면 더 큰 프랙탈을 얻는다.
그러나 작은 부분들 네 개를 이어서 같은 프랙탈을 만들 수도 있다.

해안선의 길이가 무한한 이유를 다른 관점에서 보기 위해, 그림 2.24에서 A에서 B까지의 해안선 조각을 생각하자. 그 부분의 길이를 L이라고 하자. 이 해안선 조각을 3배 확대하면 그 결과는 A에서 E까지의 전체 해안선과 정확히 같다. 따라서 전체 해안선의 길이는 3L이다. 한편, 작은 해안선 조각 네 개의 끝과 끝을 이어 A에서 B, B에서 C, C에서 D, D에서 E까지 붙여도 전체 해안선과 포개어진다. 이렇게 보면 전체 해안선의 길이는 작은 해안선 네 개를 이어 붙였기 때문에 4L이 된다. 전체 해안선의 길이는 어떻게 측정해도 같게 나와야 한다. 그런데 어떻게 4L = 3L이 될까? 이 방정식이 성립하기 위해서는 L이 0이거나 무한해야만 한다!

지금까지 우리가 그린 무한한 해안선은 사실 코흐 눈송이라 불리는 형태의 한 변으로, 코흐 눈송이라는 이름은 20세기가 시작될 무렵 그것을 구성한 스웨덴 수학자 코흐Helge von Koch의 이름에서 딴 것이다(그림 2.25).

그림 2.25

코흐 눈송이는 실제 해안선으로 보기에는 지나치게 대칭적이며 자연스럽다거나 유기적으로 보이지 않지만, 선분을 해안선 안쪽으로 더할지 바깥쪽으로 더할지가 불규칙적이면 훨씬 더 그럴듯해진다. 그림 2.26은 같은 절차에 따라 그렸지만 한 가지 변화를 주어 선분을 지워지는 해안선의 위쪽으로 더할지 아래쪽으로 더할지를 동전을 던져 결정했다.

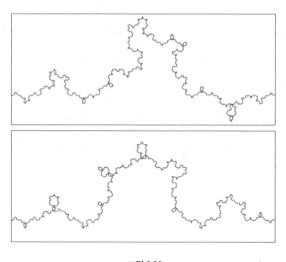

그림 2.26

이렇게 만들어진 여러 해안선을 접합하면 중세 영국의 지도와 놀랍도록 닮은 형태가 나온다.

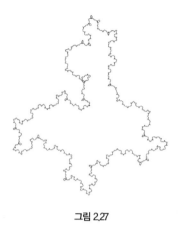

그림 2.27

따라서 누군가 영국 해안의 길이를 물어온다면, 사실 대충 아무 값이나 말해도 좋다. 이것이야말로 학생이라면 누구나 꿈꾸는 수학문제가 아닐까?

번개와 브로콜리, 주식 시장에 공통점이 있다?

1960년, 프랑스 수학자 브누아 만델브로Benoit Mandelbrot는 하버드 대학교 경제학과로부터 고소득과 저소득의 분포를 주제로 한 그의 최근 연구에 대해 강연해 달라는 요청을 받았다. 초청자의 연구실로 들어갔을 때, 자신이 강연을 위해 준비한 그래프가 칠판에 그려져 있는 광경을 보고 그는 어리둥절했다. "어떻게 저의 강의 자료를 미리 아셨습니까?" 그는 물었다. 기묘하게도 그 그래프들은 소득과 아무 관련이 없었다. 그것은 초청자가 요전번 강의에서 분석했었던 면직물 가격의 변동 그래프였다.

만델브로는 그 유사성에 호기심을 느꼈고, 아무 관련 없는 다양한 경제 자료의 그래프들이 매우 유사한 형태를 띤다는 사실을 발견하였다. 그뿐만 아니라 어떠한 시간 단위를 택해서 보아도 그 형태들은 동일하게 보였다. 예를 들어 8년 동안의 면직물 가격 변동은 8주간의 변동과 유사하며, 이 형태는 또한 8시간 동안의 변동과 상당히 닮았다.

똑같은 현상이 영국 해안선에서도 나타난다. 그림 2.28이 그 예이다. 이 그림들은 모두 스코틀랜드 해안의 일부이다. 한 그림은 축척이 1 : 1,000,000인 지도에서 가져왔다. 다른 그림은 각각 1 : 50,000, 1 : 25,000의 더 상세한 지도에서 가져왔다. 그러나 어떤 그림이 어떤 축척의 지도에 대응되는지 알 수 있겠는가? 어떻게 확대 혹은 축소해도 이 형태들은 더 단순해지지 않는다. 이 현상은 모든 형태에 적용되지는 않는다. 가령 구불구불한 선을 직접 그려서 일부분을 확대하다 보면, 어느 순간에는 선이 매우 단순해진다. 해안선의 형태나 만델브로 그래프의 특징은 아무리 크게 확대해도 그 형태가 가진 복잡성이 유지된다는 점이다.

더 폭넓게 조사를 시작하면서 만델브로는 이 이상한 형태들, 아무리 크게 확대해서 보더라도 한없이 복잡하게 남아 있는 형태들이 자연에서 흔히 나타난다는 사실을 알았다. 꽃양배추의 꽃 부분을 잘라 확대해보면 꽃양배추 전체와 놀랍도록 유사해 보인다. 삐죽삐죽 흐르는 번개의 경로를 확대하면 직선이 아니라 처음의 톱니 모양이 그대로 보인다. 만델브로는 이러한 형태들을 프랙탈이라고 이름짓고 '자연의 기하the geometry of nature'로 일컬었는데, 이들은

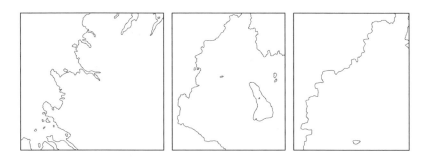

그림 2.28 서로 다른 비율로 확대시켜 본 스코틀랜드 해안. 왼쪽부터,
지도의 축적은 각각 1 : 1,000,000, 1 : 50,000, 1 : 25,000이다.

사실상 20세기에 처음으로 인식된 완전히 새로운 종류의 형태를 대표한다.

프랙탈 형태들은 실제적인 이유에서 자연스럽게 진화해왔다. 인간의 폐는 프랙탈의 특성이 있기 때문에 표면적이 매우 커서 유한한 부피의 흉곽 속에 있어도 다량의 산소를 흡수할 수 있다. 같은 일이 다른 유기체에서도 일어난다. 예를 들어 고사리는 공간을 지나치게 많이 차지하지 않으면서도 빛에 노출되는 시간을 최대화하려고 노력한다. 양치류의 이러한 노력으로 최고의 효율성을 갖춘 형태를 찾아내는 자연의 능력이 또 한 번 발휘되었다. 비눗방울이 자신들의 요구를 최상으로 만족시키는 형태로 구를 찾아냈듯이, 생명체들은 그와 정 반대편에 있는 무한한 복잡성을 갖춘 프랙탈 구조를 선택했다.

무한한 복잡성에도 불구하고 실제로는 매우 단순한 수학적 규칙에 따라 생성된다는 점이 프랙탈의 놀라운 특징이다. 언뜻 생각하면 복잡한 자연이 단순한 수학에 기초한다는 사실을 믿기 어렵겠지만, 프랙탈 이론은 가장 복잡한 자연 세계의 모습들도 단순한 수학 공식에 따라 만들어질 수 있음을 보여주었다.

다음 그림은 고사리처럼 보이지만 사실은 코흐 눈송이를 만들 때와 유사하게 단순한 수학 규칙을 따라 만들어낸 컴퓨터 이미지이다. 컴퓨터 산업에서는 이 아이디어를 활용하여 컴퓨터 게임 속의 복잡한 자연 배경을 만들었다. 컴퓨터의 디스크 공간이 작을지라도, 프랙탈의 단순한 수학 규칙은 엄청나게 복잡한 환경을 생성하는 데 도움이 된다.

그림 2.29 프랙탈 고사리.

1.26 차원의 입체가 있을까?

프랙탈이 나타나기 전까지 수학자들은 1, 2, 3차원의 입체를 접했다. 1차원의 직선, 2차원의 육각형, 3차원의 정육면체. 그러나 프랙탈 이론은 차원의 수가 1보다 크고 2보다 작은 새로운 형태의 발견이라는 엄청난 결과를 가져왔다. 목격할 준비가 되었다면, 어떻게 1차원과 2차원 사이의 형태가 있을 수 있는지에 관한 다음 설명을 보라.

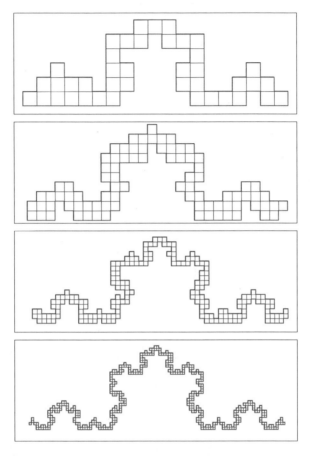

그림 2.30 모눈종이를 사용하여 프랙탈의 차원을 계산하는 방법.
모눈의 크기를 줄여나가는 동안 늘어난 모눈의 수가 차원이다.

이 방법은 왜 직선은 1차원인데 정사각형은 2차원인지를 기발한 방식으로 설명한다. 아래가 비치는 모눈종이 한 장을 위에 덮고 형태의 일부를 포함하는 모눈의 수를 센다. 다음으로 모눈의 크기가 반으로 줄어든 모눈종이를 가져다가 똑같이 한다.

그 형태가 직선이면, 모눈의 수는 2배로 증가한다. 형태가 정사각형이면, 모눈의 수는 4배, 또는 2^2배만큼 증가한다. 모눈종이의 모눈 크기를 반으로 줄일 때마다, 1차원 형태와 만나는 모눈의 수는 $2 = 2^1$만큼 증가하고 2차원 형태와 만나는 모눈의 수는 2^2만큼 증가한다. 차원은 2의 지수에 대응한다.

신기하게도 이 절차를 앞에서 이야기했던 프랙탈 해안선에 적용하면 모눈의 크기를 절반으로 줄였을 때 해안선을 포함하는 정사각형의 수는 대략 $2^{1.26}$만큼 증가한다. 따라서 위와 같은 관점에서 해안선의 차원은 1.26이어야 한다. 우리는 차원에 대한 새로운 정의를 내렸다.

모눈종이 대신 컴퓨터 화면을 이용할 수도 있다. 형태와 겹치는 픽셀은 검은색으로 칠하고 겹치지 않으면 흰색인 상태로 놓아둔다. 화면 해상도를 높일 때 증가하는 검은색 픽셀의 수가 차원이다. 예를 들어 해상도를 16 × 16픽셀에서 32 × 32픽셀로 바꾼다면, 직선에서 검은색 픽셀은 두 배로 증가한다. 정사각형에서 검은색 픽셀의 수는 4배, 또는 2^2배로 증가한다. 코흐 눈송이의 컴퓨터 이미지에서 검은색 픽셀의 수는 $2^{1.26}$배만큼 증가한다.

어떤 면에서 차원은 무한한 프랙탈 선이 자신이 위치한 공간을 얼마만큼 채우려고 하는지를 알려주는 정보이다. 만약 추가하는 두 선분 사이의 각을 점점 더 작게 해서 프랙탈 해안선을 구성하면 변형된 그 해안선은 더욱더 많은 공간을 차지한다. 그리고 이 변형시킨 일련의 해안선들 각각의 차원을 계산하면 값이 점점 2로 가까워짐을 알 수 있다.

그림 2.31 삼각형의 각을 변화시키면 프랙탈은 더 큰 공간을 차지하고 프랙탈 차원은 커진다.

자연 속에서 나타나는 형태의 프랙탈 차원을 분석하면 흥미로운 사실이 나타난다. 영국 해안선의 프랙탈 차원은 1.25로 추정한다. 우리가 그린 수학적 해안선의 차원에 상당히 가깝다. 프랙탈 차원은 측정 자가 작아질수록 해안선의 길이가 얼마나 빨리 증가하는지를 말해준다고도 볼 수 있다. 호주 해안선의 프랙탈 차원은 1.13이며, 이는 어떤 면에서 호주 해안선이 영국 해안선보다 덜 복잡하다는 뜻이다.

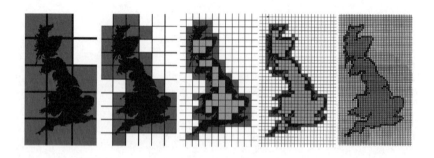

그림 2.32 영국 해안선은 몇 차원일까?

남아프리카 해안선의 프랙탈 차원은 고작 1.04밖에 되지 않아 놀라운데, 이는 해안선이 매우 매끄럽다는 뜻이다. 노르웨이의 해안은 그 모든 피오르를 합친다면 프랙탈 차원이 가장 높은 곳으로, 1.52이다.

3차원 입체에도 유사한 방법을 사용해 볼 수 있겠지만, 이때는 모눈종이가 아닌 정육면체로 구성된 그물망을 이용하여 그물망이 촘촘해질수록 정육면체들이 입체와 어떻게 만나는지를 관찰해야 한다. 꽃양배추의 차원은 2.33, 종이를 구겨서 만든 공은 2.5, 브로콜리는 약간 복잡해서 2.66, 그리고 놀랍게도 인간 폐의 표면은 2.97로 나타났다.

잭슨 플록의 그림을 모방할 수 있을까?

2006년 가을, 20세기 화가 잭슨 플록이 그린 한 그림이 역사상 가장 비싼 값으로 팔렸다. 기사에 따르면 멕시코 자본가 데이비드 마르티네즈는 『No.5, 1948』이라는 그림에 1억 4천만 달러를 지불했다.

그것은 잭슨 폴록의 상징이자 그에게 흩뿌리는 잭Jack the Dripper(영국의 전설적 살인마 'Jack the Ripper'에 빗댄 별명이다 ─ 옮긴이)이라는 별명을 안겨준 물감 흩뿌리기 기법을 쓴 그림이었다. 경매가에 충격을 받은 사람들은 '그런 작품은 나도 만들겠다!'라며 비난하기도 했으며, 언뜻 보면 누구라도 물감을 아무렇게나 흩뿌려서 백만장자가 될 수 있을 것 같았다. 그러나 수학적으로 보면 폴록의 작품은 사람들의 생각 이상으로 교묘하다.

1999년 오리건 주립대학교의 리처드 테일러가 이끄는 수학자 집단이 폴록의 그림들을 분석한 결과, 폴록의 우연적인 기법은 실제로 자연이 그토록 애호하는 프랙탈 형태 하나를 창조함이 밝혀졌다. 폴록의 그림에서 일부분을 확대하면 그림 전체와 매우 비슷해 보이며 이는 프랙탈이 갖는 무한 복잡성의 특징이다(물론, 확대율을 계속해서 증가시키면 결국에는 개개의 점들이 보이지만, 캔버스를 1,000배 확대할 때나 나타나는 일이다). 게다가 프랙탈 차원을 사용하면 폴록의 기법이 어떻게 발전했는지를 분석할 수 있다.

폴록은 1943년부터 프랙탈 그림을 그리기 시작했다. 그의 초기 작품들은 프랙탈 차원이 1.45로 노르웨이에 있는 피오르와 유사했지만, 기법이 발달하면서 차원도 점점 올라가 그의 그림은 더 복잡해져 갔다. 폴록의 만년의 드립 페인팅 작품인 『푸른 기둥들Blue Poles』은 완성까지 6개월이 걸렸으며, 프랙탈 차원이 1.72이다.

심리학자들은 사람들이 미적으로 보기 좋다고 느끼는 형태들을 탐구해왔다. 인간은 자연에서 나타나는 수많은 형태의 프랙탈 차원과 유사한 1.3에서 1.5 사이의 차원을 가진 이미지들에 계속해서 이끌린다. 어쩌면 진화론이 그럴듯한 설명일 수도 있는데, 그 설명에 따르면 뇌가 특정 프랙탈 차원들에 이끌리는 이유는 정글에서 생활하는 동안 인간의 뇌가 그와 같은 차원을 가진 형태들을 인지하게끔 구조화되었기 때문이다. 진화론이 답이 아니라면, 엘리베이터에서 나오는 지루한 음악과 백색 소음의 양극단 사이 어딘가에 위대한 음악이 위치하듯 이러한 형태들은 지나친 질서정연함과 지나친 무질서 사이의 복잡성을 갖기 때문에 매력적인지도 모른다.

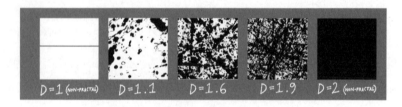

그림 2.33 더 많은 물감을 뿌릴수록 그림의 프랙탈 차원은 높아진다.

프랙탈을 창조하는 폴록의 기법을 복제하는 일은 쉬운 일일까? 2001년 텍사스의 어느 수집가는 자신의 폴록 작품들에 사인이나 날짜가 전혀 적혀 있지 않아 불안해졌고, 폴록 작품들의 프랙탈 차원을 밝혀낸 수학자들에게 그림을 들고 갔다. 그들은 그 그림에 폴록의 우연적인 스타일만이 갖는 특별한 프랙탈 특징이 없으므로 모조품일 가능성이 크다고 분석했다. 5년 후 논란이 있는 작품들을 심사하기 위해 폴록의 재산으로 설립된 폴록-크래스너 인증 위원회Pollock-Krasner Authentication Board는 리처드 테일러와 그가 이끄는 수학자 집단에게 최근 창고의 벽장에서 발견된, 잭슨 폴록의 것으로 추정되는 32장의 작품 전집에 대한 프랙탈 분석을 의뢰했다. 프랙탈 분석에 따르면 그 그림들은 모두 가짜였다.

그렇다고 폴록을 모방하는 일이 불가능한 것은 아니다. 사실 테일러가 만든 '폴록복제기Pollockizer'라는 장치는 진품인 프랙탈 그림을 그린다. 물감을 담은 통은 전자기 코일과 끈으로 연결되어 있어 전자기 코일이 프로그램에 따라 카오스 운동을 할 때 꽤 그럴듯한 폴록 식의 그림을 그려낸다. 수학은 모조품을 가려내는 데 도움을 주기도 하면서, 동시에 전문가들을 속이는 이미지를 만들기도 한다.

프랙탈의 차원은 1.26이나 1.72처럼 정수가 아니라는 점에서 확실히 기묘한 형태이지만, 이 형태들은 적어도 그림으로 그릴 수 있다. 그러나 3차원 세계의 밖에 존재하는 형태들을 탐험하기 위해 초공간으로 들어가면 이야기는 달라지기 시작한다.

4차원 세계를 보는 방법

나는 형태들을 마음의 눈으로 불러내는 언어를 배워서 4차원의 세계를 처음으로 '본' 그날의 흥분을 아직도 기억한다. 4차원을 보려면 르네 데카르트Rene Descartes가 개발한, 형태를 수로 번역하는 사전을 참고하면 된다. 그는 우리가 보는 세계는 대개 정확히 파악하기가 매우 어렵다는 점을 깨달았고 그래서 깔끔한 수학적 형식의 도움을 받으려 했다.

그림 2.34의 퍼즐은 자신의 눈을 너무 믿어서는 안 된다는 사실을 보여준다. 데카르트가 말하곤 했듯, "감각적 지각은 감각적 기만이다Sense perceptions are sense deceptions."

두 번째 그림은 첫 번째 그림의 형태가 단순히 재배열된 상태이지만, 총면적은 하나의 사각형만큼 줄어든 듯 보인다. 어떻게 이런 일이? 두 작은 삼각형의 빗변이 평행한 듯 보여도 사실은 각도가 약간 다르기 때문에 재배열했을 때 면적이 1만큼 사라진 것처럼 보인 것이다.

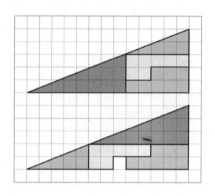

그림 2.34 그림을 재배열하면 면적이 1만큼 줄어든 것처럼 보인다.

지각과 관련된 이 문제를 다루기 위해 데카르트는 기하를 수로 바꾸는 강력한 사전을 만들어냈고, 현재 우리는 이 사전에 매우 익숙하다. 지도에서 어떤 마을의 위치를 찾아볼 때는 격자점을 표시하는 두 숫자를 확인한다. 이 숫자들은 런던 그리니치 천문대의 정남 방향에 위치한 적도의 한 지점에서부터 우리가 남북, 동서로 얼마나 떨어져 있는지를 정확히 알려준다.

예를 들어, 데카르트는 데카르트라는 프랑스의 한 마을에서 태어났는데(그가 태어날 당시 마을의 명칭은 투렌 지방의 소도시 라에였다), 그곳은 위도 47°N, 경도 0.7°E에 있다. 따라서 데카르트의 사전에서 그의 고향은 좌표 (0.7, 57)로 표시된다.

임의의 수학적 형태도 같은 절차를 따라 기술할 수 있다. 예를 들어, 데카르트의 좌표로 정사각형을 표현하고 싶다면 네 꼭짓점이 (0 , 0), (1 , 0), (0 , 1), (1 , 1)에 위치한 형태라고 말하면 된다. 각 모서리는 하나의 좌표만이 다른 두 꼭짓점을 선택하는 것에 대응된다. 예컨대, 정사각형의 한 모서리는 (0 , 1)과 (1 , 1)에 대응한다.

평평한 2차원의 세계에서는 위치를 표시할 때 두 개의 좌표만으로도 충분하지만, 해수면을 기준으로 한 높이까지 포함하고 싶다면 세 번째 좌표를 도입하면 된다. 3차원 정육면체를 좌표로 표현하고자 할 때도 마찬가지로 세 번째 좌표가 필요하다. 정육면체의 여덟 꼭짓점은 (0 , 0 , 0), (1 , 0 , 0), (0 , 1 , 0), (0 , 0 , 1), (1 , 1 , 0), (1 , 0 , 1), (0 , 1 , 1), 그리고 마지막으로 첫 번째 꼭짓점에서 가장 멀리 위치한 (1 , 1 , 1)까지 여덟 개의 좌표점으로 표현할 수 있다.

여기서도 한 모서리는 정확히 하나의 위치만 다른 좌표로 이루어진 두 점으로 구성된다. 정육면체를 직접 볼 때는 모서리가 몇 개인지 쉽게 셀 수 있다. 그러나 눈앞에 없을 때에는 하나의 좌표만이 다른 점들이 몇 쌍이나 되는지를 세면 된다. 이 사실을 염두에 두면서 그림이 존재하지 않는 형태의 세계로 가보자.

데카르트의 사전은 한쪽은 형태와 기하로, 다른 쪽은 수와 좌표들로 구성된다. 문제는 3차원 형태를 넘어서면 우리가 볼 수 있는 제4의 물리적 차원이 존재하지 않기 때문에 형태와 기하 부분의 내용이 끝난다는 점이다. 데카르트 사전이 아름다운 이유는 나머지 다른 쪽의 내용이 죽 이어지기 때문이다. 4차원 입체를 표현할 때는 그저 새로운 차원에서 얼마만큼 움직이고 있는지를 표시해 줄 네 번째 좌표를 추가하기만 하면 된다. 따라서 물리적으로 4차원 입방체를 만드는 일은 불가능하지만, 숫자를 이용하면 정확히 나타낼 수 있다. 4차원 입방체는 $(0,0,0,0)$에서 시작해서 $(1,0,0,0)$과 $(0,1,0,0)$으로 나아가고 가장 멀게는 $(1,1,1,1)$까지 꼭짓점이 16개이다. 숫자들은 형태를 표현하는 암호이며, 이 암호를 사용하면 물리적으로 관찰할 필요 없이 형태를 조사할 수 있다.

예를 들어 4차원 입방체는 모서리가 몇 개일까? 하나의 모서리는 하나의 좌표만이 다른 두 점에 대응한다. 따라서 한 꼭짓점의 네 좌표에서 한 좌표씩만 다른 점들은 네 개이므로 한 꼭짓점당 네 모서리가 만난다. 따라서 모서리는 16×4개이다. 과연 그럴까? 그렇지 않다. 왜냐하면 각 모서리를 두 번씩 세었기 때문이다. 모서리의 한쪽 끝의 꼭짓점에서 나오는 선으로 한 번을 세고, 그 모서리의 다른 쪽 끝의 꼭짓점에서 나오는 선으로 한 번을 더 세었다. 따라서 4차원 입방체의 모서리의 총수는 $16 \times \dfrac{4}{2} = 32$이다. 여기서 끝이 아니다. 초입방체들은 5차원, 6차원, 그리고 그 이상의 차원으로 올라가서도 만들 수 있다. N차원에서의 초입방체는 꼭짓점이 2^N개이다. 이 꼭짓점들 각각으로부터 N개의 모서리가 나타나고, 그 각각을 두 번씩 세고 있기 때문에 N차원 초입방체는 모서리가 $N \times 2^{N-1}$개이다.

수학은 우리가 3차원 우주의 경계 밖에 있는 형태들을 가지고 놀 수 있는 육감을 선사한다.

파리에 4차원 입방체를 볼 수 있는 곳이 있다고?

프랑스 대혁명 200주년을 기념하기 위해 프랑수아 미테랑 전 대통령은 덴마크 건축가 요한 오토 폰 슈프레켈센에게 파리의 금융가인 라 데팡스에 특별한 건축물을 지어달라고 의뢰했다. 그 건축물은 파리의 다른 주요 건축물들 — 루브르 박물관, 개선문, 오벨리스크 — 과 나란히 서서 오늘날 미테랑 전경의 일부가 되었다.

건축가는 대통령의 기대를 저버리지 않았다. 그는 신 개선문이라 불리는 거대한 아치를 세웠는데 그 크기는 노르트담 대성당의 두 종탑마저 그 안을 통과할 수 있을 정도로 크고, 무게는 300,000톤이나 된다. 안타깝게도 폰 슈프레켈센은 건축물이 완공되기 2년 전에 세상을 떠났다. 신 개선문은 파리의 상징이 되었지만, 매일 그 건축물을 스쳐 가는 파리지앵들도 퐁 슈프레켈센이 자신들의 수도 중심부에 세운 것이 실은 4차원 입방체(정육면체)라는 사실은 잘 알지 못할 것이다.

정확히 말하자면 신 개선문은 4차원 입방체가 아니다. 우리는 3차원 우주에 살고 있으니까. 그러나 평평한 2차원 캔버스 위에 3차원 입체를 그리는 일에 도전했던 르네상스 시대의 예술가들처럼, 폰 슈프레켈센은 라 데팡스에 4차원 입방체의 그림자를 3차원 우주에 담아냈다. 2차원 캔버스를 바라보면서 3차원 입방체를 보는 듯한 착각을 일으키려면 큰 정사각형 안에 작은 정사각형을 그려 넣고 두 정사각형의 대응되는 꼭짓점들을 이으면 3차원 정육면체의 그림이 완성된다. 물론 진짜 입방체는 아니지만, 감상자에게는 그 정보만으로 충분하다. 감상자는 모든 모서리를 보며 4차원 입방체를 시각화할 수 있다.

그림 2.35 파리의 신 개선문은 4차원 입방체의 그림자이다.

폰 슈프레켈센도 똑같은 아이디어를 써서 4차원 입방체를 3차원 파리에 투영시켜 큰 입방체 속에 작은 입방체가 들어 있고 모서리들이 두 입방체의 꼭짓점들을 이어주는 건축물을 세웠다. 신 개선문을 찾아가 꼼꼼히 관찰하면 앞서 데카르트 좌표를 이용해 알아낸 32개의 모서리를 확인할 수 있다.

라 데팡스에 있는 신 개선문을 방문할 때마다, 나는 어디선가 불어오는 황량한 바람에 개선문 한가운데로 빨려드는 듯한 으스스한 느낌을 받는다. 바람이 어찌나 심한지 설계자들은 아치 중심부에 공기의 흐름을 방해하는 덮개를 세워야 했다. 파리에 세운 초입방체의 그림자가 열지 말았어야 할 또 다른 차원의 문을 연 것 같았다.

다른 방법으로도 3차원의 세계에서 4차원 초입방체에 대한 감을 얻을 수 있다. 2차원 종이 한 장으로 3차원 입방체를 어떻게 만드는지 생각해보자. 우선 십자가 모양으로 연결된 정사각형을 여섯 개 그리는데, 이때 하나의 정사각형은 입방체의 한 면에 해당한다. 그다음 이 십자가 모양을 감싸서 정육면체를 만든다. 2차원의 종이는 3차원 입체의 '전개도'이다. 비슷한 방식으로 3차원 전개도를 만드는 일도 가능하며, 네 번째 차원이 있다면 이 3차원 전개도를 접어서 4차원 입방체를 만들 수 있을 것이다.

우선 정육면체를 여덟 개 만든다. 이 정육면체들은 4차원 입방체의 '면'이 될 것이다. 4차원 입방체의 전개도를 만들기 위해서는 이 여덟 정육면체를 한데 모아야 한다. 우선 네 개의 정육면체를 이어 붙여서 하나의 기둥을 만든다. 그다음, 나머지 네 정육면체를 기둥의 어느 한 정육면체의 각 면에 하나씩 붙인다. 펼친 초입방체는 이제 그림 2.36처럼 두 개의 십자가가 교차하는 모습처럼 보일 것이다.

이 전개도를 접으려면 우선 기둥의 맨 위와 아래 정육면체를 연결해야 한다. 다음으로는 다른 기둥의 반대편에 붙은 두 정육면체의 가장 바깥 정사각형들을 기둥의 가장 아래 정육면체와 붙인다. 마지막으로 남은 기둥에 붙은 두 바깥 정육면체의 면을 기둥의 가장 아래 정육면체의 나머지 두 면에 붙여야 한다. 물론 이렇게 접기 시작하자마자 형태가 꼬이는데, 3차원 세계의 공간이 충분하지 않기 때문이다. 위에서 묘사한 대로 접으려면 네 번째 차원이 필요하다.

파리의 건축가가 4차원 입방체의 그림자에서 영감을 얻었듯, 화가 살바도르 달리Salvador Dali 역시 펼쳐진 초입방체에 관한 아이디어에 흥미를 느꼈다.

그의 작품 『십자가에 못박힌 예수 : 초입방체Crucifixion : Corpus Hypercubus』에서 달리는 예수가 못박힌 십자가를 4차원 입방체의 3차원 전개도로 나타냈다. 달리에게 네 번째 차원이란 물질의 세계를 초월하여 비가시적인 영의 세계와 공명하는 곳이었다.

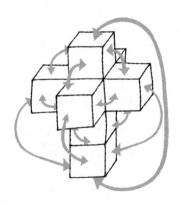

그림 2.36 여덟 개의 3차원 입방체로 4차원 입방체를 만드는 방법.

달리가 그린 펼쳐진 초입방체는 두 개의 교차하는 십자가로 구성되며, 작품은 예수의 승천이 이 3차원 전개도를 네 번째 차원으로 접어 넣는, 다시 말해 물리적 실재를 초월한 시도와 관련이 있음을 암시한다.

4차원 형태를 3차원 우주에 그리기 위해 갖은 노력을 다한다 해도 절대로 완전한 그림을 얻지는 못할 것이다. 2차원 세계의 그림자나 실루엣이 부분적인 정보밖에 주지 못하듯이 말이다. 형태를 이동하거나 회전시키면 그림자는 변하지만, 전체는 절대로 보이지 않는다. 소설가 알렉스 갈랜드는 자신의 책 『4차원 입방체The Tesseract』에서 이런 생각을 주제로 다루었다. 소설은 마닐라 폭력배들의 암흑세계를 배경으로 한 중심 이야기를 각기 다른 등장인물의 시선에서 기술한다. 마치 하나의 형태를 서로 다른 각도에서 비춘 그림자를 바라보는 것처럼 하나의 서술만으로는 완전한 그림이 나오지 않지만, 모든 이야기 가닥을 종합하면 중심 이야기가 이해되기 시작한다. 그러나 네 번째 차원은 건축물과 그림, 소설에서만 중요한 요소가 아니다. 그것은 우주의 형태를 이해하는 핵심이기도 하다.

컴퓨터 게임 아스테로이드의 우주는 어떤 모습일까?

1979년, '아타리'라는 컴퓨터 게임 회사가 자사의 가장 유명한 게임 아스테로이드Asteroid를 출시했다. 게임의 목표는 지나가는 소행성과의 충돌이나 비행접시의 공격을 피하는 동시에 그것들을 쏘아서 파괴하는 것이다. 게임기 형태로 나온 아스테로이드는 미국의 수많은 게임 센터에서 기계에 들어오는 동전을 담기 위해 더 큰 금고를 달아야만 했을 정도로 꽤 성공을 거두었다.

그러나 수학적 관점에서 흥미로운 것은 게임의 구조이다. 스크린의 꼭대기로 날아간 우주선은 마법처럼 바닥에서 다시 나타난다. 이와 비슷하게 스크린의 왼쪽으로 우주선이 나가면 오른쪽을 통과하며 다시 나타난다. 우리의 우주선은 우주 전체가 스크린에 보이는 2차원 세계에 갇혀 있다. 비록 유한한 우주지만, 경계가 없다. 우주선이 경계에 닿는 일이 없기 때문에, 그것은 단순한 직사각형 이상의 흥미로운 우주 속을 떠돌아다니며 살고 있다. 이 우주의 형태를 알아낼 수 있을까?

우주 비행사가 스크린의 꼭대기를 나가서 바닥으로 다시 들어온다면 꼭대기와 바닥은 틀림없이 연결되어 있다. 컴퓨터 스크린이 말랑말랑한 고무로 만들어졌다고 가정하면, 그것을 둥글게 말아 꼭대기와 아래쪽을 붙일 수 있다. 수직방향으로 날아가는 동안, 우주선은 사실 원기둥을 따라 돌고 있는 것이다.

다른 방향은 어떨까? 스크린 왼쪽에서 나가면 오른쪽을 다시 통과하기 때문에 원기둥의 두 끝 또한 연결되어 있어야 한다. 연결되는 지점에 주의를 기울이면, 원기둥을 둥그렇게 구부려서 그것의 꼭대기와 바닥을 붙여야 한다는 점을 알게 된다. 따라서 실제로 우리의 우주 비행사는 베이글, 또는 수학자들이 토러스torus(또는 원환체)라고 하는 형태 위에 살고 있다.

약 100년 전부터 수학자들은 앞서 말랑말랑한 고무 스크린으로 설명한 내용과 같은 방식으로 형태들을 바라보기 시작했다. 고대 그리스인에게, 기하geometry(그리스어에서 유래한 이 영어 단어는 어원에 따르면 '땅을 측량하는'이란 뜻이다)란 점 사이의 거리나 각의 크기를 계산하는 것이었다. 그러나 소행성 게임의 우주 비행사가 살고 있는 우주의 형태를 분석하는 문제는 우주가 어떻게 연결되어 있는가와 관련 있지, 우주의 실제 거리와는 관련이 없다. 형태를 보는 이 새로운 관점에서는 고무나 점토로 만들어진 것처럼 형태들을 이리저리 밀거나 잡아당길 수 있으며 이는 위상수학topology에서 하는 일이다.

많은 사람들이 날마다 위상수학적인 지도를 사용한다. 다음 자료가 무엇에 관한 지도인지 알 수 있겠는가? 바로 런던 지하철의 노선도로, 지리상으로는 정확하지만 주변 환경과의 연계성을 알기에는 그다지 좋지 않다. 런던 시민들은 대신 1933년 해리 벡이 최초로 만든 위상수학적 지도를 사용한다. 기하학적 노선도를 잡아당기고 찌그러뜨리던 해리 벡은 훨씬 더 사용자에게 편리한 방식을 알아냈고, 그렇게 만든 지도는 이제 전 세계에서 흔히 볼 수 있다.

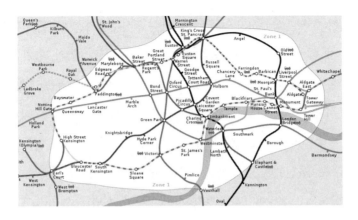

그림 2.37 런던 지하철 노선도.

매듭 풀기도 위상수학이 다루는 문제에 속한다. 밧줄은 잡아당길 수 있어도 자를 수는 없기 때문이다. 이런 문제는 특히 생물학자들과 화학자들에게 매우 중요한데, 인간의 DNA는 기묘한 매듭을 만드는 경향이 있기 때문이다. DNA가 매듭을 만드는 방식과 알츠하이머와 같은 질병이 관련이 있을지도 모르므로 수학은 이 난제의 해결에 도움을 줄 수 있다.

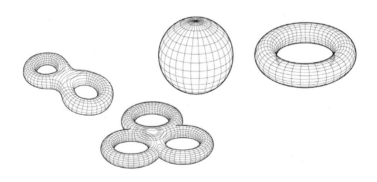

그림 2.38 2차원 면을 구부리는 방법에 관하여 앙리 푸앵카레가
위상수학적으로 분류한 형태들의 첫 네 가지.

20세기 초 프랑스 수학자 앙리 푸앵카레는 위상수학적으로 다른 면이 몇 개나 되는지 호기심을 갖기 시작했다. 이는 아스테로이드 게임의 2차원 우주 비행사가 살 수 있는 모든 우주 형태를 조사하는 문제와 같다. 푸앵카레는 위상수학적 시각에서 2차원 우주 속 형태들을 흥미로워했는데, 위상수학에서 한 우주의 형태를 자르지 않고 어떻게든 연속 변형시켜 다른 우주로 만들 수 있다면 두 우주는 동일했다. 예를 들면, 구의 2차원 표면은 럭비 볼의 2차원 표면과 위상수학적으로 같은데, 한쪽을 변형시켜 다른 쪽을 만들 수 있기 때문이다. 그러나 구 모양의 우주는 아스테로이드 게임의 우주비행사가 사는 베이글 형태의 우주와 위상수학적으로 다르다. 구를 자르거나 붙이지 않고서는 베이글로 만들기가 불가능하기 때문이다. 하지만 다른 형태들은 어떨까?

푸앵카레는 형태가 얼마나 복잡하든 연속 변형시키면 다음 중 하나가 된다는 사실을 증명했다. 구, 구멍이 하나인 토러스, 구멍이 두 개인 토러스, 구멍이 세 개인 토러스, 또는 구멍 수가 유한개인 토러스. 위상수학에서 이 형태들은 우주 비행사가 살 수 있는 모든 우주 후보이다. 여기서 구멍의 개수 — 수학자들이 종수genus라고 부르는 — 는 형태의 고유한 특성이다. 예를 들어 찻잔은 구멍이 하나이므로 베이글과 위상수학적으로 같다. 찻주전자는 주둥이와 손잡이에 각각 하나씩 구멍이 있으므로, 구멍이 두 개인 프레첼로 변형시킬 수 있다. 똑같이 구멍이 두 개인 그림 2.39의 형태가 어떻게 두 구멍 프레첼로 바뀌는지 이해하기란 조금 어려울지도 모르겠다. 베이글이 맞물린 듯한 이 형태를 성공적으로 변형시키려면 절단을 해야 할 것 같지만, 잘라서는 안 된다. 자르지 않고 고리를 푸는 방법은 이 장의 마지막에 나온다.

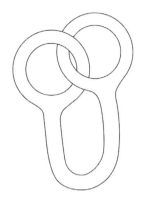

그림 2.39 어떻게 연속 변형시켜야 맞물린 두 고리를 절단하지 않고도 풀 수 있을까?

지구가 베이글 모양이 아니라고 자신있게 말할 수 있는 이유

옛날 사람들은 지구가 평평하다고 믿었다. 그러나 장거리 여행이 가능해지면서, 지구의 형태는 점점 중요한 문제가 되었다. 사람들은 세계가 평평하다면 그 끝까지 갔을 때 낭떠러지에서 떨어질 것이라고 생각했다. 평평하지 않다면 끝이 없기 때문에 낭떠러지에 이르는 일은 없다.

수많은 문화권에서 지구는 아마도 둥글며 유한하리라는 인식이 나타나기 시작했다. 가장 그럴듯한 후보는 당연히 구였고, 여러 고대 수학자들은 하루 동안 그림자가 어떻게 변하는지를 분석한 자료만으로 믿을 수 없을 정도로 정확하게 이 구의 크기를 계산했다. 그런데 과학자들은 왜 지구의 표면이 구가 아닌 다른 흥미로운 형태로는 구부러지지 않았다고 확신할까? 베이글 우주에 갇힌 아스테로이드의 2차원 우주 비행사처럼 우리도 거대한 베이글의 표면 위에서 살아가는 것은 아닐까?

이를 알아보기 위해 또 다른 형태의 우주 속으로 가상 여행을 떠나 보자. 조사자가 어떤 행성 위에 도착했다. 그에게 그 행성이 완벽한 구이거나 완벽한 베이글 모양이라고 알려준다. 행성 모양이 어느 짝인지를 어떻게 구분할까? 그에게 페인트 붓과 흰색 페인트 통을 주면서 행성의 표면 위를 직진해서 가되 그에게 가는 경로를 표시하라고 일러준다고 가정하자. 조사자는 마침내 자신이 출발했던 지점으로 돌아올 것이며, 그동안 지나쳐 온 경로는 행성의 둘레를 따라 거대한 흰색 원으로 표시될 것이다.

그다음, 그에게 다시 검은색 페인트 통을 주고 다른 방향으로 가도록 한다. 구형의 지구 위에서는 그가 어떠한 방향으로 가더라도 출발지점으로 돌아오기 전에 검은색 경로와 흰색 경로가 교차한다. 조사자는 언제나 표면 위에서 직선으로 움직인다는 점을 기억하자. 두 경로가 교차하는 지점은 조사자가 출발한 지점과 정반대 '극'이 될 것이다.

그림 2.40 구 위에서 두 경로는 두 지점에서 교차한다.

베이글 모양 행성의 표면 위에서는 상황이 약간 달라진다. 베이글 구멍을 통과하여 바깥쪽으로 나오는, 다시 말해서 베이글 안쪽을 지나는 경로에 흰색을 칠했다고 하자. 그러나 경로를 검은색으로 칠할 때 흰색 경로와 90°되는 지점에서 출발했다면 구멍 안쪽으로 가는 일 없이 그 둘레를 따라갈 것이다. 베이글 모양 행성에서는 이렇게 두 경로가 시작 지점에서만 만나는 일도 있을 수 있다.

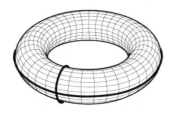

그림 2.41 토러스에서는 두 경로가 한 점에서만 만날 수도 있다.

문제는 행성의 표면이 일반적으로 완벽하게 구형이거나 베이글 형태가 아니고 울퉁불퉁하다는 점이다. 운석을 맞아 움푹 들어간 지점은 형태가 구부러졌으며, 조사자가 직선으로 여행하는 동안 이렇게 움푹 들어간 곳이나 불쑥 나온 지점을 지나다보면 가던 방향이 바뀔 수 있다. 실제로 조사자가 직선으로 가다가 방향이 전환되면 절대로 출발점으로 되돌아오지 못하는 경우도 생긴다. 비록 움푹 파였다고는 해도 구나 베이글이 변형된 형태에 불과한데, 이 둘을 구분할 다른 방법은 없을까? 위상수학의 힘은 두 점 사이의 최단거리보다는 어떤 경로를 다른 경로로 변형되는지와 관련된 문제에서 드러난다.

조사자에게 흰색의 탄력 있는 밧줄을 주고 가는 길을 따라 밧줄을 놓게 하

자. 그는 계속해서 가다가 다시 시작 지점으로 돌아올 것이며, 이때 밧줄의 두 끝이 이어지면서 행성에 올가미가 씌워진다. 그다음 그는 검은색 탄력 밧줄로 다른 방향으로 걸어가서 마찬가지로 시작점으로 돌아온다. 행성이 본질적으로 구형이라면 봉우리와 구덩이가 있다 해도, 어떤 밧줄도 자르지 않고 언제나 검은 밧줄이 흰 밧줄 위에 겹치도록 움직일 수 있다. 그러나 베이글 형태의 행성에서는 이런 일이 항상 가능하지는 않다. 검은 밧줄이 베이글 구멍의 안쪽을 지나고 흰 밧줄이 베이글 구멍의 바깥쪽을 둘러싸고 있다면, 검은 밧줄을 자르지 않는 이상 그것을 당겨 와서 흰 밧줄과 겹치게 하는 일은 불가능하다. 따라서 조사자는 행성의 형태를 조사하기 위해 표면 바깥으로 나가지 않고 그 위에서 돌아다니기만 해도 형태에 구멍이 있는지 없는지를 알 수 있다.

행성이 공 모양인지 베이글 모양인지 알 수 있는 신기한 방법이 두 가지 더 있다. 두 형태의 행성이 모두 모피로 덮여 있다고 상상해보자. 모피로 덮인 베이글 행성 위의 조사자는 이를테면 구멍 안을 향하는 방향과 그 반대 방향으로 빗질을 해서 모피의 털을 모두 나란히 눕힐 수 있다. 그러나 모피로 덮인 공 모양 행성 위의 조사자는 난감해진다. 공 모양의 행성 위에서는 어떻게 빗질을 해도 털이 서 있는 가마가 생긴다.

신기하게도 이러한 현상은 두 행성의 날씨에 큰 영향을 미친다. 모피 털은 두 행성 위에 불고 있는 바람의 방향이라고 생각할 수 있다. 공 모양의 행성에서는 바람이 불지 않는 곳 — 가마 — 이 반드시 존재하지만, 베이글 모양의 행성 위에서는 모든 곳에서 바람이 분다.

각 행성에서 그릴 수 있는 지도의 개수 역시 다르다. 각 행성을 여러 국가로 나누고 국경을 공유한 두 나라가 같은 색깔이 되지 않게 지도를 색칠해 보자.

공 모양의 지구에서는 언제나 네 가지 색깔이면 충분하다. 유럽의 지도에서 룩셈부르크가 독일과 프랑스, 벨기에에 둘러싸인 모습을 보면 적어도 네 가지 색깔이 필요하다. 그러나 이상하게도 색이 더는 필요하지 않다. 지도 제작자가 다섯 가지 색깔을 써서 유럽의 국경선을 그릴 방법은 없다. 그러나 이 사실을 증명하기란 쉽지 않았다. 다섯 번째 색깔이 필요한 2차원의 지도는 절대 존재하지 않음을 증명하기 위해서, 수학자들은 직접 색을 칠했다면 엄청난 시간이 걸렸을 몇천 장의 지도를 컴퓨터로 확인해야 했다. 4색 지도 문제는 수학자들이 컴퓨터의 힘을 빌려야 했던 최초의 문제들 중 하나였다.

그림 2.42 유럽의 지도를 칠하려면 네 가지 색깔이 필요하다.

베이글 모양 행성에 사는 지도제작자들은 어떨까? 그들에게는 얼마나 많은 색의 페인트 통이 필요할까? 사실 베이글 모양 행성은 무려 일곱 가지 색이 필요하다. 아스테로이드 게임에서 직사각형 화면의 위와 아래를 붙여 원기둥을 만든 다음 그 원기둥의 양 끝에 해당하는 왼쪽과 오른쪽 화면을 붙여 베이글을 만들었음을 기억하라. 그림 2.43은 일곱 가지 색깔이 필요한 베이글 모양 행성에서 쓰는 지도를 펼쳐놓은 모습이다.

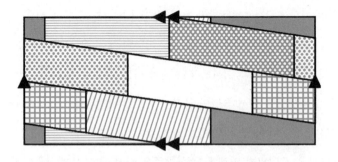

그림 2.43 이 지도의 위쪽과 아래쪽을 붙인 다음 다시 좌우 양 끝을 이어 붙여서 베이글 모양을 만든다. 지도를 칠하는 데 필요한 색깔이 일곱 가지라는 사실을 알게 될 것이다.

물방울과 베이글, 프랙탈과 비누 거품의 수학을 여행하고 난 지금, 우리는 이제 형태의 수학이 던지는 궁극적인 문제에 뛰어들 준비가 되었다.

우리 우주는 어떤 모양일까?

이 질문은 몇천 년 동안 인류를 괴롭혔다. 고대 그리스인은 우주가 천구에 둘러싸여 있으며 그 천구의 내부에는 별들이 칠해져 있다고 믿었다. 별들이 움직이는 까닭은 천구가 24시간마다 한 바퀴씩 회전하기 때문이었다. 그러나 천구의 모형에는 다소 이해하기 어려운 점이 있다. 우주 공간을 여행하다 보면 언젠가 벽에 부딪히지 않을까? 만약 그렇다면, 벽 너머에는 무엇이 있을까?

우주에 경계가 없다고 생각한 최초의 인물 중 한 사람은 아이작 뉴턴이었다. 그는 우주가 무한하다고 생각했다. 무한한 우주는 상당히 매력적이지만, 현대 우주론과 완전히 일치하지는 않는다. 현대 우주론에서 우주는 물질과 에너지가 고도로 응집된 점이 대폭발Big Bang로 확장되어 생겨났다고 여겨진다. 과학자들은 현재 우주 공간에 존재하는 물질의 양은 유한하다고 믿는다. 그렇다면 어떻게 유한하면서도 경계가 없는 우주가 있을 수 있을까?

이 문제는 표면적이 유한하지만 경계나 가장자리가 없는 지구 표면 위 세계에서 조사자들이 부딪친 문제와 유사하다. 다만, 우리가 2차원 표면이 아닌 3차원 우주 속에 있을 뿐이다. 경계가 없으면서도 유한하다는 역설과 우주의 형태를 찾는 문제를 우아하게 해결할 방법은 없을까?

19세기 중반 4차원 형태에 관한 기하학이 발전되면서 그럴듯한 답이 나온 듯했다. 수학자들은 면적은 유한하지만 가장자리가 없는 2차원의 지구 표면이나 베이글의 표면처럼, 부피는 유한하지만 경계가 없는 3차원 형태를 만들어낼 공간을 주는 것은 네 번째 차원이라는 사실을 깨달았다.

이미 아스테로이드 게임의 유한한 2차원 우주가 사실은 3차원 베이글의 표면임을 알아냈지만, 우리는 세 번째 차원으로의 이동이 가능한 3차원 여행자들이다. 우리가 사는 우주는 아스테로이드 우주와 같은 방식으로 행동할까? 우선 대폭발 이후 침실 크기 정도로 확장되었을 때의 우주의 모습을 일시 정지시켜 상상해보자. 침실 크기의 우주는 부피가 유한하지만 경계가 없다. 왜냐하면 침실은 다소 기묘한 방식으로 서로 연결되기 때문이다.

당신이 침실 한가운데에서 벽을 바라보고 서 있다고 상상해보자(침실은 정육면체 형태일 것이다). 앞으로 걸어나가면, 정면의 벽과 부딪치는 것이 아니라 뒤에 있던 벽을 통과하여 나타나게 된다. 마찬가지로, 뒤에 있던 벽을 통과하면 정면에 보이던 벽에서 나타난다. 방향을 90° 전환하여 왼쪽 벽을 향해 걸어가면, 벽을 통과하면서 오른쪽 벽에서 나타나고 반대도 마찬가지이다. 지금까지 침실은 아스테로이드 게임에서와 똑같은 방식으로 연결되었다.

그러나 우리는 3차원 공간의 여행자이기 때문에 제3의 방향으로도 움직일 수 있다. 천장을 향해 뛰면, 부딪혀 튕겨 나가지 않고 천장을 통과하여 바닥에서 나온다. 반대 방향으로 움직이면 바닥을 통과하여 천장에서 나올 것이다.

이 우주의 형태는 사실 4차원 베이글, 그러니까 초베이글hyperbagel의 표면과 같다. 그러나 아스테로이드 게임 속의 우주 비행사가 2차원 세계에 갇혀 자신의 우주가 어떻게 구부러졌는지를 보지 못하는 것처럼 우리는 결코 이 초베이글을 보지 못한다. 그럼에도 수학이라는 언어를 이용하면 그것의 형태와 기하를 경험하고 조사할 수 있다.

우리 우주는 현재 침실보다 훨씬 크게 확장된 상태이지만, 초베이글의 형태를 유지하고 있을 것이다. 태양에서 나와 직선으로 여행하는 빛을 생각해보자. 무한 속으로 사라져 가는 대신, 이 빛은 어쩌면 고리 속을 돌아 지구로 오는지도 모른다. 만약 그렇다면 초베이글 주위를 돌아 지구에 도달하는 빛을 보낸 태양은 반대편 우주에서 보이는 먼 붙박이별 중 하나가 되는 셈이다. 우리는 현재보다 훨씬 더 젊었을 시절의 태양을 보고 있는지도 모른다.

지금까지의 이야기를 믿기 어렵겠지만, 베이글 침실에 앉아 성냥불을 켠다고 상상해보자. 정면의 벽을 바라보면 성냥불 빛이 눈앞에 있다. 이제 뒤를 돌아본다. 뒤쪽의 벽을 바라보면 아주 조금 더 떨어져 있는 성냥불이 보인다. 성냥불에서 나온 빛이 정면에 있던 벽을 통과한 후 뒤에 있던 벽에서 다시 나타나 눈에 들어왔기 때문이다.

어쩌면 우리가 사는 곳은 초베이글이 아니라 4차원의 축구공 위일지도 모른다. 어떤 천문학자들은 우리가 정십이면체 형태 위에서 산다고 생각하며,

이 경우 침실 우주 속에서 정십이면체의 어느 한 면에 부딪혔다면 반대쪽 면에서 다시 나타나게 된다. 이쯤 되면 플라톤이 이천 년 전에 제시했던 표면에 별들이 박힌 유리 정십이면체가 둘러싼 우주 모형으로 우리가 돌아온 셈이다. 어쩌면 현대 수학은 이 우주 모형의 구성면들이 결합하여 유리벽이 없는 우주를 만든다는 이론을 뒷받침해 줄지도 모른다.

우주의 형태로 또 다른 대안은 없을까? 푸앵카레가 우리 행성의 표면과 같은 2차원 곡면의 가능한 모든 형태를 분류해 놓았음을 떠올리자. 곡면을 구부리면 축구공이 축구공이나 베이글이 되며, 두 개, 세 개, 그 이상의 구멍이 난 프레첼이 될 수도 있다. 푸앵카레는 다른 형태를 만든다 하더라도 결국 이들 형태 중 하나로 변형됨을 증명했다.

그렇다면 우리의 3차원 우주는 어떤 형태가 될 수 있을까? 푸앵카레 추측이라고 불리는 이 가설이 바로 이 장의 백만 달러짜리 문제이다. 이 문제는 2002년 러시아 수학자 그리고리 페렐만Grigori Perelman이 해결했기에 다소 특별하다. 많은 수학자들이 그 증명을 확인했고, 현재 그는 실제로 우주의 가능한 형태들을 모두 분류했다고 인정받고 있다. 따라서 이 문제는 이미 해결된 최초의 백만 달러짜리 문제이지만, 2010년 6월 놀랍게도 페렐만은 상금을 거절했다. 그에게는 이미 수학 역사상 가장 큰 문제 중 하나를 해결했다는 사실이 상금이었다. 그는 이전에 수학자에게는 노벨상과도 같은 필즈상도 거절했었다. 명예와 물질만능주의의 이 시대에, 상이 아닌 정리의 증명 자체를 큰 기쁨으로 여긴 사람에게서 어떤 숭고함이 느껴진다.

페렐만의 증명을 받아들인 수학자들은 3차원 우주의 가능한 형태들을 분류해왔다. 이제 밤하늘을 관찰해서 그중 무엇이 형언하기 어려운 우주의 형태를 가장 잘 표현하는지를 알아내는 일이 천문학자들에게 달려 있다.

정답

형태 상상하기

여섯 개의 면이 모두 절단면에 의해 잘리면서 새로운 모서리를 만든다. 형태는 대칭이어야 하므로, 정육각형이 답이다.

고리 풀기

다음은 두 개의 얽힌 고리를 푸는 방법으로, 연속 변형하여 구멍이 두 개 뚫린 토러스를 만든다.

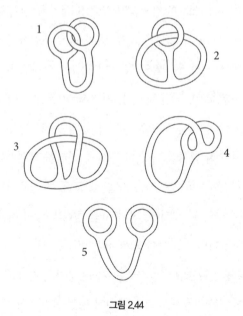

그림 2.44

3장
연승 행진의 비밀

　게임은 인간 삶의 본질을 이룬다. 게임은 삶에서 실제로 일어나는 상황들을 안전하게 탐색하는 수단이다. 모노폴리 게임은 경제의 축소판이며, 체스는 8 × 8 체스 판 위에서 벌어지는 전쟁이고, 포커는 성패를 판단하는 예행연습이다. 게임을 통해 우리는 주어진 규칙 속에서 사건의 전개를 예측하는 법을 익히고 적절한 계획을 세우게 된다. 게임은 기회와 예측 불가능에 대해 가르쳐주며 이들은 삶이라는 자연의 게임에서 매우 중요한 역할을 한다.

　고대 문명이 시작된 이래 전 세계에 걸쳐 여러 흥미로운 게임들이 생겨났다. 사람들은 모래 위에 돌을 던지거나, 공중에 막대기를 던지고, 나무토막의 구멍 속에 동전을 넣거나, 손을 이용해서 경쟁하고, 카드에 그림을 그렸다. 고대 이집트의 보드 게임 만칼라에서 오늘날의 모노폴리까지, 일본의 바둑에서 라스베이거스의 포커까지, 게임의 승자는 언제나 수학적이고 분석적인 접근에 뛰어난 사람이었다. 이 장에서는 왜 수학이 연승의 비결인지 알게 될 것이다.

가위바위보 세계 챔피언 되기

일본에서는 장켄폰, 캘리포니아에서는 로샘보, 남아프리카에서는 칭총차라고 부르는 가위바위보는 전 세계인의 게임이다.

규칙은 매우 간단하다. 셋을 세면 각 경기자가 손으로 세 가지 형태 중 하나를 만든다. 주먹은 바위이고, 펼친 손은 보를 나타내며 두 개의 손가락을 V자로 만들면 가위이다. 바위는 가위를 이기고 가위는 보를 이기며, 보는 바위를 이긴다. 두 명이 같은 손 모양을 내면 비긴다.

처음 두 규칙은 이해가 된다. 바위는 가위를 무디게 하고 가위는 보를 자르기 때문이다. 그런데 보는 왜 바위를 이길까? 종이 한 장 가지고는 날아오는 돌을 막지 못한다. 이 규칙은 아마 고대 중국에서 황제에게 올리는 탄원서가 돌로 상징되던 시절의 관습에서 유래했을 것이다. 황제는 탄원서의 내용을 받아들일지를 표시할 때 종이 한 장을 돌의 위 또는 아래에 두었다. 종이가 돌을 덮으면 황제가 청원을 거절한다는 뜻이었으므로 탄원서를 낸 사람은 원하는 바를 이루지 못했다.

가위바위보가 정확히 어디에서 유래했는지는 알기 어렵다. 극동 지역에서 했다는 증거도 있고 켈트 족이 했다는 증거도 있으며, 멀게는 엄지씨름을 하던 고대 이집트인까지 거슬러 올라가기도 한다. 그러나 이 모든 문화를 제치고 가장 먼저 가위바위보를 발견한 집단은, 호모 사피엔스보다 훨씬 이전에 생존을 위해 이 게임을 해왔던 도마뱀들이다.

　미국 서부 해안은 아메리카 목무늬 도마뱀의 고향이다. 수컷 도마뱀들은 주황, 파랑, 노랑의 세 색상 중 하나를 띠고 태어나며, 각각의 도마뱀은 저마다 다른 짝짓기 전략을 사용한다. 주황 도마뱀은 가장 강하며 파랑 도마뱀과 싸워서 이긴다. 파랑 도마뱀은 노랑 도마뱀보다 덩치가 크기 때문에 노랑 도마뱀들과 싸워 이긴다. 노랑 도마뱀은 비록 파랑 도마뱀과 주황 도마뱀보다 크기가 작지만, 암컷처럼 보이기 때문에 주황 도마뱀을 헷갈리게 한다. 그래서 호전적인 주황 도마뱀들은 노랑 도마뱀들이 자신들의 시선에서 벗어나 암컷과 짝짓기하는 광경을 알아차리지 못한다. 이렇게 조용히 주황 도마뱀들의 허를 찌르기 때문에 노랑 도마뱀들은 '살금살금이'로 불리기도 한다. 이렇게 주황은 파랑을 이기고, 파랑은 노랑을 이기며, 노랑은 주황을 이긴다. 진화론이 가위바위보를 하는 셈이다.

그림 3.01

목무늬 도마뱀들은 오랫동안 이러한 생존 게임으로 자신들의 유전자를 보존해왔으며 그동안 이들이 진화해 온 방식을 살펴보면 매우 흥미롭다. 이들의 개체 수는 6년을 주기로 처음에는 주황 도마뱀의 개체수가 우세하고, 다음 주기는 노랑 도마뱀이, 그다음 주기는 파랑 도마뱀이, 그다음 주기는 다시 주황 도마뱀이 우세해지는 식이다. 이때 나타나는 패턴은 사람들이 1대 1로 가위바위보를 할 때 사용하는 전략적 패턴과 정확히 같다. 상대가 바위를 많이 낸다면 보를 내면 되고, 연속해서 보를 내는 전략을 상대가 눈치챘다면 그는 주먹을 가위로 바꿔 내서 보를 이기려 할 것이다. 곧이어 상대의 행동 변화를 눈치챈 당신은 다시 바위를 낸다.

본질적으로 가위바위보 게임의 승리는 전적으로 패턴의 파악에 달려 있으며, 이 패턴의 특성은 매우 수학적이다. 상대의 행동 패턴이 결정되면서 다음에 무엇을 할지 예측가능하다면 당신은 그를 이긴 것이다. 단, 반응할 때 당신의 수가 훤히 보여서는 안 되며, 그렇게 되면 상대방이 우위에 서게 될 것이다. 상대방의 게임 패턴을 파악하고, 게임의 결과에 따라 다시 자신의 판단을 조정하면서 상대편이 무엇을 낼지 알아내려 애쓰는 동안 엄청난 심리전이 진행된다.

어린이들이 하는 게임으로 여겨졌던 가위바위보는 최근 세계적인 경기로 성장했다. 매년 10,000달러의 상금을 가위바위보 세계 챔피언이 가져간다. 그동안 미국인이 명예의 전당을 차지했으나, 2006년에는 침착하게 경기에 임한 북부 런던 출신의 '바위' 밥 쿠퍼Bob 'The Rock' Cooper가 챔피언의 자리에 올랐다. 대회를 위한 준비는 어떻게 했을까? "날마다 거울 앞에서 몇 시간 동안 고된 연습을 했죠." 그 연습으로 자신의 마음을 읽으려는 상대방과의 심리전에 강해지도록 자신을 단련했을 것이다. 성공의 비결은 무엇이었을까? 참가자들은 닉네임을 보고 그가 바위를 많이 낼 것이라고 생각했고, 그렇게 생각하는 참가자들이 보를 내면 그는 가위를 내어 상대를 패배시켰다. 그러나 상대가 이 속임수를 눈치 챈 경우, '바위' 밥은 더 수학적인 전략을 사용했다.

심리학이 아닌 수학의 관점에서 최선의 전략은 되는 대로 내는 것이다. 이렇게 하면 상대는 어떤 예측도 하지 못하는데, 완전히 무작위인 선택에서는 이전의 선택이 다음 선택에 아무런 영향을 주지 않기 때문이다. 동전을 10번 던질 때, 앞선 9번의 결과는 마지막 결과와 아무 관련이 없다. 9번 모두 앞면이 나왔으니 균형을 맞추기 위해 마지막에는 뒷면이 나와야 하는 법은 없다. 동전은 기억력이 없다.

되는 대로 내는 전략으로는 승률이 50%밖에 되지 않는다. 이 전략으로 가위바위보 게임을 하면 동전을 던져 승자를 결정하기와 별반 다르지 않기 때문이다. 그러나 세계 챔피언을 상대로 싸울 때, 나 같으면 승패가 반반인 전략이라도 기꺼이 택하겠다. 세계 챔피언을 상대로 50%의 승률을 보장하는 전략을 생각해 낼 수 있는 경기는 많지 않다. 100미터 달리기라면 아마 거의 100% 완패일 것이다.

그건 그렇고 어떻게 하면 아무런 패턴도 숨겨져 있지 않은 완전히 무작위인 선택을 할 수 있을까? 이것이 진짜 문제이다. 인간은 무작위 수열을 만들어 내는 데 특히나 재주가 없다. 인간은 패턴에 너무나 중독된 나머지 무작위 수열을 구성하려고 할 때조차 슬며시 어떤 패턴을 만들려는 경향이 있다. 게임에서 이기고 싶다면, 『The Number Mysteries』 웹 사이트에서 PDF 파일을 내려받은 뒤 파일 속의 가위바위보 주사위를 조립해서 무작위 선택을 하는 데 활용해도 좋다.

가위와 세잔

가위바위보는 운동장에서 회의실까지 곳곳에서 싸움과 논쟁을 마무리하는 데 사용된다. 유명한 두 경매회사 소더비Sotheby's와 크리스티Christie's사는 인상파 화가 세잔과 반 고흐 작품집의 경매권을 둘러싸고 벌인 분쟁을 가위바위보 게임 하나로 훌륭하게 종결하였다.

두 경매 회사는 주말 동안 가위, 바위, 보 중에서 무엇을 낼지 결정해야 했다. 소더비는 상당한 비용을 들여 손꼽히는 전략 분석가들을 고용했다. 분석가들은 가위바위보가 운에 좌우되는 게임이기 때문에 무엇을 내도 마찬가지라는 결론을 내렸다. 그래서 그들은 보를 내기로 했다. 크리스티는 한 직원의 11살 난 딸에게 도움을 청했고, 소녀는 이렇게 대답했다. "모든 사람들이 언제나 내가 바위를 낼 거라고 생각하면서 보를 내요. 그러니까 난 가위를 낼 거예요." 결국 경매권은 크리스티에 돌아갔다.

수학이 승리를 보장하지 못할 때도 있다.

당신은 무작위에 얼마나 능숙합니까?

일반적으로 인간의 직관은 무작위 결과를 인식하는 데 매우 형편없다. 내기를 하나 제안하겠다. 동전을 10번 던질 것이다. 세 번 연속 앞면이 나오거나 세 번 연속 뒷면이 나오면 당신은 나에게 1파운드를 주어야 한다. 그렇지 않다면 내가 당신에게 2파운드를 주겠다. 제안을 받아들이겠는가?

금액을 올려서 내가 당신에게 4파운드를 준다고 한다면? 처음 제안이 썩 내키지 않았던 사람이라도 이제는 십중팔구 귀가 솔깃할 것이다. 결국 문제는 동전을 열 번 던질 때 세 번 연속 앞면이나 뒷면이 나올 확률이 아닐까? 놀랍게도, 그와 같은 사건이 일어날 확률은 82%가 넘는다. 따라서 세 번 연속 앞면이나 뒷면이 나오지 않을 때 내가 당신에게 4파운드를 준다고 하더라도, 길게 보면 나에게는 손해 보는 장사가 아니다.

열 번 동전을 던져서 세 번 연속 앞면이나 뒷면이 나올 확률은 정확히 $\dfrac{846}{1,024}$ 이다. 이 값이 어떻게 나왔는지 하나하나 따져보자. 신기하게도 1장에서 보았던 피보나치 수가 이 확률을 계산할 때 중요한 역할을 한다. 이로써 피보나치 수가 모든 곳에 존재함을 또 한 번 확인하게 된다. 동전을 N번 던질 때 나올 수 있는 모든 경우의 수는 2^N이다. g_N을 세 번 연속 앞면이나 뒷면이 나오지 않는 경우의 수라고 하자. 바로 당신이 내기에서 이기는 경우의 수이기도 하다. 피보나치 수의 규칙을 이용하면 g_N을 계산할 수 있다.

$$g_N = g_{N-1} + g_{N-2}$$

계산한 값이 어떤 식으로 나타나는지 보려면, 우선 $g_1 = 2$이고 $g_2 = 4$라는 전제가 필요하다. 동전을 한 번이나 두 번 던질 때 세 번 연속 앞면이나 뒷면이 나오는 경우는 있을 수 없기 때문이다. 따라서 수열은 다음과 같다.

$$2, 4, 6, 10, 16, 26, 42, 68, 110, 178$$

그러므로 10개의 동전을 던졌을 때 세 개가 연속해서 앞면이나 뒷면이 나오지 않는 경우는 1,024 − 178 = 846가지이다. 즉 사건이 일어날 확률은 $\frac{846}{1,024}$, 대략 82%가 되기 때문에 내기에서 이기는 쪽은 내가 된다.

왜 피보나치 규칙이 g_N을 계산할 때 중요한 역할을 할까? 동전을 $N-1$번 던질 때 세 번 연속 앞면이나 뒷면이 나오지 않는 모든 경우를 따져본다. 그 수는 g^{N-1}이다. 이제 N번째 결과가 ($N-1$)번째 결과와 반대가 되게 한다. 그다음, 동전을 $N-2$번 던져서 세 번 연속 앞면이나 뒷면이 나오지 않는 모든 경우를 따져본다. 그 수는 g^{N-2}이다. 이제 ($N-1$)과 N번째 결과가 ($N-2$)번째 결과와 반대가 되게 한다. 이런 방식으로 동전을 N번 던질 때 세 번 연속 앞면이나 뒷면이 나오지 않는 모든 경우를 구할 수 있다.

어떻게 하면 복권에 당첨될까?

내가 수학자임을 밝혔을 때 가장 많이 듣는 질문이다. 그러나 동전 던지기와 마찬가지로, 지난주 당첨 번호는 다음 주 토요일에 발표될 번호에 아무런 영향을 주지 않는다. 바로 이것이 무작위라는 말의 뜻이지만, 어떤 사람들은 결코 이 사실을 믿으려 하지 않는다.

격주로 열리는 이탈리아의 국립 복권 추첨은 10개 도시에서 진행하며, 추첨자들은 1부터 90 사이의 수들을 선택해야 한다. 한때 베네치아에서 53번 공은 거의 2년 동안 복권 추첨에서 나타나지 않았다. 많은 이탈리아인은 그 다음 주에는 53번 공이 나올 것이라 확신했다. 한 여인은 53번에 가족이 저축한 돈을 전부 걸었다. 하지만 그 수는 나오지 않았고, 그녀는 바다에 뛰어들어 자살했다. 더 큰 비극은 53번에 돈을 걸었다가 막대한 빚을 지게 된 한 남성이 가족을 살해하고 스스로 목숨을 끊었던 일이었다. 이탈리아인이 53에 건 돈은 총 24억 파운드(약 4조3000억 원. 2012년 기준.) ― 한 가구당 평균 150파운드(약 27만 원) ― 로 추정된다.

심지어 어떤 사람들은 이 수에 대한 온 국민의 집착에 종지부를 찍기 위해 정부가 복권 추첨에서 53번을 금지시켜야 한다는 주장을 했다. 2005년 2월 9일, 마침내 53번 공이 추첨에서 튀어나왔고, 4억 파운드가 알려지지 않은 몇몇 사람들에게로 돌아갔다. 예상대로 어떤 이들은 정부가 막대한 당첨금 지급을 피하려고 고의로 53번 공을 묶어두었다고 비난했고, 이 같은 소문이 돈 것은 이번이 처음이 아니었다. 1941년 로마에서 8번 공은 추첨이 201번 진행되는 동안 나타나지 않았다. 많은 이들이 무솔리니가 그 번호를 못 나오게 하고, 그동안 이 공에 걸린 엄청난 액수의 돈을 이탈리아의 군비 자금으로 빼돌렸다고 믿는다.

이제 우리들만의 조그만 복권 게임을 해서 당신의 운이 얼마나 좋은지 시험해보자. 수백만 파운드를 장담하지는 못하지만, 복권 가격이 공짜라니 솔깃하지 않은가. 이 복권 게임에서는 49개의 수 중에서 6개를 선택하면 된다.

[1]	[2]	[3]	[4]	[5]	[6]	[7]	[8]	[9]	[10]
[11]	[12]	[13]	[14]	[15]	[16]	[17]	[18]	[19]	[20]
[21]	[22]	[23]	[24]	[25]	[26]	[27]	[28]	[29]	[30]
[31]	[32]	[33]	[34]	[35]	[36]	[37]	[38]	[39]	[40]
[41]	[42]	[43]	[44]	[45]	[46]	[47]	[48]	[49]	

그림 3.02

수를 선택했는가? 당첨되었는지 확인하고 싶다면 http://www.ran-dom.org/quick-pick/에 접속해보자.

당첨되었는지 보려면 위 상자 속 웹 사이트를 방문해보자. 티켓 1장1 ticket, 영국United Kingdom, 국립 복권National Lottery을 차례대로 선택한 다음 '복권 선택Pick Tickets'을 클릭한다. 인터넷 접속이 어렵다면 이 장의 끝에 미리 선택된 여섯 개의 수가 있으니 참고하라. 그렇지만 절대 미리 보지 말아야 한다. 수학 문제와 마찬가지로, 해답은 미리 보기보다 스스로 찾을 때가 훨씬 더 재미난 법이다.

복권에 당첨될 확률은 얼마나 될까? 확률을 구하려면 일단 여섯 개의 수로 만들 수 있는 조합이 몇 가지나 되는지 알아야 한다. 그 수를 N이라고 하자. 그렇다면 당첨될 수를 선택할 확률은 N분의 1이다. 우선은 두 개의 수를 고르는 간단한 예를 살펴보자. 첫 번째 수를 고르는 경우의 수는 49가지이다. 두 번째 수를 고르는 경우의 수는 48가지이다. 첫 번째 수 각각에 대해 남은 48개 수 중 하나를 짝지을 수 있다. 따라서 가능한 짝짓는 경우의 수의 수는 49 × 48이다. 그러나 잠깐만. 사실 지금까지 우리는 같은 조합을 두 번씩 중복해서 세웠다. 예를 들어 27을 첫 번째 수로 선택하고 23을 두 번째 수로 선택하는 것은 23을 먼저 선택하고 27을 나중에 선택하는 것과 같다. 따라서 가능한 짝짓는 경우의 수의 수는 처음 계산 결과의 절반이 되므로, 선택 가능한 짝짓는 경우의 수의 수는 $\frac{1}{2}$ × 49 × 48이다.

이제 선택하는 수를 6개로 늘려보자. 첫 번째 수를 선택하는 경우의 수는 49가지, 두 번째는 48가지, 세 번째는 47가지, 네 번째는 46가지, 다섯 번째는 45가지, 그리고 마지막 수를 선택하는 경우의 수는 44가지이다. 따라서 여섯 개 수의 경우 총 49 × 48 × 47 × 46 × 45 × 44가지의 조합이 가능하다. 물론 여기서도 같은 조합을 중복해서 세웠다. 1, 2, 3, 4, 5, 6과 같은 조합은 몇 번이나 중복해서 세웠을까? 이 수들 중 무엇이든 첫 번째 수로 올 수 있으며(이를테면 5), 두 번째로는 남은 다섯 개의 수들 중 하나를 택하고(이를테면 1), 다음으로 선택 가능한 후보는 네 가지이며(2) 그다음으로는 세 가지 수 중 하나를 택하고(6), 다섯 번째로는 두 수 중 하나(4), 그리고 남아 있는 하나의 수가 마지막 수가 된다(이 경우 3). 따라서 여섯 개의 수 1, 2, 3, 4, 5, 6을 6 × 5 × 4 × 3 × 2 × 1가지의 방식으로 뽑을 수 있다. 이 결론은 여섯 개 수들의 조합에 모두 적용된다. 따라서 49 × 48 × 47 × 46 × 45 × 44을 6 × 5 × 4 × 3 × 2 × 1로 나누어야 하고 그 결과는 가능한 모든 복권 수 조합의 수이다. 답은? 13,983,816이다.

이 수는 복권 기계에서 나오는 공들이 만들어내는 모든 조합의 수이기 때문에 당첨 확률도 알 수 있다. 다시 말해서, 가능한 조합들 중 올바른 조합을 선택할 확률은 13,983,816분의 1이다.

어떤 수도 맞히지 못할 확률은 얼마일까? 그 답도 위와 같은 방식으로 구한다. 첫 번째로 고른 수는 당첨되지 않은 43가지 중 하나여야 하고, 두 번째 수는 남은 42개의 수 중 하나이며, 나머지도 이런 식이다. 따라서 총 43 × 42 × 41 × 40 × 39 × 38가지의 조합이 나온다. 그러나 각 조합은 6 × 5 × 4 × 3 × 2 × 1번 중복하여 셌다. 따라서 어떠한 수도 맞지 않는 조합은 43 × 42 × 41 × 40 × 39 × 38을 6 × 5 × 4 × 3 × 2 × 1로 나눈 값, 6,096,454이다. 따라서 모든 당첨 수들과 전혀 일치하지 않는 경우의 수는 모든 경우의 수의 절반에 약간 못 미친다. 어떠한 수도 맞추지 못할 확률을 계산하려면 6,096,454를 13,983,816으로 나눈다. 결국 대략 0.436, 또는 43.6%의 확률로 완전히 허탕을 치게 된다.

이 말은 적어도 하나의 수를 맞힐 확률이 56.4%라는 뜻이다. 두 개의 수를 맞힐 확률은 얼마일까? 이 확률을 계산하려면 두 개의 수가 일치하는 조합의 수를 알아야 한다. 하나의 수가 맞는 경우의 수는 6가지이고, 그 다음 수가 맞는 경우의 수는 5가지이다. 결과는 6 × 5이지만 두 번씩 중복해서 세었기 때문에 2로 나누어 주어야 올바른 조합의 수가 나온다. 네 개의 번호를 잘못 선택하는 경우의 수는 43 × 42 × 41 × 40을 중복해서 세는 횟수인 4 × 3 × 2 × 1로 나눈 값이다. 따라서 정확히 두 개의 수만 맞히는 조합의 수는 다음과 같다.

$$\left(\frac{6 \times 5}{2}\right) \times \left(\frac{43 \times 42 \times 41 \times 40}{4 \times 3 \times 2 \times 1}\right) = 1,851,150$$

표 3.01을 보면 0개부터 6개의 수를 맞힐 확률이 나와 있으며, 이 확률들은 모두 동일한 방식으로 계산했다. 이러한 수치들을 염두에 두고 보면, 국립 복권을 매주 산다고 할 때 1년이 지난 뒤에는 적어도 세 개의 수가 맞는 복권을 사게 되리라고 기대해도 좋다. 대략 20년 뒤에는 적어도 네 개의 수가 일치하는 복권을 보게 될지도 모른다. 9세기에 살았던 앨프레드 왕이 매주 복권을 샀다면, 오늘날에 와서야 다섯 개의 수가 일치하는 복권을 기대할 수 있다. 그리고 최초의 호모 사피엔스가 당첨되어야겠다고 별안간 마음먹고 매주 복권을 사기 시작했다면, 오늘날에 와서야 그는 대박을 터뜨렸을 것이다.

복권의 수 N개	복권의 수 중 N개를 맞추는 경우의 수	복권의 수 중 N개를 맞출 확률
0	$\dfrac{43 \times 42 \times 41 \times 40 \times 39 \times 38}{6 \times 5 \times 4 \times 3 \times 2 \times 1} = 6{,}096{,}454$	$\dfrac{6{,}096{,}454}{13{,}983{,}816} = 0.436 \approx \dfrac{1}{2}$
1	$6 \times \dfrac{43 \times 42 \times 41 \times 40 \times 39}{5 \times 4 \times 3 \times 2 \times 1} = 5{,}775{,}588$	$\dfrac{5{,}775{,}588}{13{,}983{,}816} = 0.413 \approx \dfrac{2}{5}$
2	$\dfrac{6 \times 5}{2} \times \dfrac{43 \times 42 \times 41 \times 40}{4 \times 3 \times 2 \times 1} = 1{,}851{,}150$	$\dfrac{1{,}851{,}150}{13{,}983{,}816} = 0.132 \approx \dfrac{1}{8}$
3	$\dfrac{6 \times 5 \times 4}{2 \times 3} \times \dfrac{43 \times 42 \times 41}{3 \times 2 \times 1} = 246{,}820$	$\dfrac{246{,}820}{13{,}983{,}816} = 0.0177 \approx \dfrac{1}{57}$
4	$\dfrac{6 \times 5 \times 4 \times 3}{2 \times 3 \times 4} \times \dfrac{43 \times 42}{2 \times 1} = 13{,}545$	$\dfrac{13{,}545}{13{,}983{,}816} = 0.000969 \approx \dfrac{1}{1{,}032}$
5	$\dfrac{6 \times 5 \times 4 \times 3 \times 2}{2 \times 3 \times 4 \times 5} \times 43 = 258$	$\dfrac{258}{13{,}983{,}816} = 0.0000184 \approx \dfrac{1}{54{,}200}$
6	1	$\dfrac{1}{13{,}983{,}816}$

표 3.01 복권의 수를 0개에서 6개까지 맞힐 확률.

1등에 당첨될 운 좋은 사람들이라면, 1995년 1월 14일 9주 만에 영국 국립 복권 당첨자가 나타났을 때와 같은 사건이 일어나기를 바라지는 않을 것이다. 당시 누적된 당첨금은 1,600만 파운드(약 280억 원. 2012년 기준.)라는 엄청난 거 액이었다. 복권 기계에서 여섯 개의 공이 나온 뒤, 당첨이 된 사람은 틀림없이 그 자리에서 펄쩍펄쩍 뛰며 기쁨에 겨워 소리 질렀으리라. 그러나 당첨금을 받 으러 간 날 당첨자들은 자신과 똑같은 당첨 복권을 손에 쥔 132명과 그 금액을 나누어야 한다는 사실을 알았다. 실망스럽게도 각 당첨자에게는 122,510파운 드(약 2억 원)가 돌아갔다.

어떻게 그렇게 많은 사람들이 수를 맞추었을까? 그 이유는 가위바위보 게 임에서 언급했던 내용에 있다. 우리 인간들이 무작위한 수를 고르는 데 형편 없다는 사실 말이다. 매주 1,400만 명의 사람들이 국립 복권을 산다고 할 때, 행운의 수 7이나 생일 또는 기념일(32부터 49까지의 수들이 여기서 제외된다)을 쓰 는 경향이 있는 수많은 사람들이 유사한 수를 선택하게 된다. 특히 수를 고르 게 분포시키려는 심리는 수많은 선택에서 나타나는 대표적인 특징이다.

다음은 1995년 1월 14일에, 9주 만에 나온 당첨 번호이다.

[1] [2] [3] [4] [5] [6] (7) [8] [9] [10]
[11] [12] [13] [14] [15] [16] [17] [18] [19] [20]
[21] [22] [23] [24] [25] [26] [27] [28] [29] [30]
[31] [32] [33] [34] [35] [36] [37] [38] [39] [40]
[41] [42] [43] [44] [45] [46] [47] [48] [49]

그림 3.03

이토록 고르게 배열된 수 분포는 전혀 무질서의 특징을 띠고 있지 않다. 무질서한 수들이라면 떨어져 있을 가능성과 뭉쳐 있을 가능성이 비슷하다. 총 13,983,816가지의 가능한 조합에서 연속된 두 수가 들어 있는 경우의 수는 6,924,764이다. 확률로는 49.5%로 모든 조합의 절반 가까이 차지한다. 실제로 지난주 복권 추첨에서는 21과 22가 나왔다. 이번 주에는 30과 31이 나왔다.

그러나 연속하는 수들에 지나치게 집착할 필요는 없다. 어쩌면 1, 2, 3, 4, 5, 6이 오히려 현명한 선택일지 모른다. 다른 어떠한 조합과 비교해도 당첨 가능성이 별반 다르지 않다(가능성이 극단적으로 희박하다는 면에서!)는 사실을 알게 된 이상 말이다. 1, 2, 3, 4, 5, 6으로 대박을 터뜨려 매우 쉽게 엄청난 돈을 벌수 있겠다고 생각할지도 모르겠다. 그러나 매주 10,000명이 넘는 영국 사람들이 이 수 조합을 선택하고 있다. 영국 사람들이 얼마나 영리한지를 보여주는 증거이다. 따라서 그 같은 조합으로 대박을 터뜨린다 해도, 당첨금을 10,000명의 영리한 다른 사람들과 나눠 가져야 하는 문제가 있다.

왜 수들은 무리 지어 나타나기를 좋아할까?

다음은 두 개의 연속하는 수가 나오는 복권이 몇 장이나 될지 계산하는 방법이다. 수학자들은 많은 경우 기발한 수를 써서 문제를 완전히 다른 각도에서 보곤 하는데, 여기서도 그렇게 할 수 있다. 우선 연속하는 수가 없는 조합의 수를 세고, 그 결과를 가능한 조합의 총수에서 빼면 연속하는 수가 있는 조합의 총수가 나온다.

우선 1에서 44 사이에서 6개의 수를 뽑는다(49가 아닌 44까지의 수들만 허용하는데 그 이유는 곧 알게 된다). 선택한 수들을 각각 그 크기가 작은 순서대로 A(1), ……, A(6)으로 한다. A(1)과 A(2)가 연속하는 수라면, A(1)과 A(2) + 1은 그렇지 않을 것이다. A(2)와 A(3)이 연속하는 수라면, A(2) + 1과 A(3) + 2는 그렇지 않을 것이다. 따라서 여섯 개의 수 A(1), A(2) + 1, A(3) + 2, A(4) + 3, A(5) + 4, A(6) + 5 안에는 연속하는 수들이 없다(44까지로 선택을 제한하는 이유가 이제 분명해졌다. A(6)이 44라면 A(6) + 5는 49가 되기 때문이다).

이런 방법을 쓰면 단순히 1에서 44까지 6개의 수를 뽑아서 일정한 수만큼 더해주는 것만으로도 연속하는 수들이 없는 모든 복권을 만들 수 있다. 따라서 연속하는 수가 없는 복권의 수는 1에서 44까지 여섯 개의 수를 택하는 조합의 수와 같다. 따라서

$$\frac{44 \times 43 \times 42 \times 41 \times 40 \times 39}{6 \times 5 \times 4 \times 3 \times 2 \times 1} = 7{,}059{,}052$$

가지의 선택이 가능하다. 즉 연속하는 수가 있는 복권의 수는 다음과 같다.

$$13{,}983{,}816 - 7{,}059{,}052 = 6{,}924{,}764$$

백만 달러짜리 소수 문제를 이용한 포커 게임 속임수

사기 도박꾼들과 마술사들은 일반적인 사람들처럼 카드를 섞지 않는다. 그러나 몇 시간만 연습하면, 일반인도 퍼펙트 셔플perfect shuffle이라는 카드 섞

기를 배울 수 있다. 퍼펙트 셔플에서 카드 한 벌은 정확히 둘로 갈리고 두 개의 묶음에서 나오는 카드들은 한 번에 하나씩 섞인다. 포커 게임에서 상대가 퍼펙트 셔플을 할 줄 안다면 매우 위험하다.

카드 딜러와 그와 한패인 다른 사람, 그리고 자신이 사기를 당할 줄은 꿈에도 모르는 두 명의 순진한 도박꾼들이 포커 테이블 주위에 둥그렇게 앉아 있다고 가정하자. 딜러가 카드의 맨 위에 네 장의 에이스를 놓는다. 퍼펙트 셔플로 카드를 섞으면 각 에이스의 위아래로 카드가 두 장이 들어간다. 퍼펙트 셔플을 한 번 더 하면 위 아래 모두 네 장의 카드가 들어간다. 딜러는 이제 자신과 한패인 사람에게 네 장의 에이스를 완벽하게 건네줄 수 있다.

퍼펙트 셔플은 그 흥미로운 특성을 활용할 줄 아는 마술사의 손에서 진가를 발휘한다. 52장의 카드 한 벌을 가지고 퍼펙트 셔플을 여덟 번 반복하면, 놀랍게도 모든 카드가 원래 위치로 되돌아온다. 관객들에게 셔플은 카드를 완전히 무질서하게 뒤섞는 과정처럼 보인다. 어쨌든 보통 사람들이 섞는 횟수보다는 더 많기 때문이다. 실제로 수학자들은 카드 한 벌을 평범한 방법으로 7번만 섞어도 모든 카드가 원래의 구조를 완전히 잃고 무질서해진다는 사실을 증명했다. 그러나 퍼펙트 셔플은 일반적인 카드 섞기와는 다르다. 한 벌의 카드를 팔각형 동전이라고 한다면, 퍼펙트 셔플은 그 동전의 8분의 1회전에 해당한다. 여덟 번 회전하면 동전은 시작 위치로 돌아온다.

52장 이상의 카드가 본래의 위치로 돌아오도록 하려면 퍼펙트 셔플을 몇 번이나 해야 할까? 두 장의 조커를 추가해서 54장의 카드로 퍼펙트 셔플을 하면, 카드가 모두 자신의 위치로 돌아오기까지 52번을 섞어야 한다. 그러나 10장을 추가해서 64장을 한 벌로 하면 원래 위치로 돌아오는 데 퍼펙트 셔플 6번이면 된다. 자, 그렇다면 2N(카드 수는 짝수여야 한다)장의 카드를 한 벌로 해서 퍼펙트 셔플을 몇 번을 해야 모든 카드가 원래 위치로 돌아오는지 알려면 어떠한 수학이 필요할까?

카드에 0부터 2N − 1까지 번호를 매기면, 퍼펙트 셔플을 할 때마다 각 카드의 위치 번호는 기본적으로 두 배가 된다. 카드 1(실제로는 두 번째 카드)은 카드 2가 된다. 퍼펙트 셔플을 반복하면 카드 2는 카드 4가 되고, 다음에는 카드 8이 된다. 첫 번째 카드를 카드 0이라고 하면 계산이 더 쉽다.

번호가 큰 카드들은 어떻게 될까? 각 카드의 최종 위치 번호를 알아내려면 2N − 1시간이 있는 시계를 생각해보면 된다. 곧, 52장의 카드 한 벌은 1부터 51까지의 시간이 적힌 시계와 같다. 한 번의 퍼펙트 셔플 후에 32번 카드가 어디로 갈지 알려면 32를 두 배를 하자. 다음 32시에서 출발해 32시간을 세어나가면 시계 바늘은 결과적으로 13시에 도달한다. 퍼펙트 셔플을 몇 번 해야 모든 카드가 원래 자리로 돌아오는지 알아내려면, 이 시계 위에서 카드 번호를 두 배 하는 일을 몇 번 했을 때 원래 카드 번호로 돌아오는지 살펴보면 된다. 사실 나는 수 1이 1로 돌아오려면 두 배를 몇 번 해야 하는지 알아보았다. 다음은 51시간이 있는 시계 위에서 1을 두 배 할 때마다 도달하는 시간들이다.

$$1 \to 2 \to 4 \to 8 \to 16 \to 32 \to 13 \to 26 \to 1$$

1에서 성립한 결과는 다른 수에서도 마찬가지로 성립하는데, 8번의 퍼펙트 셔플은 본질적으로 각 카드 번호에 2^8을 곱하는 것과 같고 이는 다시 각 카드 번호에 1을 곱한 결과와 같기 때문이다. 다시 말해, 모든 카드가 1과 마찬가지로 원래 위치로 돌아온다.

카드들이 원래 위치로 돌아오도록 하려면 최대 몇 번을 섞어야 할까? 피에르 드 페르마Pierre de Fermat는 2^{N-1}이 소수인 경우, $2N-1$시간의 시계에서 두 배 하기를 $2N-2$회 반복하면 반드시 시작한 지점으로 돌아오게 된다는 사실을 증명했다. 54장의 카드 한 벌의 경우, $54-1=53$은 소수이므로 52번의 퍼펙트 셔플이면 충분하다.

$2N-1$이 소수가 아니면 퍼펙트 셔플의 최대 횟수를 계산하는 식은 더 복잡해진다. p와 q가 소수일 때 $2N-1=p \times q$이면, 원래의 순서로 돌리는 데 필요한 퍼펙트 셔플의 최대 횟수는 $(p-1) \times (q-1)$이다. 따라서 52장의 카드 한 벌의 경우, $52-1=3 \times 17$이므로 $(3-1) \times (17-1)=2 \times 16=32$번의 퍼펙트 셔플이면 원래의 순서로 돌아오는 것이 보장된다. 그러나 사실 32번이 아닌 8번의 퍼펙트 셔플로도 원하는 결과를 얻을 수 있다(다음 장에서 나는 페르마의 마술을 증명하고 그의 마술이 어떻게 인터넷 보안 암호의 핵심이 되는지 설명할 것이다).

200년 전 가우스는 다음 질문에 대한 답을 연구했다. $2N$장의 카드가 원래 위치로 돌아오는 데 최대 퍼펙트 셔플이 필요할 때, 조건을 만족하는 N의 값은 무수히 많은가?

이 질문은 리만 가설과 관련이 있으며, 리만 가설은 1장의 끝에서 소수에 관한 백만 달러짜리 문제로 등장했었다. 리만 가설대로 소수가 분포되어 있다면, 최대 퍼펙트 셔플을 필요로 하는 카드 수는 무한히 많을 것이다. 영국의 마술 협회 '매직 서클'과 전 세계의 도박꾼들은 아마도 그 답을 가슴 졸이며 기다리지는 않겠지만, 수학자들은 소수가 어떻게 카드 섞기의 문제들과 관련되는지 알고 싶어 한다. 사실 그 둘 사이에 관련이 있다 해도 그리 놀랍지는 않다. 원래 소수는 수학에서 너무도 근본적인 요소이기 때문에 전혀 예상치 못한 곳에서도 불쑥 튀어나오기 때문이다.

포커 게임을 할 때 알아두면 좋은 사실

인기 있는 포커 게임 텍사스 홀덤에서 각 경기자는 두 장의 핸드 카드를 받는다. 딜러는 다섯 장의 카드를 앞면이 보이게 탁자 위에 놓는다. 여러분은 상대를 이기려고 수중에 있는 두 장과 탁자 위의 다섯 장에서 가장 좋은 카드 다섯장을 선택한다. 두 장의 연속하는 카드(이를테면 클로버 7과 스페이드 8)를 받으면 스트레이트(모양에 관계없이 6, 7, 8, 9, 10처럼 다섯 장의 수가 연속하는 카드)가 될 가능성에 흥분하기 시작할 것이다.

스트레이트는 나올 가능성이 매우 적다는 바로 그 이유 때문에 강력한 패이므로, 두 장의 연속하는 카드를 받으면 스트레이트를 떠올리며 큰 모험을 해도 되겠다는 생각이 들지 모른다. 하지만 여기서 복권의 교훈을 떠올려야 한다. 연속하는 두 수는 복권에서 매우 흔하게 나타나며, 포커에서도 마찬가지이다. 텍사스 홀덤에서 시작패의 15% 이상이 연속하는 두 카드임을 알고 있었는가? 그러나 이 중 3분의 1에 약간 못 미치는 패들만이 딜러가 테이블 위에 다섯 장의 카드를 놓을 때 스트레이트를 완성한다.

카지노의 수학: 갑절로 딸 것인가, 파산할 것인가?

당신은 카지노 안의 룰렛 테이블에 앉아 있으며, 칩이 20개 있다. 떠나기 전에 수중의 돈을 두 배로 만들어야겠다고 결심한다. 칩을 빨강 또는 검정 어느 쪽에 놓느냐에 따라 돈이 두 배로 불어나는데, 이때 최선의 베팅 전략은 무엇일까? 빨강에 칩 전부를 걸어야 할까, 아니면 돈을 다 잃을 때까지 한 번에 하나의 칩만을 걸어야 할까?

이 문제를 분석하기 위해 알아야 할 점은, 일단 승패를 떠나서 베팅을 할 때마다 사실상 게임을 하기 위한 소량의 돈을 카지노 측에 지급하고 있다는 사실이다. 검은색 17에 돈을 걸었을 때 그 수가 나온다면 카지노에서는 추가로 35개를 얹어서 칩을 돌려줄 것이다. 룰렛 바퀴에 수가 36개 있다면 이는 공평한 게임이 되는데, 평균적으로 검은색 17은 36번마다 한 번씩 나오기 때문이다. 36개의 칩을 갖고 있고 계속해서 17에 베팅을 한다면 바퀴가 36번 회전하는 동안 평균적으로 그중 35번을 잃고 1번이 당첨되며, 따라서 시작할 때 있었던 36개의 칩이 남게 된다. 그러나 사실상 유럽식 룰렛 바퀴에는 37개의 수(1부터 36까지의 수에 검은색도 빨간색도 아닌 싱글 제로(0)가 추가됨)에 돈을 걸 수 있으며, 그럼에도 카지노가 지불하는 금액은 36개의 수가 있을 때와 동일하다.

수가 37개라면 1파운드를 걸 때마다 도박장에서는 사실 $\frac{1}{37} \times$ £1, 약 2.7펜스만큼을 벌고 있다. 때로 한 개인에게 막대한 액수를 지급해야 하는 경우도 생기지만, 확률의 법칙 덕분에 결국은 자신들이 득을 본다는 사실을 카지노에서는 알고 있다. 실제로 미국식 도박장에서 나타나는 확률은 도박꾼들에게 훨씬 불리한데, 그곳에서는 1부터 36까지의 수에 0과 00을 추가하여 총 38개의 수가 룰렛 바퀴에 있기 때문이다. 앞에서 하나의 수에만 베팅하면 결국 베팅 당 2.7펜스를 잃게 된다는 사실을 보았다. 그러나 하나의 수에만 돈을 걸어야 한다는 법은 없다. 빨강 또는 검정에 걸어도 되고, 짝수 또는 홀수에 걸 수도 있으며 1부터 12까지의 수에 걸어도 된다. 그러나 확률은 같은 방식으로 계산 되기 때문에 어떠한 식의 베팅을 하든 기본적으로는 한 번 베팅할 때마다 2.7 펜스의 비용이 든다.

그렇다면 가진 돈을 두 배로 불리기 위한 최선의 전략은 무엇일까? 우선, 게임을 할 때마다 돈을 지불해야 하므로 가능한 한 게임을 적게 해야 한다. 37 개의 수 중 18개는 빨강, 18개는 검정이고 싱글 제로는 녹색이다. 유럽식 룰렛 에서 빨강이 나와서 두 배로 불어난 돈을 갖고 도박장을 나갈 확률은 $\frac{18}{37}$ 로 약 48%이기 때문에, 짧은 카지노 나들이라고 하더라도 돈을 두 배로 만드는 최 선의 전략은 한 번에 빨강에 전부 거는 것이다. 한 번에 하나의 칩을 걸어 돈 을 두 배로 만들 가능성은 다음과 같다.

$$\frac{1 - (\frac{19}{18})^{20}}{1 - (\frac{19}{18})^{40}}$$

이 값은 25.3%와 같다. 한 번에 하나의 칩을 걸면 목표를 달성할 가능성이 절 반으로 줄어들게 된다.

그런데 어디에 걸어야 가장 유리할까? 빨강에 돈을 걸고 싱글 제로가 나오 면, 어떤 카지노에서는 인 프리즌in prison(또는 앙 프리송en prison. 싱글 제로를 쓰 는 유럽식 룰렛에서 번호가 0이 나오면 원래 베팅 금액의 절반만이라도 가져갈지, 금액을 찾아오지 않고 다음 게임까지 그대로 둘지를 선택하게 하는 룰. 이때 번호를 맞히면 배당금을 찾지만 그렇지 못하면 잃는다. ― 옮긴이) 규칙을 적용하여 건 돈의 절반을 돌려줄 것이다. 여기서 도박장의 승률이 약간은 떨어지게 된다. 이 지점이 룰렛 바퀴에서 비용이 가장 덜 드는 곳이다. 결국 치러야 할 비용은

$$
\text{(잃을 확률)} \times \text{내기에 건 돈} - \text{(이길 확률)} \times \text{배당금}
$$

$$
= \frac{18}{37} \times £1 + \frac{1}{37} \times £0.50 - \frac{18}{37} \times £1
$$

$$
= 1.35\text{펜스}
$$

가 된다. 이와 달리 다른 위치에서 게임을 했을 때는 2.7펜스가 든다. 따라서 길게 보면 인 프리즌 규칙을 적용하는 카지노에서 빨강 또는 검정에 걸면 다른 때보다 비용이 절반밖에 들지 않는다.

베팅 금액의 절반을 돌려주는 대신 카지노에서는 다른 선택안을 제시하기도 한다. 당신은 인 프리즌 상태인 당신의 베팅 금액을 그대로 둘 수도 있다. 딜러가 인 프리즌 칩을 걸었을 때, 다음 차례에 빨강이 나오면 당신은 유예되어reprieve 카지노로부터 베팅 금액을 돌려받고(이 경우 추가로 획득하는 돈은 없다), 그렇지 않다면 베팅 금액을 모두 잃는다. 돈을 모두 돌려받을 확률은 $\frac{18}{37}$(50% 이하)이므로, 가능하다면 절반을 돌려받는 편이 프리즌에 돈을 걸고 빨강이 나오기를 바라는 것보다 낫다.

승률은 분명히 불리해 보인다. 정말 수학을 이용해서 카지노를 상대로 돈을 따는 방법은 없는 걸까? 마틴게일martingale이라는 방법이 있다. 우선 빨강에 칩 하나를 건다. 빨강이 나오면, 걸었던 칩에 또 하나의 칩이 추가되어 돌아온

다. 빨강이 나오지 않으면 다음번에 두 개의 칩을 빨강에 건다. 빨강이 나오면 걸었던 칩에 두 개의 칩이 추가되어 돌아온다. 처음에 걸었던 칩 하나를 잃었기 때문에 결과적으로 칩 하나를 얻은 셈이다. 두 번째에도 빨강이 나오지 않으면 다음번에 네 개의 칩을 건다. 그때 빨강이 나오면 네 개의 칩이 더해져서 당신이 걸었던 칩이 돌아온다. 그러나 첫 번째에서 하나의 칩을 잃고 두 번째에서 두 개의 칩을 잃었으므로 남는 것은 …… 하나의 칩이다.

결국 빨강이 나올 때까지 베팅 금액을 매번 두 배로 올리는 것이 마틴게일의 방식이다. 총 획득한 칩의 수는 언제나 하나이다. N번째에 빨강이 나왔다면 $2N$개의 칩을 얻는데, $N-1$번째에서 이미 $L = 1 + 2 + 4 + 8 + \cdots + 2^{N-1}$개의 칩을 잃었기 때문이다. 잃은 칩의 수 L을 계산하는 기발한 방법이 있다. L은 $2L - L$과 같다. 그렇다면 $2L$은 얼마일까?

$$2L = 2 \times (1 + 2 + 4 + 8 + \cdots + 2^{N-1})$$
$$= 2 + 4 + 8 + 16 + \cdots + 2^{N-1} + 2^N$$

이제 여기서 $L = 1 + 2 + 4 + 8 + \cdots + 2^{N-1}$을 뺀다. 결과는

$$L = 2L - L = (2 + 4 + 8 + 16 + \cdots + 2^{N-1} + 2^N)$$
$$- (1 + 2 + 4 + 8 + \cdots + 2^{N-1}) = 2^N - 1$$

2^N을 제외하고 첫 번째 괄호 안에 있는 모든 수가 두 번째 괄호 안에도 나타나기 때문에, 뺄셈하는 동안 모두 사라진다! (이런 식의 계산은 전에도 본 적이 있다.

1장에서 소수를 찾기 위해 체스 판에 쌀알을 올려놓는 내용에서 나왔다.) 따라서 2^N개의 칩을 얻지만 2^N-1개의 칩을 잃은 상태이다. 순이익은 칩 하나이다.

많은 액수는 아니지만, 이 체계는 궁극적으로 승리를 보장한다. 언젠가는 빨강이 분명히 나오지 않겠는가? 문제는 승리를 보장하려면 내기에 걸 돈이 무한히 많이 필요할지도 모른다는 점인데, 밤새 검정이 나올 가능성이 없지는 않기 때문이다. 그리고 설사 엄청난 양의 칩이 있다고 하더라도 베팅 금액을 계속해서 두 배로 하다 보면 돈이 빠른 속도로 소모될 것이다(체스 판 위에 쌀알 놓기처럼). 이 이외에도 대부분의 카지노에서는 이 전략을 활용하지 못하도록 베팅 금액에 제한을 둔다. 예를 들어 최대 1,000개의 칩까지 걸 수 있는 경우, 10회째 게임에서 거는 칩의 수는 $2^{10} = 1,024$로 최대 베팅 금액을 초과하기 때문에 이 전략은 9번째에서 실패한다.

베팅 금액에 제한이 있어도, 도박꾼들은 검정이 줄줄이 여덟 번 나왔다면 그다음엔 빨강이 나올 확률이 매우 높으리라는 그릇된 믿음을 갖는다. 물론 검정이 연달아 여덟 번 나올 확률은 256분의 1로, 분명히 믿기 어려울 정도로 작다. 그래도 그다음에 빨강이 나올 확률이 커지지는 않는다. 50 대 50의 확률은 변하지 않는다. 동전과 마찬가지로 룰렛 바퀴 역시 기억력이 없다.

룰렛 게임을 할 때는 수학적 확률을 명심하자. 길게 보면 카지노가 언제나 이긴다. 그러나 5장에서 보게 되겠지만, 다른 종류의 수학을 쓰면 백만장자 되기가 불가능한 일은 아니다. 포커나 룰렛 게임을 좋아하지 않는다면 크랩 테이블 게임(카지노에서 주사위를 굴려 승패를 가르는 게임 — 옮긴이)이 맞을지도 모르겠다. 이제 곧 보겠지만 주사위 게임은 그 역사가 매우 길다.

최초의 주사위는 면이 몇 개였을까?

많은 게임의 승패는 운에 좌우된다. 모노폴리, 백개먼backgammon, 뱀과 사다리 게임 등 많은 보드 게임에서 주사위는 말을 얼마나 움직일지를 결정하는 데 사용한다. 가장 먼저 주사위를 던진 이들은 고대 바빌로니아인과 이집트인이었으며, 이들이 사용한 주사위는 복사뼈 — 양과 같은 네발 동물의 '발목' 뼈 — 였다.

그 뼈는 자연스럽게 네 면 중 한 면이 바닥에 닿았는데 고대 사람들은 곧 뼈 면이 고르지 못하여 특정 면이 더 자주 닿는다는 사실을 깨달았고, 게임을 공평하게 하기 위해 주사위를 공들여 만들기 시작했다. 주사위에 공을 들이기 시작하면서 곧 모든 면이 똑같은 확률로 땅에 닿는 다양한 3차원의 형태들을 탐구하였다.

최초의 주사위가 동물의 복사뼈에서 나왔기 때문에, 인간이 처음 만든 대칭 주사위 중 하나가 정삼각형 면 넷으로 이루어진 도형인 정사면체였다는 사실은 그다지 놀랍지 않다. 현재 알려진 가장 오래된 한 보드 게임도 피라미드 모양의 주사위를 사용한다.

1920년대 영국의 고고학자 레오나르드 울리 경은 오늘날의 남부 이라크 지역의 고대 수메르 도시 우르의 무덤들을 발굴하다가 '우르의 왕 게임Royal Game of Ur'에서 쓰는 다양한 게임 보드와 정사면체 주사위들을 발견했다. 무덤은 기원전 2600년경의 것으로, 게임 보드는 무덤의 주인을 내생에서도 즐겁게 해 주려고 넣었을 것이다. 런던의 영국 박물관(대영 박물관)에 전시된 가장 정교한 형태의 게임 보드는 20개의 정사각형으로 구성되며, 경기자들은 주사위를 던져 게임 보드 위에서 경쟁했다.

　게임의 규칙은 1980년대 초 영국 박물관의 기록 보관소에서 어빙 핀켈이 기원전 177년의 쐐기 문자판과 그 뒷면에 그려진 게임 보드를 우연히 발견하면서 알려졌다. 게임은 백개먼 게임의 원시 형태로 각 게임 참가자에게는 게임 보드 위에서 움직일 몇 개의 말이 주어진다. 그러나 수학적으로 볼 때 더 흥미로운 요소는 이 게임에서 쓰는 주사위이다.

　네 개의 삼각형으로 구성된 정사면체 주사위에는 현재 우리에게 익숙한 정육면체 주사위와 달리 땅에 닿았을 때 면이 아닌 꼭짓점이 공중을 향한다는 문제점이 있었다.

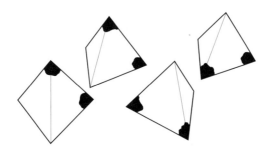

그림 3.04　우르의 왕 게임에 사용한 정사면체 주사위.

이 문제를 해결하기 위해 수메르인은 각 주사위의 네 꼭짓점 중 둘은 흰색의 점으로 표시했다. 게임 참가자들은 여러 개의 주사위를 던졌으며, 그들의 점수는 가장 위쪽에 찍힌 점의 수와 같았다. 수학적으로 보면 이것은 여러 동전을 던져서 앞면의 수를 세는 것과 동일하다.

　우르의 왕 게임은 주사위를 던질 때 나오는 우연적인 결과에 크게 좌우되었다. 후대의 백개먼 게임에서는 게임 참가자들이 오로지 주사위의 운에 기대지 않고 자신들의 기술과 전략을 드러낼 기회가 더 많다. 그래도 왕 게임은 오늘날까지 살아남았다. 최근 알려진 바에 따르면, 고대 수메르 인이 즐겨 하던 때에서 5,000년이 지난 지금도 남부 인도의 코친 시에 사는 유대인은 우르의 왕 게임과 비슷한 게임을 하고 있다.

던전 앤 드래곤 게임에 쓰고 싶은 주사위들

1970년대부터 시작된 가상 역할 놀이 게임RPG인 '던전 앤 드래곤'은 온갖 흥미로운 주사위가 나타나는 신선한 게임이다. 이 게임을 만든 사람은 주사위를 던져서 나올 수 있는 모든 경우의 수를 찾아냈을까? 어떠한 형태의 주사위가 좋을지에 대해 생각할 때, 우리는 2장에서 나왔던 질문을 떠올려야 한다. 주사위를 이루는 면이 모두 동일한 대칭 도형이며, 모든 꼭짓점과 모서리가 동일하게 보이도록 면들이 배열된 주사위에는 다섯 가지가 있다. 정사면체, 정육면체, 정팔면체, 정십이면체, 정이십면체, 바로 플라톤 입체들이다(그림 2.04). 이러한 형태의 주사위들은 모두 던전 앤 드래곤 세트(와 『The Number Mysteries』 웹 사이트에서 내려받을 수 있는 PDF 파일)에서 찾아볼 수 있지만, 사실 이들 주사위의 유래는 훨씬 더 깊다.

예를 들어, 2003년 크리스티 경매 회사에서 낙찰된 유리로 만든 20면체 주사위는 그 역사가 로마 시대까지 거슬러 올라간다. 이 주사위의 면에는 기묘한 상징들이 조각되어 있어서, 게임보다는 예언이나 점술에 사용되었을 가능성도 있다. 오늘날 흔히 사용되는 점술 도구인 '매직 8볼Magic 8 Ball'의 중앙에도 정십이면체가 놓여 있다. 공 안의 액체 속을 떠다니는 정이십면체의 면에는 당신이 고민하는 문제에 대한 해답이 적혀 있다. 질문을 하고 공을 흔들면, 정이십면체가 위로 떠오르고 해답이 적힌 면이 보인다. 답은 '의심하지 마라'에서 '믿지 마라'까지 다양하다.

그저 공정한 주사위가 필요할 뿐이라면 면의 배열에 그 정도로 엄격할 필요는 없다. 예를 들어 '던전 앤 드래곤' 게임은 밑면이 오각형인 두 개의 피라미드의 밑면을 붙여 만든 주사위를 사용한다. 이 주사위의 삼각형 면 10개가 땅에 닿을 확률은 10분의 1로 모두 같다. 각 피라미드 꼭대기 부분의 꼭짓점이 나머지 다른 꼭지점과 구별되기 때문에 이 입체는 플라톤 입체가 아니다. 두 밑면이 만나는 지점의 각 꼭짓점에서는 네 개의 삼각형이 만나지만, 꼭대기의 꼭짓점에서는 다섯 개의 삼각형이 만난다. 그럼에도 이 입체는 공정한 주사위이다. 10개의 면 각각이 땅에 닿을 확률이 같기 때문이다.

수학자들은 이 외에도 어떠한 형태들이 공정한 주사위가 되는지 조사해왔다. 비교적 최근에 증명된 바로는 대칭성의 조건이 어느 정도 충족되면 5개의 플라톤 주사위 외에도 또 다른 20가지 형태의 주사위와 다섯 무한 족들이 공정한 주사위 범주에 들어간다.

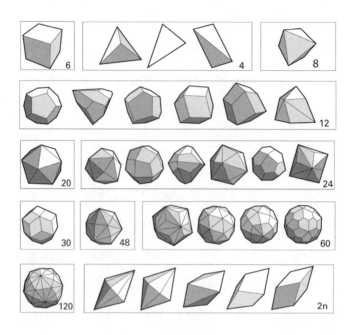

그림 3.05 우수한 주사위를 만드는 대칭 입체들.

추가된 20가지 형태 중 13개는 2장에서 우수한 축구공의 형태로 등장한 아르키메데스 입체와 관련이 있는데 아르키메데스 입체는 두 개 이상의 대칭 도형으로 구성된다. 사실 아르키메데스 입체는 우수한 축구공을 만들 수는 있지만, 주사위로는 그다지 적절하지 않다. 전형적인 축구공은 12개의 오각형 면과 20개의 육각형 면으로 이루어진 32개의 면을 갖는다. 1부터 32까지의 번호를 쓰기만 하면 공정한 주사위가 되지 않을까? 문제는 오각형은 대략 1.98%의 확률로 선택되는 반면에 육각형은 3.81%의 확률로 땅에 떨어진다는 사실이며, 그래서 이들은 공정한 주사위가 되지 못한다. 오각형 면이 맨 위에 오도록 축구공 주사위가 떨어질 확률을 계산하는 정확한 공식이 발견된 지는 10년밖에 되지 않았다. 다음은 위대한 기하학이 만들어낸 무서운 공식이다.

$$12 \times \frac{-3 + 30r\left[1-(\frac{2}{r})\sin^{-1}(\frac{1}{2r\sqrt{3}})\right]}{6 - 116 + 360r}$$

단, 여기서 $r = \frac{1}{2}\left[2 + \sin^2(\frac{\pi}{5})\right]^{-\frac{1}{2}}$이다.

아르키메데스 입체 자체는 공정한 주사위가 아니지만, 게임에서 사용하는 새로운 종류의 주사위들을 만드는 데 쓸 수 있다. 이때 구성면은 다양하지만 꼭짓점들은 모두 동일하다는 특징이 중요하며, 꼭짓점을 면으로, 면을 꼭짓점으로 변환하는 쌍대성duality이라는 개념이 구성의 핵심이다. 면이 어떠한 모양이 되는지 보려면, 각 꼭짓점마다 카드를 한 장씩 놓을 때 이 카드들이 어떻게 만나는지, 다시 말해 서로를 어떻게 잘라내는지 조사해야 한다. 각 카드는 입체의 중심에서 꼭짓점에 이르는 직선과 수직이 되도록 놓는다. 예를 들어, 정십이면체의 꼭짓점들을 면으로 대체하면 정이십면체를 얻는다(그림 3.06).

그림 3.06

이와 같은 방식을 아르키메데스 입체에 적용하면 13가지의 새로운 주사위가 나온다. 전형적인 축구공의 꼭짓점은 60개이며 축구공의 각 꼭짓점을 면으로 대체하면 그로부터 나오는 주사위는 정삼각형이 아닌 이등변삼각형(두 변의 길이만 같은 삼각형) 60개로 구성된다. 비록 고전적인 축구공과 쌍대인 이 형태는 플라톤 입체가 아니지만, 각 면이 나타날 확률은 60분의 1로 같기 때문에 공정한 주사위로 게임에 쓸 수 있다. 수학에서는 이 입체를 오각뿔십이면체pentakis dodecahedron라고 부른다(그림 3.07).

그림 3.07

각 아르키메데스 입체는 이처럼 새로운 주사위를 만들어낸다. 아마도 가장 인상적인 형태는 육각뿔이십면체hexakis icosahedron일 것이다. 120개의 직각삼각형 면을 갖는 이 놀라운 형태 역시 공정한 주사위이다.

'주사위 무한 족infinite familie of dice'은 모서리가 몇 개이건 밑면이 같은 두 피라미드를 이어 붙인다는 생각을 일반화하면서 나타난다. 수학자들은 대칭성을 갖춘 공정한 주사위들을 분류해냈지만, 불규칙한 형태들도 공정한 주사위가 될 수 있는가의 문제는 여전히 수수께끼이다. 예를 들어, 정팔면체의 한 꼭짓점과 반대편 꼭짓점을 약간 잘라내면 두 개의 새로운 면이 나타난다. 이 입체를 공중에 던졌을 때 꼭짓점을 조금만 잘라 만든 새로운 면이 바닥에 떨어질 확률은 낮지만, 꼭짓점을 큼직하게 잘라내면 다른 여덟 개 면보다 이 두 면이 바닥에 닿을 확률이 더 높아질 것이다. 따라서 두 꼭짓점을 잘라낸 면과 원래의 여덟 면이 똑같은 확률로 떨어지는 중간 지점이 분명히 존재하며, 이때 면이 10개인 공정한 주사위가 된다.

아르키메데스 축구공으로 만든 새로운 주사위에서 멋진 대칭성을 찾아보기는 어렵지만 이것이 공정한 주사위임은 분명하다. 수학자들이 모든 답을 알지는 못한다는 사실을 증명하기라도 하듯, 우리는 이와 같은 방식으로 공정한 주사위로 만들 수 있는 모든 형태를 분류하는 방법을 여전히 찾는 중이다.

모노폴리 게임에서 이기는 데 수학이 어떠한 도움이 될까?

모노폴리는 운에 많이 좌우되는 게임처럼 보인다. (국내에서 더 친숙한 보드 게임 '부루마블'의 원조 격이다. — 옮긴이) 두 개의 주사위를 던져서 게임 보드 위를 차로 신나게 질주하거나 중절모를 쓴 채 거들먹거리며 걷기도 하고, 여기저기에 땅을 사고 호텔을 짓기도 한다. 지역 사회 카드Community Chest Card 덕분에 미인 대회에서 2등을 하기도 하고, '음주 운전'으로 20파운드의 돈을 내야 할 때도 있다. 출발점 'GO'를 지날 때마다 금고에 200파운드가 들어온다. 이런 게임에서 도대체 수학이 어떠한 도움을 준다는 걸까?

게임이 진행되는 동안 모노폴리 보드에서 가장 많이 멈추는 칸이 어디일까? 출발점? 아니면 대각선 반대 방향의 무료 주차장Free Parking? 그도 아니면 런던 모노폴리 보드의 옥스퍼드 거리Oxford street나 메이페어Mayfair? 답은 감 옥Jail이다. 왜? 주사위를 던져 나온 수만큼 이동했는데 감옥 잠시 방문Just Visiting 칸이 나오기도 하고, 감옥 칸의 대각선 방향 반대쪽의 감옥으로 가시오 Go to Jail 칸에 멈출 수도 있기 때문이다. 또한 운이 나쁘면 찬스Chance 카드나 지역 사회 카드Commuity Chest를 뽑았을 때 바로 감옥으로 갈 수도 있다. 이 경 우를 전부 피했더라도, 주사위를 던져서 같은 눈이 나오는 더블이 세 번 연속 으로 터지면(더블이 나오면 한 번 더 던질 수 있다. ― 옮긴이) 주사위 던지기의 달인 으로 상을 받는 대신 주사위를 던지지 못하고 세 차례 동안 감옥에 머물러야 한다.

그 결과, 참가자들은 평균적으로 다른 곳보다 감옥을 세 배 이상 자주 방문 하게 된다. 사람들이 자주 방문한다고 해도 감옥을 구입할 수는 없기에, 이 정 보는 당장에는 별 도움이 되지 않는다. 그러나 바로 여기에서 수학이 중요한 역할을 한다. 감옥에 있던 경기자들이 그다음으로 가장 많이 가게 되는 곳은 어디일까? 답은 감옥에서 벗어날 때 던진 주사위에서 가장 많이 나오는 눈이 무엇이냐에 달려 있다.

주사위의 각 면이 위를 향할 확률은 동일하다. 주사위가 두 개라면 경우의 수는 6 × 6 = 36가지이며 각 경우의 확률은 모두 같다. 그러나 이러한 가능성 들을 분석해보면 2나 12가 나올 가능성이 매우 낮다는 사실을 알게 되는데, 두 개의 주사위로 2나 12를 만드는 조합은 각각 한 가지뿐이기 때문이다. 반면 7 을 만드는 조합의 수는 6이다(그림 3.08).

따라서 7이 나올 확률은 36분의 6, 6분의 1로 가장 높으며 6과 8이 그다음으로 가장 많이 나온다. 감옥에서 7이 나오면 지역 사회 칸으로 가게 되며 이 칸 역시 구입할 수 없지만, 양옆의 주황색 땅들(모노폴리 런던판이라면 보 거리Bow Street와 말보로 거리Marlborough Street)은 사람들이 그다음으로 가장 자주 오게 되는 곳이다.

운이 좋아 주황색 땅에 왔을 때 그 지역을 구입하고 호텔을 짓는다면, 감옥에 있었던 다른 경기자들이 주사위를 던져 당신의 땅에 와서 내는 세를 받으며 편하게 돈을 벌 수 있다.

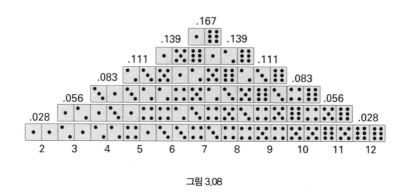

그림 3.08

넘버 미스터리 게임 쇼

게임 쇼 참가자는 두 명이다. 봉투 20장에 1부터 20까지 번호를 매긴다. 참가자 1은 20장의 종이에 각각 액수가 다른 금액을 쓰고 봉투에 한 장씩 넣는다. 참가자 2는 봉투 하나를 골라 그 안에 있는 돈을 받는다. 그는 그 돈을 가질 수도 있고 다른 봉투를 선택할 수도 있다. 다른 봉투를 선택한다면, 선택을 무르고 그전의 금액을 요구할 수 없다.

참가자 2는 봉투 안의 금액에 만족할 때까지 계속해서 봉투를 열어본다. 그 뒤 참가자 1은 모든 금액을 공개한다. 참가자 2는 그가 선택한 금액이 최고 금액일 때 20점을 받는다. 두 번째로 높은 금액일 경우는 19점을 받는 식으로 진행된다.

이제 모든 봉투가 비었고, 참가자 2는 20장의 종이에 각기 다른 액수의 돈을 적어서 각 봉투에 한 장씩 넣는다. 참가자 1은 이제 자신이 받을 수 있는 최고 금액을 알아내야 한다. 일단 봉투를 선택하고 나면 참가자 2와 같은 방식으로 점수를 받게 된다. 승자는 점수가 가장 높은 사람이다. 즉 받는 금액이 가장 높은 사람이 아니라, 점수가 가장 높은 사람이다.

이 게임의 매력은 상금의 범위를 알지 못한다는 데 있다. 최고 금액은 1파운드일 수도, 1,000,000파운드일 수도 있다. 문제는 수학적 전략으로 승률을 높일 수 있는가이다. 그렇다. 우승 전략이 있다. 바로 e에 의존하는 ― 엑스터시 ecstasy가 아니라 수학 이야기다 ― 비밀 공식이다. 수수께끼 같은 수 $e = 2.71828 \cdots\cdots$ 는 π 다음으로 수학에서 유명한 수이며, 증가growth의 개념이 중요하게 다루어지는 분야라면 어디든지 나타난다. 한 예로, 이 수는 은행 계좌에서 이자가 쌓이는 방식과도 긴밀한 관련이 있다.

당신은 투자 자금 1파운드를 가지고 여러 은행들이 제공하는 이자 상품을 알아보는 중이다. 한 은행에서는 1년 후 100%의 이자를 지급해서 당신의 돈을 2파운드로 늘려 준다고 한다. 나쁘지 않다. 그러나 다른 은행은 반년마다 50%의 이자를 지급한다. 6개월 후 은행은 당신에게 1.50파운드를 줄 것이고, 1년이 지나면 1.50파운드 + 0.75파운드 = 2.25파운드를 돌려줄 것이다. 첫 번째 은

행보다 나은 거래이다. 세 번째 은행은 일 년을 3으로 나눈 기간인 4개월마다 33.3%의 이자를 지급하는데, 계산해보면 12개월 후 $(1.333)^3 = 2.37$파운드가 된다. 일 년의 기간이 더 세분화된 복리 이자상품일수록 당신에게 이익이다.

지금쯤이면, 당신의 마음속 수학자는 일 년을 무한히 작은 시간 단위로 쪼개어 가능한 한 최대의 예금 잔고를 만들어 줄 무한 은행The Bank of Infinity이 있기를 진정 바랄 것이다. 그러나 1년을 더 잘게 나눌수록 예금 잔고가 증가하는 것은 분명하지만, 무한히 증가하지는 않고 $e = 2.71828 \cdots$ 이라는 마법의 수에 접근하는 경향을 보인다. π와 마찬가지로 e는 '순환하지 않는 무한소수'다. (소수점 아래로 무한히 계속되는 부분은 '……' 로 표현된다.) 이 수는 이 비밀 게임에서 당신을 우승자로 만들어 줄 중요한 열쇠이다.

이 게임에 담긴 수학적 의미를 분석해보면 먼저 $\frac{1}{e}$ 을 계산해야 하며, 이 값은 대략 0.37이다. 곧 전체 봉투의 37%, 즉 7개의 봉투를 먼저 열어보아야 한다. 계속해서 봉투를 열다가, 지금까지 열어본 가운데 가장 큰 액수가 적힌 봉투에서 멈춘다. 확률상 세 번에 한 번 꼴로 그 금액은 분명히 상대편이 제시한 가장 큰 액수이다. 이 전략은 이 게임에서만 통하는 전략이 아니다. 사실, 우리는 인생의 수많은 중요한 결정들을 내릴 때 이 전략을 도입하기도 한다.

처음 사귀었던 남자친구나 여자친구를 기억하는가? 그때 그들은 당신에게 정말로 운명적인 사람들이었을 것이다. 아마도 둘이 평생을 함께하는 낭만적인 꿈도 꾸었겠지만, 그 이후에는 더 나은 사람을 찾아보고 싶다는 감정이 계속해서 따라다녔을 것이다. 문제는 헤어지게 되면 대개는 다시 돌이킬 수 없다는 것인데, 그렇다면 여러 번의 이별에 종지부를 찍고 지금 선택한 사람에게 안주해야 하는 시점은 언제일까? 집을 구하는 문제도 마찬가지다. 처음 방문했을 때 환상적이었지만, 곧이어 다른 집을 더 보아야 할 필요를 느껴 마음에 들었던 처음의 집을 잃을 위험을 무릅쓰고 다시 오겠다는 언질을 주었던 적이 많지 않았는가?

넘버 미스터리 게임에서 당신을 승리로 이끈 수학은 놀랍게도 최선의 배우자 또는 최고의 집을 선택할 가능성 역시 최대한으로 높일 수 있다. 16세에 데이트를 시작한 당신이 50세까지는 인생의 동반자를 찾는다고 하자. 또한 일정하고 규칙적인 비율로 배우자감들을 거친다고 가정하자. 수학에 따르면 당신이 설정했던 기간에서 첫 37%가 되는 시점, 대략 28살에 이르는 시점까지 주변을 탐색해야 한다. 그리고 나서 그 시점까지 데이트했던 모든 사람들보다 더 나은 사람을 다음번 상대로 선택해야 한다. 세 사람 중 한 사람꼴로 최선의 배우자를 만나게 된다. 다만, 그 배우자에게 당신이 쓴 방법을 들키지 않도록 하라!

초콜릿-칠리 룰렛에서 이기는 방법

수학을 알아도 모노폴리나 넘버 미스터리 게임과 같은 게임은 역시 운에 좌우되는 부분이 있다. 그러나 지금부터 소개하는 2인 게임은 수학이 전적으로 승리를 보장한다. 13개의 초콜릿 바와 매운 칠리 고추 하나를 탁자 위에 무더기로 쌓아 놓는다. 각 경기자는 차례로 무더기에서 하나, 둘 또는 세 개씩 초콜릿 바를 가져가고, 칠리 고추를 집어가는 사람이 진다.

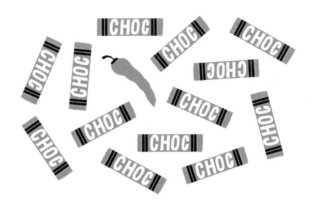

그림 3.09 초콜릿–칠리 룰렛

당신이 먼저 시작하면, 언제나 상대가 칠리 고추를 가져가게 하는 전략을 쓸 수 있다. 언제나 방금 차례에서 상대가 가져간 초콜릿 바와 당신이 가져간 것의 합이 넷이 되도록 한다. 예를 들어 상대가 초콜릿 바를 세 개 가져간다면, 당신은 하나를 가져가서 총 네 개가 없어지도록 한다. 상대가 두 개를 가져간 다면, 당신도 두 개를 가져간다.

초콜릿 바를 네 개씩 정렬할 수 있는지 파악하는 것이 승리의 비밀이다(머 릿속으로 정렬해야지 안 그랬다간 승리를 놓친다). 게임은 13개의 초콜릿 바로 시작 하기 때문에, 네 개씩 늘어놓으면 하나가 남고(물론 칠리 고추도) 따라서 처음에 당신은 첫수로 이 여분의 초콜릿 바 하나를 가져간다. 그다음 위에서 설명한 방식을 따라 게임을 계속한다. 상대의 움직임에 따라 합이 네 개가 되도록 초 콜릿 바를 집어간다. 이렇게 당신과 상대의 움직임의 조합은 결국 매번 네 개 씩 정렬된 초콜릿 바들을 한 줄씩 제거한다. 두 사람이 세 번 집어가고 나면 상 대에게는 칠리 고추만이 남는다.

그림 3.10 초콜릿 바를 재배열해서 승리하는 방법.

이 전략은 당신이 먼저 시작하는 것을 전제로 하지만, 사실 상대방이 먼저 시작하더라도 다시 유리한 위치에 설 수 있다. 예를 들어, 상대방이 먼저 하나 이상의 초콜릿 바를 가져갔다면, 그림 3.10의 초콜릿 바에서 왼쪽 첫 번째 세로줄을 제거하기 시작한 것이나 마찬가지이기 때문에 당신은 전과 마찬가지로 그 줄의 나머지를 가져가면 된다.

전체 초콜릿 바 수나 한 번에 가져갈 수 있는 최대 초콜릿 바 수를 달리하면서 게임을 확장할 수도 있다. 이전과 마찬가지로 초콜릿 바를 일정한 수로 나누는 방법을 활용하면 우승 전략이 나온다.

초콜릿−칠리 게임의 변형된 형태인 님Nim 게임에서 이기려면 더 복잡한 수학적 분석이 필요하다. 이번에는 묶음의 수가 네 개다. 첫 번째 무더기에는 초콜릿 바가 다섯 개이고, 두 번째 무더기에는 초콜릿 바가 넷이며, 세 번째 무더기에는 초콜릿 바가 셋이고, 마지막 무더기는 칠리 고추 하나로 되어 있다. 이번에는 초콜릿 바를 원하는 만큼 가져갈 수 있지만 한 무더기에서만 가져갈 수 있다. 예를 들면 첫 번째 무더기에서 다섯 개의 초콜릿 바를 모두 가져갈 수도 있고, 세 번째 무더기에서 하나의 초콜릿 바만 가져갈 수도 있다. 여기서도 칠리 고추를 가져가는 사람이 진다.

이 게임에서 이기려면 수를 십진법이 아닌 이진법으로 나타낼 수 있어야 한다. 인간은 보통 손가락이 열 개이므로 열씩 묶어 센다. 9까지 센 다음, 새로운 자리를 만들어 10이라고 쓰면 십의 단위가 하나이고 일의 단위가 0이라는 뜻이다. 컴퓨터는 이진법을 좋아한다. 각 자리는 10의 거듭제곱이 아닌 2의 거듭제곱을 나타낸다. 예를 들어 101은 2^2 = 4 단위가 하나이고 2의 단위는 0이며 일의 단위가 하나 있음을 나타낸다. 따라서 101을 십진법으로 표현하면 4 + 1 = 5이다. 표 3.02는 1부터 시작하는 몇몇 수가 이진법으로 어떻게 표현되는지 보여준다.

10진수	2진수
0	0
1	1
2	10
3	11
4	100
5	101
6	110
7	111
8	1000
9	1001

표 3.02

님 게임에서 이기려면 각 무더기의 초콜릿 바 개수를 이진수로 바꾸어야 한다. 이진수로 바꾸면 첫 번째 무더기에는 101개가 있고, 두 번째 무더기에는 100개가 있으며, 세 번째 무더기에는 11개가 있다. 마지막의 수를 011로 쓰고 세 수를 차례대로 쓰면 다음과 같다.

$$
\begin{array}{ccc}
1 & 0 & 1 \\
1 & 0 & 0 \\
0 & 1 & 1
\end{array}
$$

1열에는 1이 짝수 개 있고, 2열에는 1이 홀수 개 있으며 3열에는 1이 짝수 개 있다. 우승 전략은 각 열의 1이 짝수 개가 되도록 초콜릿 바를 가져가는 것이다. 이 경우에 세 번째 무더기에서 세 개의 초콜릿 바 중 두 개를 가져가면 초콜릿 바의 수는 001로 줄어든다. (세로 열로 보면 110, 000, 101이다. — 옮긴이)

이렇게 하면 왜 이길까? 매번 상대는 세 열 중 적어도 하나의 1이 홀수 개가 되게 할 수밖에 없다. 그다음 당신은 모든 열의 1이 다시 짝수 개가 되도록 초콜릿 바를 가져온다. 초콜릿 바의 수는 계속해서 감소하기 때문에, 어느 시점에서 누군가가 초콜릿 바를 다 집어가고 무더기 속의 초콜릿 바 수는 000, 000, 000이 될 것이다. 마지막으로 초콜릿 바를 가져가는 사람은 누구일까? 상대는 언제나 적어도 한 무더기 속에는 1을 홀수 개만큼 남기기 때문에 마지막으로 초콜릿 바를 가져가는 사람은 반드시 당신이다. 따라서 상대에게는 칠리 고추만이 남고 그는 게임에서 진다.

이 전략은 각 무더기에 얼마만큼의 초콜릿 바가 있든 관계없이 적용할 수 있다. 심지어 무더기의 수를 늘려도 된다.

마방진이 출산의 고통을 완화하고, 홍수를 예방하며, 게임에서 승리하는 데 핵심 역할을 하는 이유

수학에서 수평적 사고lateral thinking(상상력을 발휘하여 새로운 방식으로 사고함으로써 문제 해결을 시도하는 것 — 옮긴이)는 유용한 기술이다. 다른 관점에서 사물을 보면, 문제의 해답이 한순간에 명쾌하고 분명해진다. 수평적 사고의 가치는 문제를 정확하게 바라보는 방법을 발견하는 데 있다. 예를 들어 다음의 게임은 얼핏 보면 따라가기 어려워 보이지만, 다른 각도에서 이해하면 훨씬 쉬워진다. 게임을 하려면 『The Number Mysteries』웹 사이트에서 게임을 내려받고 필요한 도구들을 준비한다.

각 참가자에게는 케이크 조각을 15개까지 담을 수 있는 빈 케이크 받침대가 있다. 승자는 크기가 다른 아홉 개의 케이크 덩어리에서 세 개의 케이크 덩어리를 골라 받침대를 제일 먼저 채우는 사람으로, 가장 작은 덩어리는 케이크 한 조각이며 가장 큰 덩어리는 아홉 조각으로 되어 있다. 참가자들은 돌아가며 한 덩어리씩 선택한다.

게임에서 이기려면 1부터 9까지 더해서 15가 되는 세 수를 고르는 동시에 상대의 의도를 파악하고 그들의 작전을 방해해야 한다.

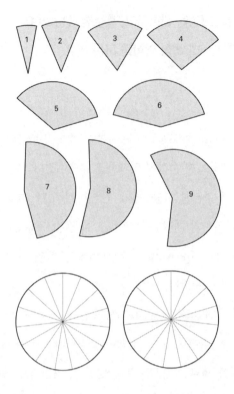

그림 3.11 세 케이크 덩어리를 선택하여 상대보다 먼저 케이크 받침대를 채운다.

따라서 만약 상대가 3조각과 8조각이 든 덩어리를 선택하였다면, 당신은 4 조각이 든 덩어리를 골라서 15조각을 완성하려는 상대의 행동을 저지해야 한 다. 당신이 바라던 덩어리를 누군가가 가져갔다면, 이미 선택한 덩어리와 남 아 있는 덩어리들을 활용하여 15조각을 만드는 다른 방법을 생각해 내야 한다. 그러나 규칙에 따라 정확히 세 개의 덩어리로 케이크 받침대를 채워야 한다. 9 조각과 6조각의 두 덩어리로 채우거나 1, 2, 4, 8조각의 네 덩어리로 채우는 것 은 허용하지 않는다.

일단 게임이 시작되면, 당신과 상대가 케이크 받침대를 채우는 모든 경우의 수를 알아내기란 상당히 어려워진다. 그러나 이 게임이 실은 익히 알려진 고전적인 삼목놀이tic-tac-toe와 같다는 사실을 알고 나면 상황은 훨씬 간단해진다. 삼목놀이는 O와 X를 그려 넣는 3 × 3격자에서 상대방보다 먼저 같은 모양으로 한 줄을 완성하면 이기게 되며, 마방진 위에서 펼쳐진다.

2	9	4
7	5	3
6	1	8

표 3.03

가장 기본적인 마방진은 1부터 9까지의 수들이 3 × 3격자에 배열된 형태로 모든 열과 행, 대각선의 수들을 더하면 15가 된다. 이러한 마방진은 1에서 9까지 세 개의 서로 다른 수를 택해 15를 만드는 모든 방법을 보여준다. 이 마방진 위에서 삼목놀이처럼 케이크 게임을 한다면 누구든 먼저 세 개로 한 줄을 만들어낸 사람은 더해서 15조각이 되는 케이크 덩어리를 상대보다 먼저 얻게 될 것이다.

한 전설에 따르면, 최초의 마방진은 기원전 2000년 중국 러훠강(洛河)에서 기어 나온 거북이의 등에 새겨진 채 발견되었다. 강이 크게 범람하자 하나라의 우 임금은 강의 신을 달래기 위해 수많은 제물을 바쳤다. 이에 대한 답으로 강의 신은 거북이를 보냈고, 그 등에 수들의 패턴을 새겨 황제가 강을 다스리도록 도와주겠다는 의미를 전했다. 마방진이 발견되자 중국의 수학자들은 같은 방식으로 배열된 더 큰 정사각형들을 그리기 시작했다. 사람들은 이 정사각형에 엄청난 주술적 효과가 있다고 믿고 점치는 일에 마방진을 널리 사용했다. 9 × 9 마방진은 중국의 수학자들이 이룬 가장 인상 깊은 업적이다.

중국의 무역상들은 향신료뿐만 아니라 수학적 아이디어들도 거래했으며, 기록에 따르면 이들은 마방진을 인도에 알렸다. 다양한 크기의 정사각형에 수들이 짜이는 방식은 힌두교의 윤회관과 강하게 공명했고, 인도인은 향수 제조법의 기록에서 출산 보조에 이르기까지 다양한 분야에 마방진을 활용했다. 마방진은 중세 이슬람 문화에서도 유행했다. 무슬림은 훨씬 더 체계적으로 수학에 접근하여 마방진을 생성하는 기발한 방법들을 만들어냈는데, 그 방법은 13세기에 15 × 15 마방진이라는 놀라운 발견에서 정점을 이루었다.

16	3	2	13
5	10	11	8
9	6	7	12
4	15	14	1

그림 3.12 알브레히트 뒤러의 마방진.

유럽에서 최초로 등장한 마방진 중 하나는 알브레히트 뒤러의 판화「멜랑콜리아Melancholia」에 나오는 4 × 4 마방진이다. 이 마방진에서 1부터 16까지의 수들은 모든 열과 행, 대각선상의 합이 34가 되도록 배열된다. 그뿐만 아니라, 각 사분면 — 전체 정사각형을 쪼개서 만들 수 있는 네 개의 2 × 2 정사각형 — 과 중앙의 2 × 2 정사각형의 수들의 합도 34이다. 심지어 뒤러는 가장 아래쪽 열의 중앙에 있는 두 수가 판화를 제작한 연도 1514를 나타내도록 의도적으로 배열했다.

다양한 크기의 마방진은 전통적으로 태양계의 행성들과 관련되었다. 고전적인 3 × 3 정사각형은 토성, 「멜랑콜리아」에 나타난 4 × 4 정사각형은 목성, 가장 큰 9 × 9 정사각형은 달에 해당되었다. 한 가설에 따르면 뒤러는 목성이 의미하는 기쁨이 그가 제작한 판화 전체를 지배하는 우울감을 상쇄할 수 있다는 믿음을 보여주려고 마방진을 사용했다고 한다.

또 다른 유명한 마방진은 스페인의 바르셀로나에 위치한, 아직까지 미완공 상태인 화려한 성 가족 성당Sagrada Familia의 입구에서 찾아볼 수 있다. 이 4 × 4 정사각형의 마법의 수는 33으로, 십자가에 못 박힐 당시 예수의 나이와 같다. 이 정사각형에는 4와 16이 없고 14와 10이 두 번 나온다는 점에서 뒤러의 정사각형만큼 만족스럽지는 않다.

마방진은 수학적으로 흥미로운 대상이지만, 그와 관련하여 수학자들이 해결하지 못한 문제가 있다. 3 × 3 마방진은 본질적으로 하나밖에 없다('본질적으로'란 조건은 마방진을 회전하거나 반사시켜서 얻은 결과를 원래의 마방진과 같다고 본다는 뜻이다). 1693년 프랑스인 베르나르 프레니클 드 베시는 880개의 모든 4 × 4 마방진을 작성했으며, 1973년 리처드 슈뢰펠은 5 × 5 마방진의 종류를 컴퓨터 프로그램으로 계산하여 275,305,224개라는 결과를 얻었다. 더 큰 마방진과 관련하여, 모든 6 × 6 마방진과 그 이상의 마방진의 수가 몇이나 될지 우리는 추정만 할 뿐이다. 수학자들은 모든 마방진의 개수를 정확하게 알려주는 공식을 찾고 있다.

스도쿠는 누가 발명했을까?

스도쿠의 본질은 마방진에 매료된 수학자들이 만든 퍼즐에 있다. 일반적인 카드 한 벌에서 그림 카드(킹, 퀸, 잭)와 에이스 카드를 선택하여 모든 행과 열에서 같은 모양이나 계급의 카드가 나타나지 않도록 4 × 4 격자에 배열해보자. 이 문제는 1694년 프랑스 수학자 자크 오자낭이 최초로 제시하였으며, 그는 스도쿠를 최초로 고안해낸 인물로 추정된다.

골치 아픈 이 문제를 확실하게 해결한 수학자 중 한 사람이 바로 레온하르트 오일러이다. 그가 사망하기 몇 해 전이었던 1799년, 오일러는 이와 비슷한 문제를 생각해냈다. 여섯 명의 군인이 각각 배치된 여섯 연대가 있다. 연대별로 군복의 색깔은 다르다. 그 색깔을 빨강, 파랑, 노랑, 초록, 주황, 보라색이라고 하자. 각 연대에 속한 군인들의 계급 역시 모두 다르다. 계급이 대령, 소령, 대위, 중위, 상병, 그리고 일병으로 나누어진다고 하자. 문제는 군인들을 6 × 6 격자에 배치하는 것으로, 이때 어떤 열(또는 행)에서도 같은 계급이나 연대 소속의 군인들이 있어서는 안 된다. 오일러는 6 × 6 격자의 문제를 내면서 그와 같은 조건을 만족하도록 36명의 군인을 배치할 수 없다고 생각했다. 1901년이 되어서야 프랑스의 아마추어 수학자 가스통 태리는 오일러가 옳았음을 증명했다.

오일러는 같은 문제를 10 × 10, 14 × 14, 18 × 18 등과 같이 4씩 커지는 격자에 대해 풀 수 없다고 생각했다. 그러나 1960년, 세 명의 수학자들은 컴퓨터의 도움을 받아 10개 연대 소속의 서로 다른 계급인 10명의 병사들을 오일러의 규칙대로 10 × 10 격자에 배치할 수 있음을 증명하였다. 이들은 계속해서 오일러의 직감을 반증하여 6 × 6 격자에서만 오일러식 배치가 불가능함을 증명했다.

오일러의 문제를 5 × 5 격자에서 시도해보고 싶다면 『The Number Mysteries』 웹 사이트에서 관련 파일을 내려받아 다섯 계급과 다섯 연대를 정한 후 어떤 행이나 열에서도 같은 계급이나 연대 소속의 군인이 없도록 5 × 5 격자에 배치할 수 있는지 확인해본다. 이러한 마방진들은 때로 그래코-라틴Graeco-Latin 정사각형이라 불리기도 한다. 처음 n개의 라틴 알파벳과 그리스 알파벳으로 $n \times n$개의 모든 라틴-그리스 알파벳 문자쌍을 쓴다. 이제 이 문자쌍들을 어떤 행이나 열 안에도 같은 라틴 문자나 그리스 문자가 없도록 $n \times n$ 격자에 배열한다.

스도쿠는 오일러의 군인 퍼즐과 약간 다르다. 고전적인 형태의 스도쿠에서는 1부터 9까지 9개의 수들을 9 × 9 격자에 배열하는데 어떤 행이나 열, 3 × 3 사분면에서도 같은 수가 두 개 있어서는 안 된다. 시작할 때부터 몇 개의 수들이 이미 격자에 배열된 상태이며 나머지 칸을 채우면 된다. 이 게임을 하는 데 수학이 필요 없다고 말하는 사람은 믿지 마라. 그들의 말은 산술을 할 필요가 없다는 뜻일 뿐이다. 스도쿠는 본질적으로 논리 퍼즐이다. 아래의 오른쪽 가장자리에 3이 들어가야 한다고 판단하기까지의 논리적 추론 그 자체도 수학이다.

스도쿠와 관련된 흥미로운 수학적 문제들이 몇 가지 있다. 그중 하나. 스도쿠 규칙에 따라 9 × 9 격자에 수들을 배열하는 방법은 몇 가지나 될까? (여기서도 우리는 '본질적으로' 서로 다른 방법에 대해 묻는 것이다. 둘 사이에 어떠한 단순한 대칭이 있는 경우, 이를테면 두 열을 교환했을 때 배열이 같아진다면 우리는 그 두 가지 경우를 본질적으로 같다고 여긴다.) 답은 2006년 에드 러셀과 프레이저 자비스Frazer Jarvis가 계산한 값인 5,472,730,538가지이다. 이 정도면 앞으로 한동안 신문에 실을 스도쿠 퍼즐이 부족할 일은 없을 것이다.

스도쿠와 관련된 다른 수학 문제는 아직도 완전히 해결되지 않았다. 스도쿠에서 이미 채워진 사각형을 제외한 나머지 사각형들을 채우는 방법이 단 하나가 되려면, 미리 채워져 있어야 할 사각형의 수는 최소한 몇 개일까? 분명히 너무 적게 채우면 — 이를테면 세 개 — 스도쿠를 완성하는 방법의 수를 한 가지로 만들기에는 정보가 충분하지 않기 때문에 여러 가지 방법이 가능할 것이다. 수학자들이 현재 추정하는 바로는 적어도 17개의 사각형을 채워 넣어야 스도쿠 퍼즐을 완성하는 방법이 단 하나가 된다. 이러한 문제들은 여가 시간에 푸는 퍼즐의 수준과 다르다. 스도쿠 속에 담긴 수학은 다음 장에서 보게 될 오류 수정 코드에서 중요한 의미를 갖는다.

정사각형이 정해 주는 삶

프랑스 소설가 조르주 페렉은 자신의 1978년 소설 『인생 사용법Life: A User's Manual』에서 그래코−라틴 사각형을 활용했다. 책은 99개의 장으로 이루어졌으며, 각 장은 층마다 10개의 방이 있는 파리의 어느 10층 아파트의 각 방에 대응된다(66번째 방은 등장하지 않는다). 각 방은 그래코-라틴 사각형의 어느 한 지점에 대응된다. 그러나 자신이 만든 사각형에서 페렉은 10개의 그리스어와 10개의 라틴어 문자 대신 각각 10명씩 두 리스트에 적힌 작가 20명의 이름을 사용한다.

특정 방에 관한 장을 쓸 때, 그는 그 방에 배정된 두 명의 작가가 누군지 조사하고 그 장이 진행되는 동안 두 작가가 쓴 책 속의 구절들을 반드시 인용한다. 예를 들면, 50장에서는 구스타브 플로베르Gustave Flaubert와 이탈로 칼비노Italo Calvino의 책 속 구절을 인용해야 한다. 그런데 이 체계를 따라야 하는 것은 작가뿐만이 아니었다. 페렉은 총 21개의 그래코-라틴 사각형을 사용하였으며, 각 사각형은 10개의 대상으로 구성된 두 집단으로 채워지는데 그 대상은 가구, 예술 양식, 역사 속의 한 시기에서 방 거주자들이 취하는 자세에까지 이른다.

수학으로 기네스북에 오르려면?

사람들은 온갖 기이한 방식으로 기네스북에 이름을 올린다. 이탈리아 회계사 미켈레 산텔리아는 64권의 책(단어 수 3,361,851, 문자 수 19,549,382)을 원어 그대로 거꾸로 타자로 쳐서 기네스북에 올랐다. 64권의 책 중에는 오딧세이, 맥베스, 불가타역(譯) 성서와 2002년 기네스북 등이 있었다. 영국 더비셔 주 글로솝 주민 켄 에드워즈는 1분 동안 바퀴벌레를 가장 많이 — 36마리 — 먹어서 기네스북에 올랐으며, 미국인 애쉬리타 퍼만은 12시간 27분 동안 37.18킬로미터를 스카이 콩콩으로 달려서 기네스 기록을 세웠다. 그는 가장 많은 기네스 기록을 보유한 사람이기도 하다! 명예로운 기네스북에 수학으로 이름을 올릴 방법은 없을까?

기네스북에서는 1961년부터 런던 지하철의 모든 역을 가능한 한 가장 짧은 시간 내에 들르는 도전 기록을 측정하고 있다. 지하철 도전Tube Challenge이라 부르는 이 부문에서 마틴 헤이즐, 스티브 윌슨, 앤디 제임스는 2009년 12월 14일, 6시간 44분 16초의 기록을 세웠다. 어려운 일이겠지만 이 기록을 깨고 싶다면, 지하철 노선도를 수학적으로 분석해 보길 바란다. 모든 역을 적어도 한 번씩 통과하는 최단 거리를 짜는 데 도움이 될 것이다.

지하철 도전과 비슷한 종류의 게임은 이전에도 있었다. 18세기 프로이센의 도시 쾨니히스베르크Konigsberg에서 진행된 게임은 이보다 덜 복잡했다. 프레겔 강의 두 지류는 도심부에 있는 섬을 휘감으며 흐르다가 서쪽에서 만나 발틱 해로 흘러나간다. 18세기에는 프레겔 강 위에 7개의 다리가 있었고, 도시 주민들은 무료한 일요일 오후의 심심풀이로 모든 다리를 단 한 번씩만 건너는 방법이 있는지를 생각했다. 지하철 도전과 달리 이 문제는 빠르기와 관련이 없었으며 다만 그런 여정 자체가 가능한지를 묻는 문제였다. 그러나 사람들이 아무리 열심히 시도해도 언제나 통과하지 못하는 다리가 하나씩 남았다. 이것은 정말로 불가능한 도전일까, 아니면 7개의 다리를 모두 건널 수 있는 경로가 있지만 주민들이 미처 발견하지 못했던 것일까?

이 문제는 결국 그래코-라틴 사각형의 문제를 제시했던 스위스의 수학자 레온하르트 오일러가, 쾨니히스베르크로부터 북동쪽으로 500마일 정도 떨어진 상트페테르부르크 학술원에서 강의 중에 해결했다. 오일러는 중대한 개념상의 도약을 했다. 그는 도시의 실제 물리적 차원은 문제와 관련이 없음을 깨달았다. 핵심은 다리들이 어떻게 연결되는지였다(같은 원리가 런던 지하철의 위상 지도에 적용된다). 쾨니히스베르크의 다리들로 연결된 네 지역을 각각 하나의 점으로 압축하면, 다리는 그 점들을 연결하는 선이 된다. 이렇게 생겨난 쾨니히스베르크의 다리 지도는 훨씬 더 단순한 형태의 런던 지하철 노선도처럼 보인다(그림 3.13).

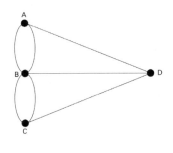

그림 3.13

모든 다리를 거쳐 가는 경로가 존재하는지의 문제는, 결국 연필을 떼지 않고 같은 곳을 두 번 지나지 않으면서 지도 위의 모든 길을 따라 그릴 수 있느냐의 문제가 된다. 새로운 수학적 관점에서 문제를 본 오일러는 7개의 다리를 한 번씩, 그리고 오직 한 번만 건너는 일이 사실상 불가능함을 알 수 있었다.

그렇다면 왜 불가능할까? 지도를 그려보면 알겠지만, 여정에서 거치는 각 점에는 반드시 들어오는 선 하나와 나오는 선 하나가 있다. 그 점을 다시 한 번 지나가면, 그 점으로 들어가는 새로운 '다리'와 그 점에서 나오는 새로운 '다리'를 건너게 된다. 따라서 여정의 시작과 끝 점을 제외한 모든 점에는 짝수 개의 선이 있어야 한다.

쾨니히스베르크의 7개 다리 지도를 보면 네 점 각각에서 홀수 개의 다리들이 만나는 모습을 볼 수 있다. 따라서 각각의 다리를 오직 한 번만 건너서 도시를 순회하는 경로는 없음을 알 수 있다. 오일러는 자신의 분석을 확장했다. 만약 지도에서 홀수 개의 선이 만나는 점이 정확히 두 개라면, 펜을 떼지 않고 같은 선이 두 번 지나지 않게 지도를 따라 그리는 일이 가능하다. 이때, 출발점과 도착점은 홀수 개의 선이 만나는 두 점이어야 한다.

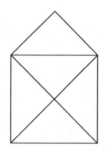

그림 3.14 오일러의 이론에 따르면 이 모양은 지면에서 펜을 떼지 않고
같은 선을 두 번 지나지 않게 그릴 수 있다.

오늘날 수학자들이 말하는 이 오일러 경로Eulerian path를 그릴 수 있는 두 번째 지도가 있다. 바로 모든 점에서 짝수 개의 선이 만나는 지도이다. 이와 같은 지도에서, 경로는 언제나 출발점과 도착점이 같은 폐회로가 되기 때문에 어느 점이든 출발점으로 삼아도 된다. 설사 경로를 식별하기가 어렵다고 해도, 오일러의 이론에 따르면 위에서 언급한 두 종류의 지도 중 어느 하나에 속하는 한 그 지도에는 분명히 오일러 경로가 있다. 이것이 바로 수학의 힘이다. 꽤 많은 상황에서 수학은 무언가를 직접 구성해보지 않고도 그것이 존재함을 알려준다.

오일러 경로가 존재함을 보일 때, 우리는 수학자의 전통적인 무기인 귀납법을 사용한다. 귀납법은 높은 사다리를 오르거나 로프를 타고 폭포를 내려갈 때, 고소 공포를 극복하기 위해 내가 쓰는 방법과 유사하다. 한 번에 한 걸음씩 내딛는 것이다.

우선 연필을 지면에서 떼지 않은 채 일정 개수의 선으로 이루어진 지도를 그리는 방법을 상상한다. 하지만 눈 앞에는 지금까지 봐 왔던 것보다 모서리가 하나 더 많은 지도가 있다. 이 새로운 지도를 그릴 수 있다는 사실을 어떻게 보일까?

각 점에서 나오는 선의 개수가 홀수 개인 두 개의 점을 각각 A, B라고 하자. 여기서 선이 홀수 개인 두 점 중 하나를 택해 하나의 선을 제거하는 교묘한 수를 쓴다. 점 B에서 또 다른 점인 C로 가는 선 하나를 제거하는 셈이다. 이렇게 하나의 선이 제거된 지도에는 여전히 점에서 나오는 선의 개수가 홀수 개인 점이 두 개 있다. 바로 A와 C다(B는 좀 전에 하나의 선을 제거했으므로 짝수 개이다. C의 경우 B를 잇는 선이 제거되었으므로 홀수 개이다). 이제 새로운 지도는 작아져서 훨씬 그리기 쉬워졌으며, 경로의 시작점은 A이고 끝점은 C가 된다. 원래의 더 큰 지도 역시 이제는 간단히 그릴 수 있다. 좀 전에 제거했던 선을 추가해서 C와 B를 이으면 된다. 끝!

몇 가지 예외들은 분석이 필요하다. 예를 들면, B에서 시작하여 B와 A를 잇는 선이 오직 하나 뿐으로, A와 C가 같은 점이라면 어떨까? 오일러 증명의 정수는 왜 오일러 경로가 반드시 존재해야 하는지를 한 단계씩 구성해나가는 아름다운 기법에 있다. 사다리를 타고 한걸음 한걸음씩 올라가듯이, 이 기법은 아무리 큰 지도와 마주친다 해도 적용할 수 있다.

오일러 정리의 위력을 실감하고 싶다면 친구에게 가능한 한 가장 복잡한 지도를 그리는 문제를 내보자. 홀수 개의 선이 만나는 지점들의 수를 세기만 하면, 오일러 정리를 이용하여 지면에서 펜을 떼지 않고 똑같은 길을 두 번 지나지 않게 그 지도를 그릴 수 있는지를 바로 맞출 수 있다.

최근 나는 제2차 세계대전 이후에 칼리닌그라드로 개명된 쾨니히스베르크로 순례 여행을 떠났다. 그곳은 오일러가 살았던 때와는 판이하게 달라졌다. 연합국의 폭격으로 황폐해졌기 때문이다. 그러나 전쟁 전에 있었던 다리 중 나무다리Holzbrucke와 벌꿀다리Honigbrucke, 높은다리Huhe Brucke는 아직 그대로였다. 내장의다리Kuttelbrucke와 대장장이다리Schmiedebrucke는 완전히 사라졌다. 나머지 녹색다리GruneBrucke와 상인다리Kramerbrucke는 전쟁 중 파괴되었다가 도시를 가로지르는 거대한 고속도로로 재정비되었다.

보행자들도 이용 가능한 새 철교는 이제 도시 서쪽 프레겔 강의 양쪽 기슭을 연결하며, 황제다리Kaiser Bridge라 불리는 새로 놓인 다리는 과거의 높은 다리와 같은 길로 인도한다. 천생 수학자인 나에게 순간 떠오른 생각은 심심풀이 게임을 즐기던 18세기 사람들처럼 오늘날의 다리들을 순회할 수 있을까였다.

오일러의 수학적 분석에 따라, 홀수 개의 다리가 나오는 지점이 정확히 두 군데라면 두 지점 중 한 군데에서 시작하여 다른 지점에서 끝나는 오일러 경로가 존재한다. 오늘날 칼리닌그라드의 다리 배치도를 확인해 본 나는 그와 같은 여정이 사실상 불가능함을 알았다.

쾨니히스베르크 다리의 이야기가 중요한 까닭은 그 이야기가 수학자들에게 기하와 공간을 보는 새로운 방법을 알려주었기 때문이다. 길이와 각에 관심을 두지 않는 이 새로운 관점은 형태들이 어떻게 연결되는지에 집중한다.

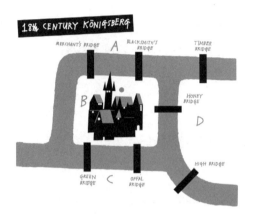

그림 3.15 18세기 쾨니히스베르크의 다리.

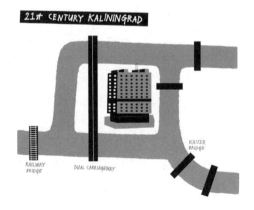

그림 3.16 21세기 쾨니히스베르크의 다리.

지난 백 년 동안 연구한 가장 영향력 있는 수학의 한 분야이자 우리가 2장에서 살펴보았던 위상수학은 이렇게 탄생하였다. 쾨니히스베르크 다리 문제에서 비롯된 수학은 이제 구글을 비롯한 현대의 검색 엔진에서, 통신망 경로를 가장 최적화하려는 운영 원리로 쓰이기도 한다. 위상학은 심지어 런던 지하철의 모든 역을 순회하는 가장 효율적인 방법을 계획하는 데 도움을 줄 수도 있다. 당신이 지하철 도전에 뛰어든다면 말이다.

프리미어 리그로 백만 달러를 버는 방법

시즌 중반을 넘어섰는데도 응원하는 축구 팀이 여전히 중하위권에서 제자리걸음하는 상황을 지켜보고 있다면, 답답한 마음에 혹시라도 그 팀이 이론적으로 리그 타이틀을 딸 수 있는지 알고 싶을 것이다. 흥미롭게도 그 질문에 답할 때 필요한 수학은 이 장의 백만 달러짜리 문제와 직결된다.

리그 타이틀을 따는 일이 수학적으로 가능한지를 알아보기 위해, 우선 당신의 팀이 남은 경기에서 모두 이겨서 경기마다 승점 3점을 딴다고 가정하자. 문제는 승점표에서 나머지 다른 점수들이 어떻게 분포되는지 살펴볼 때 나타난다. 현재 당신의 팀보다 우위에 있는 팀들을 따라잡으려면 그 팀들이 경기에서 어느 정도 져 주어야 한다. 그러나 그 팀들끼리도 경기를 하는 이상, 당신보다 우위에 있는 팀들이 모든 경기에서 질 수는 없으므로 남은 경기들의 승무패 조합 중 당신의 팀을 1등으로 만들어주는 조합을 찾아야 한다. 승리의 조합이 존재하는지를 확인하는 현명한 방법이 없을까?

즉, 오일러가 지도 그리기에서 쓴 기발한 수법처럼 모든 가능한 시나리오의 결과를 일일이 확인해 보지 않아도 되는 방법을 찾아야 한다. 안타깝게도, 현재 우리는 그와 같은 묘수가 있는지 모른다. 그같은 묘수를 최초로 찾아내거나, (찾아내지 못한다면) 문제가 본질적으로 갖는 복잡성을 밝혀 소모적인 검색만이 유일한 해법임을 증명한다면 백만 달러를 벌 수 있다.

흥미롭게도 1981년 이전에는 시즌 중반에 이를 예측할 수 있는 효율적인 프로그램이 있었다. 1981년 이전에 열린 경기의 승점은 2점밖에 되지 않았고, 양 팀이 비기면 1점씩 나눠 가졌다. 이 사실은 시즌당 얻는 총점이 일정함을 의미하기 때문에 수학적으로 중요하다. 예를 들어 20개 팀이 경기하는 프리미어 리그에서, 각 팀은 38번의 경기를 한다(19개 팀을 상대로 하는 홈 앤 어웨이 방식). 따라서 총 20 × 38 경기이다 …… 각 경기를 두 번씩 중복해서 센다면 말이다. 아스널 대 맨체스터 유나이티드 경기는 맨체스터 유나이티드 대 아스널 경기와 같다. 따라서 총 10 × 38 = 380개의 경기가 있다. 1981년 이전 점수 제도에 따르면 시즌이 끝날 때 총 점수는 2 × 380 = 760점이고 이 점수가 20개의 팀에 분배되는 셈이다. 이 사실은 시즌 중반에 리그 타이틀을 딸 가능성을 확인하는 프로그램의 핵심이었다.

1981년에는 수학적으로 모든 것이 변했다. 비길 때의 승점은 총 2점(각 팀에 1점씩)으로 같았지만, 이기는 팀의 승점이 3점이 되면서 시즌 마지막의 총점이 어떻게 나올지 미리 알지 못하게 되었다. 모든 경기가 비기면 총점은 이전과 똑같은 760점이다. 그러나 비기는 경기가 없다면 총점은 1,140이 되며, 이러한 변화 때문에 프리미어 리그 문제는 풀기가 어려워졌다.

당신이 축구 팬이 아니라 해도 프리미어 리그 문제와 같은 수많은 형태의 문제들을 접할 수 있다. 외판원의 길찾기 문제가 전형적인 형태이다. 문제는 다음과 같다. 외판원인 당신은 서로 다른 도시에 사는 11명의 고객을 방문해야 하며, 도시들은 다음 지도에서처럼 연결되어 있다. 그러나 차의 연료로는 238마일까지밖에 여행하지 못한다.

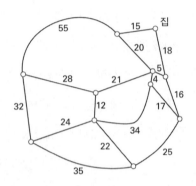

그림 3.17 외판원의 길찾기 문제의 예. 지도상의 모든 지점을 방문한 뒤 시작점으로 돌아오는 총 거리가 238마일 이하인 경로가 있는가?

도시 간 거리는 그들을 잇는 길 위에 표시되어 있다. 중간에 연료가 떨어지는 일 없이 11명의 고객을 모두 방문하고 집으로 돌아올 수 있을까? (답은 이 장의 끝에 있다.) 이러한 문제를 풀 때는, 완결 탐색exhaustive search 곧 경로의 모든 경우를 일일이 조사하는 방법보다 훨씬 빠르게 최단 경로를 찾아내는 컴퓨터 프로그램이나 일반화된 알고리듬을 발견하는 것이 중요하며 이 일을 해낸 사람은 상금으로 백만 달러를 탈 수 있다. 경로의 가짓수는 도시의 수가 늘어날수록 기하급수적으로 증가하기 때문에, 완결 탐색은 사실상 불가능하다. 프로그램을 발명할 수 없다면 그와 같은 프로그램이 존재하지 않는다는 증명을 해도 된다.

수학자들은 이러한 종류의 문제들은 일반적으로 자체에 내재한 복잡성 때문에 무슨 기발한 묘수를 써도 해답을 찾지 못하리라고 생각한다. 나는 이러한 문제들을 '건초더미 속에서 바늘 찾기' 문제라고 부르곤 하는데, 가능한 해답이 본질적으로 무궁무진한 상황에서 특정한 하나의 답을 찾아야 하기 때문이다. 학술상의 이름은 NP-완전 문제NP-complete problem이다.

이러한 문제들에서 나타나는 주요 특징 중 하나는 일단 바늘을 찾았을 때 그 바늘이 실제로 원하던 바늘인지, 조건을 만족하는지 확인하기는 쉽다는 점이다. 일단 238마일 이하의 경로를 찾아내기만 하면, 바로 그것을 답이라고 말할 수 있다. 마찬가지로, 시즌의 나머지 경기 결과들에 대한 올바른 조합을 알아낸다면, 수학적으로 당신의 팀이 챔피언이 될 가능성이 있는지를 그 자리에서 바로 알게 된다. P-문제에는 해답을 찾는 효율적인 프로그램이 존재한다. 백만 달러짜리 문제는 다음과 같이 제시되어도 좋을 것이다. NP-완전 문제는 사실상 P-문제인가? 수학자들은 이 질문을 NP 대 P라고 부른다.

모든 NP-완전 문제들에 공통된 또 다른 매우 기묘한 특징이 있다. 어느 한 문제를 해결하는 효율적인 프로그램이 있다면, 그 프로그램은 나머지 문제들도 모두 해결할 수 있다. 예를 들어 외판원에게 최단 경로를 알려주는 똑똑한 프로그램이 있다면, 그 프로그램을 당신의 팀이 아직도 우승 가능성이 있는지를 확인해주는 효율적인 프로그램으로 바꿀 수 있다. 어떻게 이러한 일이 가능한지 예를 보이기 위해, 확연히 달라 보이는 아래의 두 '건초더미 속의 바늘' 곧 NP-완전 문제들을 보자.

외교적인 수완을 발휘해야 하는 파티 문제

당신은 친구들을 초대해 파티를 하고 싶지만, 친구들 중 몇몇은 서로 마주치기도 싫어한다. 당신 역시 그들이 서로 마주치게 하고 싶지 않다. 그래서 세 번의 파티를 열어서 각각 다른 사람들을 초대하기로 한다. 사이가 좋지 않은 두 친구가 같은 파티에 오지 않도록 초대장을 보낼 수 있을까?

세 가지 색 지도 문제

2장에서는 최대 네 가지 색으로 모든 지도를 칠할 수 있음을 보였다. 그러나 세 가지 색으로도 모든 지도를 칠할 수 있는지를 알려주는 효율적인 방법은 없을까?

세 가지 색 지도 문제가 어떻게 외교적 수완이 필요한 파티 초대에 도움을 줄까? 다음과 같이 친구들의 이름을 쓰고 서로 싫어하는 친구들을 선으로 이어보자.

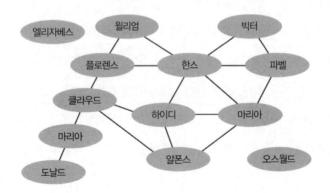

그림 3.18 같은 파티에 초대할 수 없는 두 사람을 선으로 잇는다.

우선 세 가지 색으로 이름표를 칠하는데 이때 각각의 색은 서로 다른 파티에 해당한다. 이렇게 하면 누구를 어느 파티에 초대할지 결정하는 일은 선으로 연결된 친구들이 같은 색이 되지 않도록 그림 3.18의 이름표를 색칠하는 방법을 찾는 문제와 같다. 이때 친구들의 이름을 다른 것으로 대체하면 어떠한 일이 일어나는지 보자(그림 3.19를 보라).

서로 싫어하는 친구들의 이름은 유럽의 국가 이름으로, 그 친구들을 연결하는 선은 국경선이 되었다. 어떤 친구들을 골라 함께 어느 파티로 초대해야 하는지를 선택하는 문제는 이제 유럽 지도에 나타난 국가들을 세 가지 색 중 어느 색으로 칠해야 하는지의 문제가 되었다.

외교적 수완이 필요한 파티 문제와 세 가지 색 지도 문제는 형태만 다른 동일한 NP−완전 문제이며, 따라서 하나의 P−완전 문제를 해결하는 효율적인 방법을 찾으면 모든 NP−완전 문제가 풀린다! 아래에 상금 백만 달러를 위해 도전해 볼 법한 여러 문제들을 모아 놓았다.

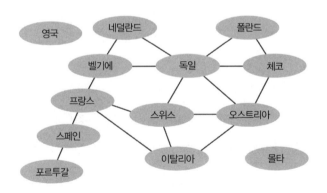

그림 3.19 같은 경계를 공유하는 두 나라를 선으로 잇는다.

| 지뢰 찾기 |

이것은 마이크로소프트 운영 체제에서 제공하는 컴퓨터 게임이다. 게임의 목표는 지뢰 격자를 잘 피하는 것이다. 격자 속의 사각형 하나를 클릭했을 때, 그 속에 지뢰가 없다면 주변에 지뢰가 든 사각형이 몇 개가 있는지 나온다. 만약 지뢰를 클릭했다면 …… 거기서 게임은 끝난다. 그러나 백만 달러가 걸린 지뢰 찾기 문제의 규칙은 조금 다르다. 실제 게임에서는 지뢰가 절대 그림 3.20과 같이 배열되지 않는다. 1은 열지 않은 두 사각형 중 하나만이 지뢰라는 것을 의미하고, 2는 둘 다 지뢰임을 의미하기 때문이다.

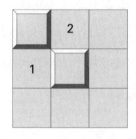

그림 3.20

그러나 다음 그림은 어떠한가? 실제 게임에서 나올 수 있을까? 이 수들이 모순되지 않게 지뢰를 놓는 방법이 있을까? 아니면, 실제 게임에서 지뢰를 어떻게 배열해도 그림 3.21과 같은 수의 배열은 나올 수 없을까? 그림 3.21과 같은 상황이 실제 게임에서 나올 수 있는지 판단하는 효율적인 프로그램은 아직 발명되지 않았다.

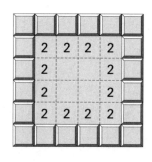

그림 3.21

| 스도쿠 |

임의의 거대한 스도쿠를 푸는 효율적인 프로그램을 찾는 문제도 NP-완전 문제이다. 간혹 진짜로 어려운 스도쿠를 풀 때 당신은 몇 가지 추측을 한 뒤, 그 추측들의 논리적 관계를 끝까지 따라가 보아야 한다. 추측대로 하나씩 시도해 가면서 모순되지 않는 해답을 찾아내는 방법 외에 다른 식으로 추측을 만드는 기발한 알고리듬 등은 아직 나타나지 않았다.

| 상자 채우기 문제 |

당신은 이삿짐 회사를 운영한다. 포장 상자는 화물차의 내부 면적에 맞게 제작되었으며, 가로 길이와 높이가 같다(사실은 그보다 더 작아서 상자들을 틀어넣어야 한다). 그러나 포장 상자들의 세로 길이는 서로 다르다. 화물차의 세로 길이는 150피트이고, 포장 상자들의 세로 길이는 16, 27, 37, 42, 52, 59, 65, 95피트이다.

가능한 한 효율적으로 화물차를 채우도록 상자들을 조합하는 방법을 알 수 있겠는가? 어떤 수 N과 그보다 작은 수들의 집합 $n(1)$, $n(2)$, ……, $n(r)$이 주어졌을 때, 당신은 이 집합 안의 수들을 잘 선택하면 더해서 N이 되는지 판단하는 알고리듬을 찾아야 한다.

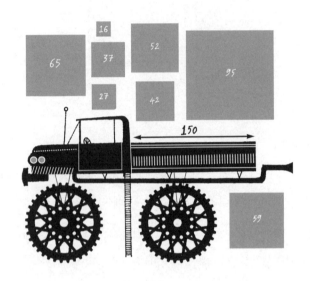

그림 3.22 상자 채우기는 수학적으로 복잡한 문제이다.

이 문제는 단순한 게임에 그치지 않는다. 이들은 여러 산업과 사업체들이 각종 실제적인 문제에서 가장 효율적인 해답을 필요로 할 때 직면하는 문제들이다. 공간의 낭비나 연료의 과도한 소비는 비용 손실로 이어지기 때문에, 회사의 경영자들은 많은 경우 이러한 NP-문제를 풀어야 한다. 심지어 전자통신에서 사용하는 일부 암호의 해독 역시 NP-문제의 해결에 달려 있다. 따라서 여기 제시된 백만 달러짜리 문제의 해답에 관심을 갖는 사람은 비단 수학자나 퍼즐 중독자만이 아니다.

축구 리그의 수학적 분석이든, 파티 일정의 조정이든, 지도 색칠하기나 지뢰 찾기든, 이 장의 백만 달러짜리 문제는 너무나도 다양한 가면을 쓰고 등장하기 때문에 어떠한 형태든 당신이 끌리는 문제가 하나쯤 있을 것이다. 그러나 경고한다. 그저 재미난 게임처럼 보인다고 해도 이 문제는 가장 어려운 백만 달러짜리 문제 중 하나이다. 수학자들은 이러한 문제들에 어떠한 본질적인 복잡성이 있어서 효율적인 해결 프로그램은 존재하지 않는다고 믿는다. 문제는 어떤 것이 존재하지 않음을 증명하기란 존재함을 증명하기보다 언제나 더 어렵다는 사실이다(흔히 '악마의 증명'이라고 한다 — 옮긴이). 그러나 이 장의 백만 달러짜리 문제들을 푸는 동안 적어도 재미는 느낄 수 있을 것이다.

정답

복권 당첨 번호

당첨 번호는 2 3 5 7 17 42 였다.

외판원의 길찾기 문제

238마일의 경로는 다음과 같다.

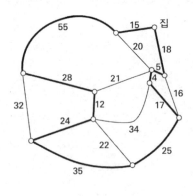

그림 3.23

$$15 + 55 + 28 + 12 + 24 + 35 + 25 + 17 + 4 + 5 + 18 = 238$$

4장
해독할 수 없는 암호

처음 의사소통하는 법을 익힌 이래, 사람들은 점점 적으로부터 메시지를 숨기는 더 교묘한 방법들을 찾아냈다. 어쩌면 당신도 레오나르도 다빈치가 그랬듯 형제나 자매가 읽을 수 없도록 자신만이 알아볼 수 있는 암호로 일기를 썼던 경험이 있을지 모른다. 그러나 암호는 무언가를 비밀로 할 때 외에도 오류없이 정보가 전달되는지 등을 확인하는 용도로도 쓰인다. 이렇게 수학은 받은 메시지와 보낸 메시지가 같음을 보증하는 — 오늘날과 같은 전자 거래 시대에 결정적으로 중요한 정보 — 독창적인 방법들을 제공한다.

암호는 간단히 말해서 특정 의미를 전하기 위해 일련의 기호들을 체계적으로 배열하는 방식이다. 암호는 곳곳에서 찾을 수 있다. 공산품에는 바코드가 붙어 있다. 암호로 MP3 플레이어에 음악을 저장하고, 웹서핑을 할 수 있다. 영어는 26개의 알파벳으로 이루어진 일종의 암호이며, 옥스퍼드 영어 사전이란 영어 사용자들이 쓰는 암호어들을 수록한 책인 셈이다. 암호는 인간의 몸에도 있다. DNA는 생명체를 복제하는 암호로, 염기라고 불리는 네 종류의 유기 화학 물질인 아데신, 구아닌, 시토신, 티민 혹은 줄여서 A, G, C, T로 구성된다.

이 장에서는 가장 기발한 형태의 암호들을 창조하거나 해독할 때 수학이 어떻게 활용되며, 어떠한 식으로 정보를 안전하고 효율적이며 은밀하게 전달하는지, 그리고 인터넷 쇼핑몰부터 우주선의 행성 촬영에 이르는 모든 것을 가능하게 하는지 보일 예정이다. 이 장의 끝에서는 백만 달러짜리 수학 문제와 암호의 해독이 어떠한 관련이 있는지 설명하려고 한다.

달걀로 비밀 메시지를 보내는 방법

16세기 이탈리아 사람이었던 지오반니 포르타는 1온스(약 28그램)의 백반을 1파인트(약 0.57리터)의 식초에 녹여 만든 잉크로 단단하게 삶은 계란 위에 비밀 메시지를 쓸 수 있다는 사실을 알아냈다. 잉크는 달걀 껍질을 투과해서 내부의 단단한 흰자 위에 자국을 남기는데, 이때 흰자 위에 새긴 글은 남지만 껍질에 쓴 글은 사라진다. 비밀 메시지를 보내기에 더없이 훌륭하다. 암호를 깨려면crack 달걀을 깨면crack 된다! 이렇게 사람들은 은밀하게 메시지를 전하는 온갖 신기한 방법들을 고안해냈다.

기원전 499년, 그리스의 폭군 히스티아이오스는 조카 아리스타고라스가 페르시아 왕에게 반기를 들게끔 부추기는 내용의 비밀 편지를 보내려 했다. 히스티아이오스는 오늘날의 이란에 해당하는 수사Susa지역에 머무르고 있었고, 그의 조카는 오늘날 터키의 한 지역인 고향 밀레투스로 돌아간 상황이었다. 도

중에 페르시아인에게 빼앗기지 않고 조카에게 편지를 전달하려면 어떻게 해야 했을까? 그에게 교묘한 계획이 떠올랐다. 그는 충직한 부하의 머리를 삭발하고 그 위에 메시지를 새겼다. 머리털이 다시 자라나기 시작하자, 히스티아이오스는 부하를 조카에게 보냈다. 조카는 밀레투스에 도착한 부하의 머리를 깎은 뒤 메시지를 읽고 반란을 일으켰다.

위의 이야기에서는 삼촌이 보낸 메시지를 확인하려면 부하의 머리카락을 깎기만 하면 됐지만, 안타깝게도 고대 중국에서 비밀문서를 받는 사람들은 견디기 어려운 일을 해야 했다. 고대 중국에서는 비밀문서를 비단 천에 적고 단단하게 만 뒤 밀랍으로 싸서 메시지를 전하는 사자에게 전달했고, 사자는 그 공을 삼켰다. 삼킨 공을 토해내서 문서를 복구하는 모습은 그리 보기 좋진 않았을 것이다.

기원전 500년 스파르타에서 메시지를 감추는 가장 복잡한 방법 중 하나가 발명되었다. 스파르타인은 스키테일scytale이라는 원기둥 모양의 목제 용기를 사용했으며, 그 주위에는 가느다란 종이 띠가 나선형으로 감겨 있었다. 비밀문서는 스키테일에 감긴 종이 위에 세로 방향을 따라 기록하였으며, 종이를 펼치면 그 메시지는 해독하기 어려운 난문처럼 보였다. 암호를 해독하려면 모든 글자가 다시 올바르게 정렬되도록 정확히 같은 크기의 스키테일에 종이 띠를 감아야 했다.

비밀 메시지를 보내는 이러한 방법들은 암호화라기보다는 정보 은닉술에 해당한다. 아무리 교묘한 방법을 써서 숨긴다 한들, 일단 메시지가 발견되면 비밀이 밝혀지기 때문이다. 그래서 사람들은 메시지가 공개된다 해도 그 의미는 밝혀내기 어려운 방법을 생각하기 시작했다.

수를 세어서 카마수트라 암호를 해독하는 방법

B OBDFSOBDLNLBC, ILXS B QBLCDSV MV B QMSD, LE B OBXSV MH QBDDSVCE.

LH FLE QBDDSVCE BVS OMVS QSVOBCSCD DFBC DFSLVE, LD LE ASNBGES DFSJ BVS OBTS ZLDF LTSBE. DFS OBDFSOBDLNLBC'E QB-DDSVCE, ILXS DFS QBLCDSV'E MV DFS QMSD'E OGED AS ASBGDL-HGI; DFS LTSBE ILXS DFS NMIMGVE MV DFS ZMVTE, OGED HLD DMUSDFSV LC B FBVOMCLMGE ZBJ. ASBGDJ LE DFS HLVED DSED: DFSVS LE CM QSVOBCSCD QIBNS LC DFS ZMVIT HMV GUIJ OBDF-SOBDLNE.

아무렇게나 타이핑한 것처럼 보이겠지만, 이는 지금껏 발견된 것 중 가장 널리 알려진 암호를 써서 작성한 메시지이다. 대치 암호substitution cipher로 불리는 이것은 모든 알파벳 문자를 다른 알파벳 문자로 대치하여 사용한다. a를 P로, t를 C로 쓰는 것처럼 말이다(여기에서 암호화되지 않은 메시지plaintext는 소문자로 썼으며, 암호는 대문자로 썼다). 이러한 대치 암호를 정보 전송자와 수신자가 모두 알고 있다면 수신자는 메시지를 해독할 수 있지만, 다른 이들에게 그 메시지는 그저 의미 없는 문자들의 나열일 뿐이다.

이와 같은 암호의 가장 단순한 형태는 갈리아 전쟁 중 장군들과 암호로 소통한 율리우스 카이사르의 이름을 따서 카이사르 암호라 부른다. 카이사르 암호에서 각 문자는 일정한 간격만큼 떨어진 문자로 대치되었다. 예를 들어, 간격이 3이라면 a는 D가 되고, b는 E가 되는 식이었다. 『The Number Mysteries』 웹 사이트에서 카이사르 암호 바퀴를 내려받아서 간단한 암호를 생성할 수 있다.

각 문자를 같은 간격만큼 이동시켰을 때 암호의 종류는 총 25개밖에 되지 않기 때문에, 암호화 방식만 알아채면 메시지의 해독이 꽤 쉽다. 더 교묘한 암호화 방식은 없을까? 모든 문자를 같은 선상에서 단순히 이동시키는 것이 아니라, 마구 뒤섞어 임의의 문자가 다른 임의의 문자로 대치되도록 할 수 있다. 이와 같은 암호화 방식은 사실 율리우스 카이사르의 암호보다 몇 세기 전에, 그것도 군사용 안내서가 아닌 『카마수트라』에 소개되었다. 산스크리트어로 기록된 이 고서(古書)는 보통 성애(性愛)에 관한 책으로 간주되지만, 실은 마술과 체스부터 제본과 목공까지 여자가 정통해야 한다고 여겼던 여러 기술들을 다루고 있다. 암호문 작성법을 기술한 제45장에서는 연인들끼리 몰래 메시지를 주고받는 완벽한 방법으로 대치 암호를 소개한다.

카이사르 암호는 25종류밖에 없지만, 임의의 문자를 다른 임의의 문자로 대치하는 것을 허용한다면 가능한 암호의 수는 훨씬 많아진다. a를 어떤 문자로 바꿀지에 대해서는 26가지 선택이 가능하며, 각 선택에 대해서 b를 어떤 문자로 바꿀지에 대해서는 25가지 선택이 가능하다(이미 한 문자는 a를 암호화할 때 사용했으므로). 따라서 a와 b를 암호화하는 데만도 벌써 26 × 25가지의 방법이 있다. 나머지 알파벳 문자도 이런 식으로 계속해 나가면 가능한 카마수트라 암호의 종류는 다음과 같다.

$$26 \times 25 \times 24 \times 23 \times 22 \times 21 \times 20 \times 19 \times 18 \times 17 \times 16 \times 15 \times$$

$$14 \times 13 \times 12 \times 11 \times 10 \times 9 \times 8 \times 7 \times 6 \times 5 \times 4 \times 3 \times 2 \times 1$$

이 수는 26!라고 간단히 쓸 수 있다. 덧붙여 a를 A로 바꾸고 b를 B로, z를 Z로 바꾸는 선택은 암호가 아니기 때문에 위 경우의 수에서 1을 빼야 한다. 26!에서 1을 빼면, 총

$$403{,}291{,}461{,}126{,}605{,}635{,}583{,}999{,}999$$

가지라는 엄청난 결과에 이른다. 무려 400자(秄), 다시 말해 4억의 10억 배의 10억 배가 넘는 수다.

　이 절의 시작 문단은 그중 한 암호로 작성되었다. 만약 그 문단을 여러 종류의 카마수트라 암호로 작성했다면, 그 분량은 우리 은하의 끝까지 이르고도 남는다. 또한 한 종류의 암호를 검사하는 데 1초가 걸리는 컴퓨터로 130억 년 전 대폭발이 일어난 순간부터 모든 카마수트라 암호들을 확인했다면 그 작업은 지금도 진행되고 있었을 것이며, 암호의 극히 일부분만이 확인되었을 것이다.

　따라서 암호는 사실상 해독 불가능해 보인다. 이 방대한 양의 암호 중 무엇을 사용하여 시작 문단의 메시지를 암호화했는지 대체 어떻게 알 수 있을까? 놀랍게도, 간단한 셈으로 알아낼 수 있다.

	a	b	c	d	e	f	g	h	i	j	k	l	m
(%)	8	2	3	4	13	2	2	6	7	0	1	4	2

	n	o	p	q	r	s	t	u	v	w	x	y	z
(%)	7	8	2	0	6	6	9	3	1	2	0	2	0

표 4.01 쉬운 영어 문장에서 사용되는 문자의 빈도 분포. 1% 단위로 반올림하였다.
이 정보로 대치 암호를 사용한 암호문을 해독하기 시작한다.

최초로 암호 해독을 학문으로 발전시킨 이들은 아바스 왕조 시대의 아랍인이었다. 9세기의 박식한 이슬람 학자 야쿱 알킨디Ya'qub al-Kindi는 위의 표가 보여주는 것처럼 글로 쓴 문서에서 어떤 문자들은 자주 나타나는 반면 어떤 문자들은 매우 드물게 나타난다는 점을 발견했다. 보드게임 '스크래블'을 할 줄 아는 사람들이라면 잘 아는 사실이다. 문자 E는 가장 많이 쓰이는 알파벳이기 때문에 1점이지만 Z는 10점의 가치가 있다. 문자로 쓰인 책에서 모든 문자에는 특유의 '개성personality' — 얼마나 자주 등장하는지, 다른 문자들과 어떤 식으로 결합하는지를 나타내는 암호학 용어 — 이 있으며, 어떤 문자의 개성은 문자가 다른 기호로 표현될 때도 변하지 않는다는 점이 알킨디가 분석한 내용의 핵심이다.

그러면 이제 시작 문단 암호문의 해독을 시작해보자. 표 4.02는 암호문에 사용된 문자들 각각의 빈도수를 기록한 것이다.

표에서 S는 13%의 빈도로 나타나며, 이는 다른 문자의 빈도보다 더 높으므로 문자 e를 암호화하는 데 쓰인 문자일 가능성이 크다는 사실을 알 수 있다. (물론 조르주 페렉의 소설 『공백A Void』의 한 단락을 선택하지 않았다고 가정한다면 말이다. 이 소설에는 문자 'e'를 전혀 사용하지 않았다.)

	A	B	C	D	E	F	G	H	I	J	K	L	M
(%)	1	10	5	12	7	6	3	2	2	1	0	8	5
	N	O	P	Q	R	S	T	U	V	W	X	Y	Z
(%)	2	4	0	3	0	13	1	1	7	0	1	0	1

표 4.02 암호화한 글에 나타난 문자들의 빈도 분포.

그다음으로 암호문에서 가장 많이 나오는 글자는 D로, 빈도는 12%이다. 영어에서 두 번째로 가장 많이 쓰이는 문자는 t이며, 따라서 D에 대치되었다고 생각해 볼 법하다. 암호문에서 세 번째로 가장 높은 빈도수인 10%를 차지하는 문자는 B로, 영어에서 세 번째로 가장 흔히 쓰이는 문자 a를 의미할 가능성이 크다.

이 문자들을 암호문에 대치시키고 어떤 결과가 나타나는지 보자.

a OatFeOatLNLaC, ILXe a QaLCteV MV a QMet, LE a OaXeV MH Qat-teVCE.

LH FLE QatteVCE aVe OMVe QeVOaCeCt tFaC tFeLVE, Lt LE AeNaGEe tFeJ aVe OaTe ZLtF LTeaE. tFe OatFeOatLNLaC'E QatteVCE, ILXe tFe QaLCteV'E MV tFe QMet'E OGEt Ae AeaGtLHGI; tFe LTeaE ILXe tFe NMIMGVE MV tFe ZMVTE, OGEt HLt tMUetFeV LC a FaVOMCLMGE ZaJ. AeaGtJ LE tFe HLVEt teEt: tFeVe LE CM QeVOaCeCt QIaNe LC tFe ZMVIT HMV GUIJ OatFeO-atLNE.

여전히 알 수 없는 외계어처럼 보이겠지만, 문자 a가 홀로 여러 번 나왔다는 점에서 아마도 이 문자를 옳게 해독한 듯하다(물론 B가 i를 나타낸다는 결과가 나올지도 모르며, 그 경우에는 다른 문자로 대치해야 한다). 그리고 tFE라는 단어가 자주 보이는데, 이것은 the를 의미할 가능성이 크다. 실제로 문자 F는 암호문에서 6%를 차지하며, h라는 단어는 영문에서 6%의 비율로 나타난다.

Lt처럼 두 번째 글자만 해독되어도 그 단어가 무엇을 의미하는지 알 수 있다. t로 끝나는 두 글자 단어는 두 개밖에 없다. 'at'과 'it'이다. a는 이미 해독했기 때문에 L은 i일 가능성이 크며, 빈도를 보아도 그렇다. L은 암호문에서 8%의 빈도로 나타나며 i는 영어에서 이와 거의 유사한 7%의 빈도로 나타난다. 정확히 일치하지는 않지만 이것은 엄밀한 과학이 아님을 고려하자. 글이 길어질수록 빈도수가 점점 더 일치해가겠지만, 이 기법을 사용할 때는 어느 정도의 유연함이 필요하다.

이제 새롭게 알아낸 두 글자를 넣어보자.

a OatheOatiNiaC, IiXe a QaiCteV MV a QMet, iE a OaXeV MHQatteVCE.

iH hiE QatteVCE aVe OMVe QeVOaCeCt thaC theiVE, it iE AeNaGEe theJ aVe OaTe Zith iTeaE. the OatheOatiNiaC'E QatteVCE, IiXe the QaiCteV'E MV the QMet'E OGEt Ae AeaGtiHGI; the iTeaE IiXe the NMIMGVE MV the

ZMVTE, OGEt Hit tMUetheV iC a haVOMCiMGE ZaJ. AeaGtJ iE the HiVEt teEt: theVe iE CM QeVOaCeCt QIaNe iC the ZMVIT HMV GUIJ OatheO-atiNE.

점차 메시지가 제 모습을 드러내기 시작한다. 나머지를 해결하는 일은 과제로 남겨두겠다. 해독된 글은 이 장의 끝에 있으니 확인해보라. 힌트를 하나 주겠다. 이 글은 케임브리지의 수학자 하디가 쓴 『어느 수학자의 변명』에서 내가 가장 좋아하는 두 단락이다. 학창 시절에 읽었던 이 책을 비롯한 여러 계기 덕분에 나는 수학자가 되기로 결심했다.

빈도를 파악하는 단순한 수학적 기술을 쓰면 암호로 변장한 모든 메시지는 해독된다. 스코틀랜드의 메리 여왕은 큰 희생을 치르고 그 사실을 배웠다. 그녀는 공모자인 앤서니 배빙턴에게 엘리자베스 1세 여왕의 암살 계획을 독특한 기호를 쓴 암호문으로 보냈다.

그림 4.01 배빙턴 암호.

언뜻 보면 메리 여왕이 보낸 메시지는 해독 불가능해 보였지만, 엘리자베스 여왕의 궁정에는 유럽 최고의 암호 해독가 토머스 펠리프가 있었다. 그가 추남이었음은 다음 묘사에 여실히 드러난다. '작은 키에 어딜 봐도 비쩍 마르고, 머리털은 어두운 금빛이었으며, 천연두 자국이 가득한 얼굴에 짙고 노란 턱수염이 자라 있었고 눈은 근시였다.' 많은 이들이 펠리프가 그런 상형문자들을 읽기 위해 악마와 계약을 맺었다고 믿었지만, 사실 그는 빈도 분석의 원리를 적용했을 뿐이다. 그는 암호를 해독했고 메리 여왕은 체포되어 재판을 받았다. 해독된 문자들이 결정적인 증거가 되어 그녀는 살인 공모죄로 처형당했다.

수학자들이 어떻게 제2차 세계대전의 승리를 도왔는가?

대치 암호의 약점이 드러나자, 암호 사용자들은 문자 세기에 기초한 공격의 허를 찌르는 더 독창적인 방법들을 고안하기 시작했다. 그중 한 가지는 대치 암호를 다양화하는 것이었다. 이를테면 글 전체를 하나의 대치 암호로 암호화하지 않고, 두 가지 대치 암호를 교대로 사용하는 식이었다. 이렇게 하면, 예를 들어 beef와 같은 단어를 암호화할 때 문자 e는 매번 다른 방식으로 암호화되는데, 처음의 e와 두 번째 e를 각각 다른 문자로 암호화하기 때문이다. 따라서 beef는 PORK로 암호화된다. 더 많은 암호들을 순환시킬수록 메시지의 보안도 더 강화된다.

카마수트라 암호를 해독해야 하는 상황이 오면, http://www.simons-ingh.net/The_Black_Chamber/kamasutra.html를 방문하자. 암호문의 문자들이 나타나는 빈도수를 분석할 때 유용하다.

물론 암호 작성에서는 극단적인 보안성과 암호의 유용성 사이의 균형이 필요하다. 가장 안전한 종류의 암호로, 원문에 나타난 모든 글자마다 다른 대치 암호를 적용하는 1회용 암호표가 있다. 이렇게 작성된 암호문은 이해를 돕는 단서가 전혀 없기 때문에 해독이 거의 불가능하다. 그러나 메시지의 글자마다 다른 대치 암호를 써야 하므로 전혀 실용적이지 않다.

16세기 프랑스 외교관 블레즈 드 비제네르는 몇 가지의 대치 암호를 순환시키면 모든 종류의 빈도 분석을 충분히 막을 수 있다고 믿었다. 그렇게 탄생한 비제네르 암호는 매우 강력한 암호 작성법이었지만 해독 불가능한 것은 아니었고, 결국 영국의 수학자 찰스 배비지가 해독 방법을 밝혀냈다. 컴퓨터 시대의 시조로 알려진 배비지는 기계를 사용한 자동 계산이 가능하다고 믿었으며, 영국 과학박물관에는 그가 발명한 '차분기관'을 복원한 계산기가 전시되어 있다. 그는 1854년 체계적인 접근을 통해 비제네르 암호를 해독할 방법을 생각해냈다.

배비지의 방법은 수학자들이 가진 뛰어난 재능 — 패턴 인식 — 에 의존한다. 일단 가장 먼저 몇 개의 대치암호들이 순환되고 있는지를 알아내야 한다. 영문에서 'the'라는 단어는 모든 문장에서 매우 빈번하게 나타나기 때문에, 똑같은 세 글자열이 반복된다면 몇 개의 암호가 사용되었는지 알아내는 데 큰 도움이 된다. 예를 들어 AWR이 빈번하게 나타나고 AWR의 등장 사이에 언제나 네 글자의 배수만큼 격차가 있다고 하자. 네 개의 암호가 사용되고 있다는 분명한 지표이다.

이와 같은 정보를 얻었다면 이제 암호문을 네 개의 집단으로 나눌 수 있다. 첫 번째 집단은 첫 번째 글자, 다섯 번째 글자, 아홉 번째 글자 등으로 구성된다. 두 번째 집단은 두 번째 글자, 여섯 번째 글자, 열 번째 글자 등으로 구성된다. 각 집단에 속한 글자들은 같은 대치 암호를 썼기 때문에, 집단마다 차례로 빈도를 분석해서 암호문을 해독한다.

비제네르 암호가 해독되자, 메시지를 안전하게 암호화하는 새로운 방법에 관한 연구가 시작되었다. 그리하여 1920년대 독일에서 에니그마가 발명되었을 때 많은 사람은 해독 불가능한 궁극의 암호가 탄생했다고 믿었다.

에니그마는 매번 한 글자가 암호화될 때마다 대치 암호를 바꾸는 원리를 바탕으로 작동한다. 만약 내가 문자열 aaaaaa를 암호화하고 싶다면(이를테면 내가 아프다는 신호를 보내기 위해), 각 a는 다른 방식으로 암호화될 것이다. 에니그마의 아름다움은 한 대치 암호에서 다음 대치 암호로 넘어가는 변화가 매우 효율적이게끔 기계화되었다는 점에 있다. 메시지는 자판을 통해 입력된다. 자판 위로는 제2의 문자판인 '전구판'이 있어서, 자판 위의 한 키를 누르면 전구판의 한 글자에서 불이 들어오면서 암호 글자를 표시한다. 그러나 자판은 전구판에 직접 연결되어 있지 않고 내부에 미로처럼 전선이 얽혀 있는 회전 가능한 세 원판을 통해 연결된다.

에니그마가 어떻게 작동하는지 생각해보기 위해 회전하는 세 드럼으로 구성된 거대한 원통을 떠올려보자. 원통의 윗면에는 둘레를 따라 26개의 구멍이 뚫려 있으며 각 구멍에는 알파벳의 한 글자가 붙어 있다. 글자를 암호화할 때 당신은 그 글자에 해당하는 구멍에 공을 넣는다. 공은 첫 번째 드럼으로 떨어지며, 첫 번째 드럼의 윗면과 아랫면 역시 둘레에 26개의 구멍이 뚫려 있다. 위와 아래의 구멍들은 관으로 연결된다. 그러나 관은 구부러지고 휘어졌기 때문에, 드럼을 통과한 공은 단순히 위에서 아래로 직접 내려가지 않고 전혀 다른 위치에서 튀어나오게 된다. 중간과 마지막 드럼 역시 유사하지만 위와 아래 구멍들을 연결하는 방식이 다르다. 세 번째 드럼의 밑면을 통과한 공은 마지막으로 알파벳의 각 글자들이 붙어 있는 원통 밑면의 26개 구멍 중 하나를 빠져나온다.

그러나 이 기계가 정지 상태에 있다면, 에니그마는 대치 암호를 복잡하게 재생산하는 기계에 불과하다. 그러나 에니그마 암호기가 천재적인 까닭은 따로 있다. 매번 공이 원통을 통과할 때마다 첫 번째 드럼은 $\frac{1}{26}$ 만큼 회전한다. 따라서 다음 공이 떨어질 때, 첫 번째 드럼은 그 공을 완전히 다른 경로로 보내게 된다. 예를 들어 글자 a는 처음에는 C로 암호화되지만, 첫 번째 드럼이 한 칸 이동하면, a 구멍에 넣은 공은 밑면에서 C와 다른 글자가 적힌 구멍을 통과할 것이다. 에니그마도 마찬가지이다. 첫 번째 글자가 암호화된 뒤에, 첫 번째 회전 디스크는 딸깍하고 다음 위치로 이동한다.

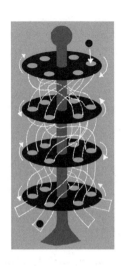

그림 4.02 에니그마의 원리. 공을 관속으로 떨어뜨릴 때 글자가 암호화된다.
각 글자를 암호화한 뒤 원통은 회전하기 때문에 암호 글자들은 매번 달라진다.

회전 디스크들은 자동차 계기판의 미터계와 비슷하다. 일단 첫 번째 디스크가 26개의 위치를 모두 돌았다면, 시작 위치로 돌아오는 동안 두 번째 디스크가 $\frac{1}{26}$만큼 회전한다. 따라서 글자를 변경시키는 방법은 26 × 26 × 26가지가 있다. 그뿐만 아니라 에니그마의 조작자가 원판의 순서를 변경할 수도 있기 때문에 가능한 대치 암호의 수에 6(세 개의 원판을 배열하는 경우의 수 3!)이 추가로 곱해진다.

기계를 조작하는 사람은 매일 암호책을 보고 메시지를 암호화하기 위해 세 개의 원판을 어떻게 배치해야 할지 결정했다. 수신자도 암호책에 나온 대로 설치하여 메시지를 해독했다. 에니그마가 설치되는 과정에서 복잡한 사항들이 계속해서 도입되었고, 결국 기계 설정 방법의 수는 1억 5천 8백만의 백만 배의 백만 배를 넘었다.

1931년, 이 독일 기계의 설계도를 발견한 프랑스 정부는 충격을 받았다. 중간에 메시지를 가로챈다 해도 그 날의 원판의 배치를 알 수 없어 메시지를 해독할 수 없었기 때문이다. 그러나 프랑스 정부는 폴란드와 협약하여 암호 해독에 관한 지식들을 공유했고, 독일의 침략 위협에 놓인 폴란드인은 암호 해독 연구에 집중했다.

폴란드 수학자들은, 원판의 배치가 저마다 고유한 특징을 띠며 그 패턴들을 활용하면 암호문을 거꾸로 돌려서 해독할 수 있다는 사실을 깨달았다. 예를 들어 조작자가 a를 자판에 입력했다면, 원판들이 어떻게 배열되었는지에 따라 그 글자는 이를테면 D로 암호화된다. 첫 번째 원판은 이때 $\frac{1}{26}$ 바퀴를 돌아간다. 또 다른 a가 자판에 입력되면 Z로 암호화되고, D는 디스크들이 설정된 방식에 따라 Z와 어떠한 관계를 맺는다.

우리는 이 관계를 상상의 기계를 통해 조사할 수 있다. 드럼을 재설정하고 각 글자에 대해 차례로 두 번씩 공을 넣으면, 모든 글자에 대해 다음과 같은 식의 관계표를 얻는다. 각각의 글자는 한 행마다 꼭 한 번씩만 나타나는데 각 행은 하나의 대치 암호에 대응하기 때문이다.

원래의 문자	a	b	c	d	e	f	g	h	i	j	k	l	m
첫번째 공	D	T	E	R	F	A	Q	Y	S	I	P	B	N
두번째 공	Z	S	B	Q	X	G	L	V	K	A	J	D	Y
원래의 문자	n	o	p	q	r	s	t	u	v	w	x	y	z
첫번째 공	C	G	Z	J	H	M	U	X	K	O	W	L	V
두번째 공	H	C	W	E	O	I	M	T	P	F	N	R	U

표 4.03

폴란드 수학자들은 어떻게 이 관계를 활용했을까? 날마다 독일의 모든 에니그마 조작자들은 암호책에 나온 그 날의 설정에 따라 에니그마를 똑같이 설정했다. 그다음에는 자신만의 설정을 선택하여 암호책에서 나온 원래의 설정을 이용하여 그 설정 정보를 보냈다. 그들은 안전을 위해 두 번씩 입력해서 보냈다. 그러나 안전은커녕, 이러한 행동은 치명적인 실수였다. 폴란드인은 이를 토대로 원판들이 글자들을 어떻게 연결하는지에 대한 힌트, 다시 말해 에니그마가 그날 어떻게 설정되었는지에 대한 단서를 얻었다.

옥스퍼드와 케임브리지의 중간에 있는 블레츨리 파크의 한 시골 저택을 근거지로 삼은 수학자 집단은 폴란드 수학자들이 발견한 패턴을 연구하였고, 자신들이 만든 봄베bombe라는 기계를 사용하여 자동으로 설정 방식을 찾는 방법을 발견했다. 일설에 따르면 이 수학자들 덕분에 제2차 세계대전의 기간이 2년 단축됨으로써 수많은 생명이 목숨을 구했다고 한다. 또한 그들이 만든 기계는 훗날 현대 생활의 필수품인 컴퓨터를 탄생시켰다.

온라인에서 에니그마를 가상으로 체험해보고 싶다면 http://www.bletchleypark.org.uk/content/enigmasim.rhtm#에 접속하라. 또 『The Number Mysteries』웹 사이트에서 PDF 파일을 내려받아 설명서를 참조하면 자신만의 에니그마를 만들 수 있다.

메시지 전송하기

메지지가 암호화되었는지와 별개로, 그것을 한 위치에서 다른 위치로 전송하는 방법 또한 중요한 문제이다. 중국인에서 북미 대륙의 원주민에 이르기까지 수많은 고대 문화는 원거리 통신 수단으로 연기를 사용했다. 만리장성의 탑에서 봉화를 올리면 몇 시간 안에 성을 따라 300마일(약 480킬로미터) 떨어진 곳에 메시지를 전달할 수 있었다고 한다.

깃발을 활용한 시각 신호의 기원은 1684년, 17세기의 저명한 과학자 로버트 후크가 런던의 왕립 학회에 제안한 아이디어로 거슬러 올라간다. 망원경의 발명으로 원거리에 시각 신호를 전달하는 일이 가능해지기는 했지만, 후크의 제안은 그 때문은 아니었다. 그보다는 신기술을 발전시키는 원동력이라면 첫손가락에 꼽히는 원인 — 바로 전쟁 때문이었다. 그 전 해에, 다른 유럽 국가들은 알지 못한 채 빈 시가 터키군에 점령당할 뻔한 사태가 있었다. 이를 계기로 먼 곳으로 신속하게 메시지를 보내는 방법이 시급한 문제로 떠올랐다.

후크는 전 유럽에 신호탑 체계를 구축하자고 제안했다. 한 신호탑에서 신호를 보내면, 가시 범위 내에 있는 나머지 모든 신호탑들이 신호를 반복한다. 만리장성을 따라 신호를 전달하는 방식의 2차원 형태인 셈이다. 신호를 전달하는 방법은 그다지 세련되지는 않았다. 거대한 글자들을 밧줄로 높이 끌어올리는 식이었기 때문이다. 후크의 제안이 실행된 적은 한 번도 없었으며, 비슷한 아이디어가 실행에 옮겨진 것은 그로부터 100년이 지나서였다.

1971년, 클로드 샤프와 이냐스 샤프 형제는 프랑스 혁명 정부의 통신 속도를 개선한 신호탑 체계를 세웠다(후에 한 개의 탑은 왕당파들이 사용했다고 생각한

군중에게 파괴되었다).

그림 4.03 샤프 형제의 신호는 경첩이 달린 나무 팔 모양을 써서 전달되었다.

형제는 어린 시절 규율이 엄격했던 학교의 기숙사 방에서 메시지를 보내던 방식에서 신호탑 체계의 아이디어를 얻었다. 메시지를 전송하는 수많은 시각적인 방식을 실험한 그들은 인간의 눈이 쉽게 식별할 수 있는 각도로 배치한 나무 막대를 선택했다.

샤프 형제는 경첩이 달린 움직이는 나무 팔 체계를 바탕으로 한 신호를 개발하여 글자와 상용어들을 표현하였다. 주요부인 십자가 팔은 네 개의 각 중 하나로 설정되었고, 십자가 팔의 끝에 부착된 작은 두 팔은 각각 일곱 가지 방식으로 설정되었기에 총 7 × 7 × 4 = 196가지 신호의 전송이 가능했다. 신호의 일부는 일반 대중들의 통신에 쓰였지만, 92가지 신호는 쌍으로 결합하여 92 × 92 = 8,464가지 단어 또는 구절을 의미하는 형제의 비밀 암호로 쓰였다.

1791년 3월 2일, 최초의 실험에서 샤프 형제는, '성공하면, 곧 영광을 얻으리니'라는 메시지를 10마일(약 16km) 떨어진 곳에 보내는 데 성공했다. 혁명 정부는 4년 안에 신호탑과 깃발 체계가 프랑스 전역에 설치될 것이라는 형제들의 보고에 깊이 감동했다. 1794년, 143마일(약 230km)의 거리를 잇는 일련의 신호탑을 통해 프랑스군이 오스트리아군으로부터 콩데 시를 탈환한 소식이 한 시간도 채 안 되어 전달되었다.

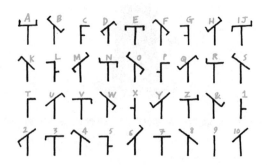

그림 4.04 샤프 형제의 통신 체계로 전달되는 문자와 숫자들.

안타깝게도, 이 성공은 최초의 메시지에서 예견했던 영광을 그들에게 안겨주지는 못했다. 클로드 샤프는 이미 존재하는 전신 체계를 모방했다는 혐의에 크게 낙담하여 우물에 몸을 던져 생을 마감했다.

얼마 지나지 않아 신호탑의·나무 팔이 깃발로 대체되기 시작했고, 선원들은 깃발을 바다에서의 통신수단으로 채택했다. 다른 배가 볼 수 있는 곳에서 깃발을 그저 흔들기만 하면 되었기 때문이다. 깃발을 사용하여 바다에서 보낸 가장 유명한 신호는 아마도 그림 4.05에 있는, 1805년 10월 21일 오전 11시 45분 전송된 메시지일 것이다.

바로 영국 해군이 트라팔가르 해전을 승리로 이끈 결정적인 전투에 돌입하기 전 호레이쇼 넬슨 장군이 기함 'HMS 빅토리'에 높이 올린 메시지였다. 당시 해군은 홈 포팸 장군이 개발한 비밀 암호를 사용하고 있었다. 암호책은 각 군함에 배정되었고, 납을 함께 놓아 군함이 점령되면 배 밖으로 던져서 적이 영국의 비밀 암호를 파악하지 못하도록 했다.

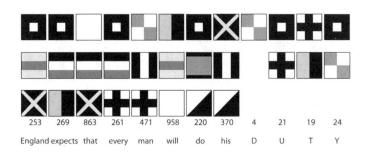

그림 4.05 넬슨 장군의 유명한 메시지. "영국은 모든 이가 자신의 의무를 다할 것이라 기대한다" 라는 뜻의 영문이다.

신호는 각각 0부터 9까지의 숫자를 나타내는 열 개 깃발을 조합하여 만들었다. 깃발은 한 번에 세 개씩 돛대 위에 달아 000부터 999까지의 수를 표현했다. 메시지 수신자는 표현된 숫자에 해당하는 단어가 무엇인지를 암호책에서 찾아야 했다. '영국'은 숫자 253으로 암호화되었으며, '사람man'은 471로 표현되었다. '의무duty'와 같은 단어는 암호책에 없었기 때문에 각각의 글자를 의미하는 깃발로 한 자 한 자 표현해야 했다. 원래 넬슨이 전달하려던 메시지는 '영국은 모든 이가 자신의 의무를 다하리라 믿는다confide' 였으나, 신호 담당 대위 존 파스코는 암호책에서 '믿는다'라는 단어를 찾을 수 없었다. 그 단어를 한 글자씩 표현하는 대신 그는 넬슨 장군에게 암호책에 있는 '기대하다expect' 를 정중히 제안하였다.

깃발의 사용은 전기 통신의 발전에 잠식되었으나, 선원들은 오늘날에도 양손으로 깃발을 사용하는 현대식 수기 신호를 학습하고 있다. 수기 신호 체계에서는 한 쪽 팔로 여덟 가지 자세를 취할 수 있기 때문에 총 8 × 8 = 64가지 신호가 가능하다.

그림 4.06 수기신호.

비틀스 앨범 『Help!』의 표지 암호는 사실 틀렸다?

그림 4.07

비틀스의 앨범 『Help!』의 표지에 나타난 수기 신호는 제목을 표현한 것처럼 보인다. 그러나 그들이 만든 수기 신호의 메시지를 해석해보면 HELP가 아닌 NUJV이다. 표지에 수기 신호를 넣자는 제안을 한 로버트 프리먼은 이렇게 말했다. "촬영 당시, HELP의 수기 신호는 모양이 썩 좋아 보이지 않았어요. 그래서 우리는 즉흥적으로 가장 좋아 보이는 팔 모양을 만들었습니다." 원래대로라면 이렇게 했어야 한다.

그림 4.08

나중에 소개하겠지만, 앨범 표지에 잘못된 암호를 사용한 밴드는 비틀스 말고도 또 있다.

http://inter.scoutnet.org/semaphore/로 접속하면 메시지를 수기 신호로 어떻게 표현하는지 볼 수 있다.

그림 4.09 비핵화 캠페인에 사용되는 평화의 상징이 사실은 수기 신호였음을 알고 있었는가? 영국의 비핵화 단체 CND의 이 상징은 글자 N과 D의 수기 신호를 하나로 결합해 만들었다.

베토벤의 교향곡 제5번에 숨겨진 메시지는 무엇일까?

베토벤의 교향곡 제5번(일명 '운명교향곡')의 시작, 세 번의 짧은 음 뒤에 따라오는 긴 음은 음악사에서 가장 유명한 도입에 속한다. 그러나 왜 제2차 세계대전 기간에 BBC는 모든 라디오 방송의 뉴스를 베토벤의 이 유명한 주제음으로 시작했을까? 답은 그 안에 암호화된 메시지가 들었기 때문이다. 이 새로운 암호는 전선을 통해 일련의 전자기적 파동으로 신호를 보내는 기술을 통해 전달되었다.

전자기 통신을 최초로 실험한 사람은 카를 프리드리히 가우스로, 1장에서 우리는 소수에 관한 그의 연구를 살펴보았다. 가우스는 수학 외에도 물리학, 특히 당시 새로 나타난 전자기학의 개념에도 관심이 있었다. 그는 물리학자 빌헬름 베버와 함께 임시변통으로 1킬로미터의 전선을 괴팅겐에 있는 베버의 실험실에서 자신이 사는 관측소까지 연결한 다음 그것을 이용하여 서로 메시지를 보냈다.

전선을 통해 메시지를 주고받기 위해서는 신호를 발명해야 했다. 그들은 전선의 양 끝에 자침을 붙인 자석을 설치하고 그 둘레를 전선으로 감았다. 전류의 방향을 바꾸면 자석은 왼쪽 또는 오른쪽으로 움직였다. 가우스와 베버는 글자를 자석의 왼쪽과 오른쪽 회전의 조합으로 바꾸는 암호를 고안했다.

r = a	rrr = c, k	lrl = m	lrrr = w	llrr = 4
l = e	rrl = d	rll = n	rrll = z	lllr = 5
rr = i	rlr = f, v	rrrr = p	rlrl = o	llrl = 6
rl = o	lrr = g	rrrl = r	rllr = 1	lrll = 7
lr = u	lll = h	rrlr = s	lrrl = 2	rlll = 8
ll = b	llr = l	rlrr = t	lrlr = 3	llll = 9

표 4.04

베버는 그들의 발견이 지닌 잠재력에 너무나 흥분한 나머지 다음과 같이 예언조로 선언했다. "지구가 철로와 전신줄의 연결망으로 뒤덮일 때, 이 연결망은 인간 몸의 신경계가 수행하는 역할에 비견될 만한 일을 할 것이다. 부분적으로는 운송 수단으로, 부분적으로는 생각과 감정을 빛의 속도로 전파하는 수단으로서 말이다."

메시지 전송에서 전자기의 잠재력을 실현하고자 수많은 신호들이 고안되었으나, 그중 가장 성공적이었던 것은 1838년 미국인 새뮤얼 모스가 개발한 신호로 결국 나머지 신호들을 모두 압도해버렸다. 그 신호는 가우스와 베버의 구상과 유사하게 각각의 글자를 짧은 전기 파열인 점dot과 긴 전기 파열인 가로줄dash의 조합으로 대응시켰다.

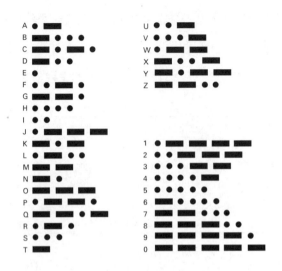

그림 4.10 모스 부호.

모스 부호는 암호 해독가들이 대치 암호를 해독할 때 사용한 빈도 분석과 어느 정도 유사한 원리를 기반으로 한다. 영어에서 가장 많이 쓰이는 알파벳 글자는 'e'와 't'이기 때문에, 상식적으로 그 글자들을 부호화할 때는 가능한 한 가장 짧은 신호열을 사용해야 한다. 따라서 'e'는 짧은 발신전류 한 번을 뜻하는 점 하나로, 't'는 긴 발신전류 한 번을 뜻하는 가로줄 하나로 표현된다. 잘 쓰이지 않는 글자들은 긴 신호열을 써서 'z'의 경우 가로줄-가로줄-점-점으로 표현한다.

모스 부호의 도움으로 우리는 이제 베토벤의 교향곡 제5번에 숨겨진 메시지를 읽을 수 있다. 곡의 극적인 시작 부분을 모스 부호로 해석하면 점-점-점-가로줄은 'v'를 뜻하며, BBC 방송은 승리를 기원하는 뜻에서 이를 상징적으로 사용했다.

모스 부호는 베토벤의 사후에 발명되었기 때문에 그가 자신의 음악에 의도적으로 모스 부호를 써서 메시지를 숨겼을 리는 없었겠지만, 다른 작곡가들은 리듬을 활용하여 작품 속에 의도적으로 의미를 숨겨 놓았다. 유명한 탐정 드라마인 『모스 경감Inspector Morse』의 주제곡은 그야말로 제목에 걸맞게 탐정의 이름을 한 글자씩 모스 부호로 나타낸 리듬으로 시작한다.

▬▬ ▬▬▬ ·▬· ··· ▬

그림 4.11 모스 부호.

심지어 드라마의 어떤 회에서는 작곡가가 반주 음악 속에 모스 부호로 살인자의 이름을 살며시 끼워 넣기도 했다. 비록 주의를 흐리는 거짓 정보들도 가끔 삽입되었지만.

작곡가들뿐만이 아니라 전 세계의 전신 기술자들도 모스 부호를 사용했지만, 그 안에도 문제가 있었다. 하나의 점 다음에 하나의 가로줄을 수신했다면 그것을 어떻게 해석해야 할까? 이 신호열은 모스 부호로 'a'를 나타낸다. 그러나 'e' 뒤에 't'를 붙여 썼다는 해석도 가능하다. 결국 수학자들은 기계가 읽기에 훨씬 더 적합한, 0과 1을 사용하는 다른 종류의 신호를 발명했다.

콜드플레이의 세 번째 앨범 제목은 무엇일까?

2005년, 콜드 플레이의 세 번째 앨범이 나왔을 때 앨범 표지 그림이 무엇을 뜻하는지를 둘러싸고 엄청난 소란이 일었다. 표지에는 다양한 색깔의 사각형들이 격자로 배열되어 있었다. 그 그림의 의미는 무엇이었을까? 나중에 가서야 이 그림은 앨범 제목을 1870년 프랑스의 공학자 에밀 보도Emile Baudot가 개발한 최초의 2진 암호 중 하나로 쓴 것이란 사실이 밝혀졌다. 색깔은 의미가 없었다. 각각의 사각형이 1을 의미하며 공백은 0으로 읽는다는 점이 중요했다.

17세기 독일 수학자 고트프리트 라이프니츠는 0과 1을 사용하면 정보를 가장 효율적으로 암호화할 수 있음을 최초로 인식한 한 사람이었다. 그는 양극단 사이에서 동적인 균형을 찾는 중국의 책 『주역』에서 아이디어를 얻었다. 주역 안에는 중괘(重卦)라는 64가지 선분 배열이 들어 있으며, 이 형태들은 각각 서로 다른 상태나 과정들을 나타낸다. 라이프니츠는 이 형태들에서 영감을 얻어 이진 수학을 발명했다(이진 수학은 3장에서 님Nim 게임의 우승 전략에 대해 알아볼 때 나왔다).

그림 4.12

주역의 상징들은 6개의 효(爻)라는 선이 겹겹이 쌓인 형태로, 각 효는 끊어짐이 있거나(음효, 陰爻), 온전한 상태이다(양효, 陽爻). 주역에서는 막대기나 동전을 던졌을 때 나타나는 중괘의 형태를 보고 점을 치는 방법을 설명한다. 예를 들어, 점쟁이가 점을 쳤을 때 그림 4.12와 같이 중괘가 나온다면 '분쟁

conflict'을 의미한다(6번째 괘 천수송, 天水訟 — 옮긴이). 그러나 모든 선이 4.12와 정반대의 형태로 배열되면(그림 4.13), '숨겨진 정보'를 암시한다(36번째 괘 지화명이, 地火明夷 — 옮긴이).

그림 4.13

라이프니츠가 더 큰 흥미를 보였던 부분은 11세기에 살았던 중국의 학자 샤오 용(邵雍)이 언급했던 사실로, 각 상징이 어떤 숫자에 대응된다는 점이었다. 끊어진 선을 0으로, 온전한 선을 1로 쓰면 첫 번째 중괘를 위에서 아래로 읽었을 때 111010이 된다. 십진법 체계에선 각 자리는 10의 거듭제곱에 대응되고, 숫자의 위치는 10을 얼마나 거듭제곱해야 하는지를 알려준다. 예를 들어 234에서 일의 단위 숫자는 4, 10의 단위 숫자는 3, 10의 제곱 단위 숫자는 2이다.

그러나 라이프니츠와 샤오 용은 십진법이 아닌 이진법을 다루고 있었으며 이진법 체계에서는 각 자리가 2의 거듭제곱을 의미한다. 이진법 수인 111010에서 일의 단위 숫자는 1, 2의 단위 숫자는 1, 4의 단위 숫자는 0, 8의 단위 숫자는 1, 16의 단위 숫자는 1, 32의 단위 숫자는 1이다. 이들을 모두 더하면 2 + 8 + 16 + 32 = 58이다. 이진법의 아름다움은 10개의 상징이 필요한 십진법과는 달리 두 개의 상징만으로 모든 수를 표현한다는 점에 있다. (십진법으로) 두 개의 16은 16 다음으로 오는 2의 거듭제곱 수인 32 하나와 같다.

라이프니츠가 볼 때 계산을 기계화하면 이와 같은 숫자 표현 방식은 매우 큰 위력을 발휘했다. 이진수를 더할 때의 규칙은 매우 간단하다. 각 자리마다, 0 + 1 = 1, 1 + 0 = 1, 0 + 0 = 0이다. 나머지 가능한 경우로 1+1=0이 되는데, 이때 왼쪽으로 다음 자리의 수에 1이 올라가 더해지는 도미노 효과가 나타난다. 예를 들어 1000을 111010에 더하면, 1이 왼쪽으로 한 칸씩 이동하면서 수가 커지는 도미노 효과를 보게 된다.

$$1000 + 111010 = 10000 + 110010$$
$$= 100000 + 100010$$
$$= 1000000 + 000010$$
$$= 1000010$$

라이프니츠는 아름다운 기계식 계산기들을 설계했다. 그중 하나는 볼 베어링 있음을 1로, 볼 베어링 없음을 0으로 표현하기 때문에 덧셈 과정이 환상적인 핀볼게임처럼 보인다. 라이프니츠는 "계산기가 있다면 누구에게나 안심하고 맡길 수 있는 계산 노동에 뛰어난 재능을 지닌 사람이 노예처럼 시간을 허비할 필요가 없다"고 믿었다. 대부분의 수학자들이 동의할 말이다.

그림 4.14 라이프니츠가 발명한 이진 계산기를 복원한 것.

사람들은 0과 1을 가지고 숫자뿐만 아니라 문자도 표현하기 시작했다. 모스 부호는 분명히 매우 강력한 통신 수단이었지만, 기계는 점과 줄이 글자를 한 자씩 표현할 때의 미묘한 차이를 파악하거나 언제 한 글자가 끝나고 다음 글자가 시작되는지 이해하는 데 서툴렀다.

1874년 에밀 보도는 알파벳의 각 글자를 다섯 개의 0과 1을 조합한 숫자열로 변환하는 암호화 방식을 제안했다. 모든 글자를 같은 길이로 만들면 어디서 마지막 글자가 끝나고 다음 글자가 시작되는지 분명했다. 다섯 개의 0과 1을 사용하여 보도는 총 2 × 2 × 2 × 2 × 2 = 32개의 문자를 표현할 수 있었다. 예를 들어 알파벳 X는 10111, Y는 10101이었다. 이것은 엄청난 전환이었는데 왜냐하면 이제 메시지는 구멍이 뚫린 부분이 1, 구멍이 없는 부분은 0을 의미하는 종이테이프에 기록할 수 있었기 때문이다. 기계는 이렇게 만든 종이테이프를 읽고 전선을 통해 고속으로 신호를 전송할 수 있었으며, 반대편에 있는 인쇄전신기는 수신한 메시지를 자동으로 입력해 냈다.

이후 보도 코드가 맡던 역할을 0과 1을 사용하는 다른 수많은 2진 암호들이 대체하여, 문서에서 음파, 그림 파일에서 영화 파일에 이르는 모든 것을 표현했다. 아이튠즈에 접속하여 콜드플레이 음악을 내려받을 때마다 컴퓨터는 압도적인 0과 1의 흐름을 받아들이고, MP3 플레이어는 그것들을 해독한다. 스피커나 헤드폰은 그 숫자들 속에 들어 있는 메시지의 지시에 따라 진동하며 당신은 그렇게 크리스 마틴의 감미로운 음색을 들을 수 있다. 디지털 시대에 음악은 사실상 콜드플레이의 세 번째 앨범 표지에 영감을 주었던 0과 1들의 흐름일 뿐인지도 모른다.

보도 코드는 표지 그림에 숨겨진 비밀 메시지를 푸는 열쇠이다. 그림의 패턴은 한 열당 다섯 개의 사각형이 배열된 네 개의 열로 구성된다. 색깔이 칠해진 사각형은 1로, 그 사이의 빈칸은 0으로 읽는다. 간혹 어느 방향으로 종이테이프를 읽어야 할지 모를 경우를 대비해, 보도 코드 기계는 맨 위쪽의 두 사각형과 나머지 세 사각형을 가르는 미세한 구분선을 찍는다. 표지 그림에서 회색 사각형과 색깔 사각형 사이를 나누는 선이 있는 이유는 이 때문이다.

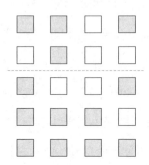

그림 4.15 보도 코드를 사용한 콜드플레이의 세 번째 앨범 표지.

표지의 첫 번째 열은 색깔–빈칸–색깔–색깔–색깔이며 숫자로 변환하면 10111, 보도 코드로 X를 나타낸다. 마지막 열은 보도 코드로 Y를 나타낸다. 가운데 두 열은 더 흥미롭다. 다섯 개의 0과 1로는 32개의 기호를 표현할 수 있지만, 숫자와 구두점, 기타 기호들까지 표현하려면 대부분 32개로는 충분하지 않다. 이러한 필요를 충족하기 위해 보도는 기발한 방법으로 표현 가능한 기호의 범위를 확장했다. 키보드에서 쉬프트 키를 써서 똑같은 키로 다른 기호를 표현하는 것처럼, 보도는 다섯 개의 0과 1로 이루어진 숫자열 하나를 쉬프트 키와 같은 용도로 사용했다. 11011이 나오면, 그다음 숫자열은 확장된 또다른 문자 중 하나를 나타낸다고 보면 된다.

http://www.ditonus.com/coldcode/에 접속하면 자신만의 콜드플레이 앨범 표지를 만들어 볼 수 있다.

앨범 표지의 두 번째 열은 보도 코드의 쉬프트 키이다. 빈칸–빈칸–빈칸–색깔–색깔인 세 번째 열을 해독하려면 아래 도표에 나온 확장 문자 집합을 참고해야 한다. 대부분 분명히 &를 예상할 것이다. 그러나 00011은 &가 아니라 숫자 9에 대응한다. 따라서 보도 코드로 나타낸 콜드플레이의 세 번째 앨범 제목은 사실 X&Y가 아니라 X9Y이다. 콜드플레이가 우리를 놀리기라도 했다는 말인가? 그건 아닐 것이다. 9와 &를 의미하는 보도 코드들은 사각형 하나 차이이기 때문에 단순한 실수일 가능성이 크며, 이렇게 보도 코드를 비롯한 수많은 유사 코드들은 오류가 일어났을 때 잡아내기가 어렵다. 암호를 다루는 수학은 이 같은 오류를 검출할 때 진가를 발휘하기 시작한다.

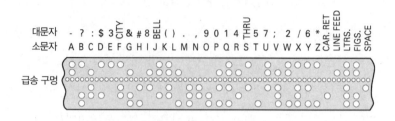

그림 4.16 보도 코드.

숫자만 보고도 어느 쪽이 ISBN 번호인지 맞출 수 있을까? 0521447712? 0521095788?

어떤 서적이든 뒷면에서 ISBN — 국제표준서적번호— 을 본 적이 있을 것이다. 10개의 숫자로 구성된 ISBN은 해당 서적의 고유 번호로 책이 최초로 출판된 국가와 출판사를 알려준다. 그러나 그뿐만이 아니다. ISBN은 요술을 부리기도 한다.

이를테면 ISBN을 알고 있는 어떤 책을 주문하려고 한다. 나는 그 번호를 입력했지만 너무 서두르는 바람에 실수를 했다. 그 결과 엉뚱한 책을 받았을 거라고 생각했겠지만, 그런 일은 일어나지 않았다. ISBN에는 자체적으로 오류를 검출하는 놀라운 특징이 있기 때문이다. 어떻게 그런 일이 가능한지 보자.

아래는 실제 ISBN 번호로, 내가 가장 좋아하는 책 몇 권에서 가져왔다.

ISBN 숫자	0	5	2	1	4	2	7	0	6	1	
곱한 결과	0	10	6	4	20	12	49	0	54	10	165
ISBN 숫자	1	8	6	2	3	0	7	3	6	9	
곱한 결과	1	16	18	8	15	0	49	24	54	90	275
ISBN 숫자	0	4	8	6	2	5	6	6	4	2	
곱한 결과	0	8	24	24	10	30	42	48	36	20	242

표 4.05

각 자리 숫자의 아래 숫자는 코드 위치에 해당하는 숫자를 위의 숫자에 곱한 값이다. 예를 들어 첫 번째 ISBN에서 0에는 1이, 5에는 2가, 2에는 3이 곱해지는 식이다. 그다음 이 숫자들을 곱한 값을 모두 더해서 그 줄 끝에 합을 썼다. ISBN으로 만든 이 숫자들에서 무언가 보이는가? 또 다른 실제 ISBN에 같은 식의 계산을 하면 264, 99, 253가 나온다.

공통점을 찾았는가? 계산 결과는 언제나 11로 나누어떨어진다. 놀라운 우연 같겠지만, 사실은 교묘한 수학적 설계의 한 예이다. ISBN에서는 처음 아홉 개의 숫자만이 책에 관한 정보를 담고 있다. 10번째 숫자는 이 숫자들과 자신을 더한 총합이 11로 나누어지도록 추가된 수이다. 열 번째 자리에 숫자가 아닌 X가 쓰인 책을 본 적이 있는지 모르겠다. 내가 가장 좋아하는 책의 ISBN은 080501246X이다. X는 10을 의미한다(로마 숫자를 생각해보라). 이럴 때 ISBN 숫자들의 총합이 11로 나누어떨어지려면 마지막 자리에 10의 배수를 첨가해야 한다.

ISBN을 입력할 때 하나의 숫자를 잘못 썼다면 숫자들의 총합은 11로 나누어지지 않으며, 컴퓨터는 오류를 감지하고 재입력을 요청할 것이다. 두 숫자의 순서를 서로 바꾸어 잘못 입력하는 경우처럼 많은 사람들이 숫자를 입력할 때 흔히 범하는 실수도 감지할 수 있기 때문에 잘못된 책이 배송되는 대신 정확한 ISBN을 입력하라는 창이 뜰 것이다. 상당히 똑똑한 물건이다. 이제 당신은 이 절의 제목에 나온 두 수 중 어느 쪽이 진짜 ISBN이며 어느 쪽이 가짜 ISBN인지 구별할 수 있다.

새로운 책이 끊임없이 출간되면서, ISBN 번호들은 점점 고갈되기 시작했다. 그래서 2007년 1월 1일부터 ISBN은 13자리 수가 되었다. 12개의 숫자는 책 자체와 출판사, 출판된 국가에 관한 정보를 나타내고 13번째 자리의 숫자는 침입 가능한 오류를 방지하는 역할을 한다. 그러나 현재 출판사들이 사용하는 13자리 ISBN은 11로 나누어떨어지는가가 아닌, 10으로 나누어떨어지는가가 중요하다. 이 책의 뒷면에 나와 있는 ISBN을 살펴보라. 2번째, 4번째, 6번째, 8번째, 10번째, 12번째 자리 숫자들을 다 더한 다음 그 합에 3을 곱한다. 이제 나머지 자릿수의 숫자들을 그 결과에 더한다. 총합은 10으로 나누어떨어질 것이다. ISBN을 입력할 때 실수를 했다면, 위와 같은 방식으로 계산한 결과는 대개 10으로 나누어떨어지지 않는다.

암호를 써서 생각 읽기

이 비법을 실천에 옮기려면 36개의 동전이 필요하다. 순진한 친구에게 동전 25개를 주고 앞뒷면 관계없이 5 × 5 형태로 동전을 배열해 보라고 한다. 친구가 다음과 같이 동전을 놓았다고 하자.

H	H	T	T	T
T	T	H	T	T
H	H	H	T	H
T	H	H	T	T
T	T	T	T	T

표 4.06

이제 당신은 이렇게 말한다. "1분 후에 내가 너에게 이 중 한 동전을 앞면 혹은 뒷면으로 뒤집어보라고 할 거야. 그다음 난 너의 생각을 읽고 네가 어떤 동전을 뒤집었는지 맞출 거야. 혹시라도 내가 동전이 놓인 순서를 기억해서 맞출 수도 있으니, 사각형을 더 크게 만들자."

이렇게 말하고 당신은 언뜻 보기에는 아무렇게나 동전을 추가하여 행과 열을 하나씩 더 만든다. 격자는 6 × 6 = 36으로 커지지만 …… 사실 당신은 절대 아무렇게나 동전을 추가해선 안 된다. 첫 번째 열부터 시작해서 각 행과 열에 동전의 뒷면이 몇 개나 되는지 센다. 첫 번째 열에 동전의 뒷면이 홀수 개 있다면, 그 열 아래에 동전을 추가할 때 뒷면이 보이게 놓는다. 동전 뒷면이 짝수 개라면(0은 짝수로 간주한다), 앞면이 보이게 동전을 추가한다.

나머지 모든 열에 대해 같은 일을 한 다음, 이제는 동일한 기준으로 각 행의 끝에 동전을 추가한다. 이제 오른쪽 끝에 정사각형을 완성하기 위해 채워야 할 공간이 생겼을 것이다. 그 공간 윗열에 동전의 뒷면이 짝수 개인지 홀수 개인 지에 따라 동전의 앞면 혹은 뒷면을 놓는다. 재미있게도 이렇게 하면 맨 마지 막 행에 놓인 뒷면의 개수가 홀수인지 짝수인지까지 기록된다. 이러한 사실이 언제나 참임을 증명할 수 있을까? 이 표시로 5 × 5격자에 놓인 뒷면의 개수가 짝수인지 홀수인지를 알 수 있다는 점이 증명의 요령이다.

어쨌든, 이제 격자는 다음과 같은 모양이 되었다.

H	H	T	T	T	T
T	T	H	T	T	H
H	H	H	T	H	T
T	H	H	T	T	T
T	T	T	T	T	T
T	H	H	T	H	H

표 4.07

그리고 이제 비법을 실천할 준비가 되었다. 뒤돌아서, 친구에게 동전을 하나 골라서 앞뒷면이 바뀌도록 뒤집으라고 말한다. 다 되었으면 돌아본다. 격자 에 집중하면서 이제 친구의 생각을 읽겠다고 말하고 뒤집은 동전이 무엇인지 말한다.

물론, 당신은 친구의 생각을 전혀 읽지 못한다. 당신은 다시 5 × 5격자로 돌아가 각 행과 열에 나온 앞면과 뒷면의 수를 센다. 뒷면의 개수가 홀수인지 짝수인지를 확인한 다음, 당신이 추가한 동전이 앞면인지 뒷면인지 본다. 그 동전들이 각 열과 행에 나온 뒷면의 개수들의 홀짝을 알려주는 지표이기 때문이다. 친구는 5 × 5격자 위의 동전 하나를 뒤집었기 때문에, 새로 추가한 동전 중 열 하나와 행 하나의 끝에 있는 두 동전은 홀짝을 잘못 표시하게 된다. 그 행과 열이 교차하는 지점을 보라. 그곳에 있는 동전이 바로 뒤집힌 동전이다.

이제 다음 격자에서 어떤 동전이 뒤바뀌었는지 찾아 보라.

H	H	T	T	T	T
H	T	H	T	T	H
H	H	H	T	H	T
T	H	H	T	T	T
T	T	T	T	T	T
T	H	H	T	H	H

표 4.08

5 × 5격자에서 첫 번째 열에는 동전의 뒷면이 짝수 개 있지만, 그 아래에 당신은 동전의 뒷면을 추가하였고 이는 원래 뒷면의 개수가 홀수였다는 사실을 보여준다. 따라서 친구가 뒤집은 동전은 첫 번째 열에 있다.

이제 행들을 살펴본다. 두 번째 행에서 불일치가 일어난다. 뒷면이 홀수 개인데, 당신이 추가한 '검사 숫자check digit'는 짝수 개를 암시한다. 이제 친구의 생각을 읽을 수 있다. "너는 첫 번째 열에서 두 번째 동전을 뒤집었어." 감탄한 친구들이 손뼉을 친다.

만약 친구가 잘못해서 당신이 새로 추가한 동전 중 하나를 뒤집었다면? 문제없다. 그 경우 오른쪽 귀퉁이에 놓인 동전은 마지막 행이나 마지막 열의 홀짝을 잘못 표시할 것이다. 마지막 행과 일치하지 않는다면 그 행에 놓인 동전 하나가 바뀌었다는 뜻이므로, 각 열을 확인하면서 일치하지 않는 열을 찾는다. 6번째 열에서 일치하지 않는다면 바뀐 동전은 사실 오른쪽 맨 아래 귀퉁이에 있는 동전이다.

다음 격자에서도 하나의 동전이 바뀌었다. 어떤 동전이 바뀌었는지 찾을 수 있는가?

H	H	T	T	T	H
T	T	H	T	T	H
H	H	H	T	H	T
T	H	H	T	T	T
T	T	T	T	T	T
T	H	H	T	H	H

표 4.09

답은 오른쪽 맨 위 귀퉁이에 있는 동전이다. 오른쪽 맨 아래 귀퉁이에 있는 앞면은 마지막 열의 뒷면의 개수가 짝수여야 함을 말해준다. 그러나 실제로는 홀수 개이다. 이제 행을 확인한다. 첫 번째 행의 경우 가장 끝에 놓인 앞면은 왼쪽에 있는 뒷면들의 개수가 짝수여야 함을 보여준다는 점에서 틀렸다. 첫 번째 행의 뒷면의 개수는 실제로 홀수이므로, 결국 바뀐 동전은 맨 위의 오른쪽 구석에 있는 동전이다.

지금까지의 설명이 바로 오류 수정 코드라 불리는, 전송 도중 침입했을지 모르는 메시지 안의 오류들을 컴퓨터에서 수정할 때 사용하는 코드(암호)의 원리이다. 앞면과 뒷면을 0과 1로 바꾸는 순간 격자는 디지털 메시지가 된다. 예를 들어, 앞서 이 절의 시작 부분에 제시된 5 × 5격자의 각 열이 보도 코드의 문자를 상징한다면 전체 격자는 다섯 문자로 구성된 메시지가 된다. 나머지 열과 행은 오류를 검출하기 위해 컴퓨터에서 추가한 것이다.

따라서 만약 콜드 플레이의 세 번째 앨범 표지에 나온 암호 메시지를 보낸다면, 비슷한 요령을 5 × 4격자에 적용하여 언제 어디에서 오류가 일어났는지를 검출한다. 다음은 앨범 표지에 원래 실렸어야 할 암호로 색깔이 칠해진 사각형은 1, 빈칸은 0으로 표현하였다.

1	1	0	1
0	1	1	0
1	0	0	1
1	1	1	0
1	1	1	1

표 4.10

이제 0과 1로 이루어진 행과 열을 추가해서 각 열과 행에 나타난 1이 짝수 개인지 홀수 개인지를 표시하는 용도로 쓴다.

1	1	0	1	1
0	1	1	0	0
1	0	0	1	0
1	1	1	0	1
1	1	1	1	0
0	0	1	1	0

표 4.11

이제 전송 도중 오류가 일어나서 숫자 하나가 바뀌었고, 그 결과 그래픽 디자이너가 다음과 같은 메시지를 받았다고 가정하자.

1	1	0	1	1
0	1	0	0	0
1	0	0	1	0
1	1	1	0	1
1	1	1	1	0
0	0	1	1	0

표 4.12

마지막 열과 행에 있는 확인 숫자를 이용해서 그래픽 디자이너는 오류를 발견할 수 있다. 두 번째 행과 세 번째 열이 일치하지 않는다.

이와 같은 오류 수정 코드는 CD에서 위성 통신에 이르는 모든 곳에 사용된다. 누군가와 통화중인데 그가 말하는 내용 중 일부를 알아듣지 못할 때 어떤 기분인지 알 것이다. 컴퓨터 간의 대화에서도 비슷한 문제가 일어나지만, 기발한 수학적 방법을 이용하면 이 같은 간섭을 제거하게끔 정보를 암호화할 수 있다. 우주선 보이저 2호가 최초로 토성의 사진을 전송할 때 나사에서는 이 방법을 활용했다. 오류 수정 코드를 사용하여, 그들은 흐릿한 이미지를 투명하고 깨끗한 사진으로 바꿀 수 있었다.

인터넷에서 공정하게 동전 던지기를 하는 방법

오류 수정 코드는 정보의 소통을 투명하게 해 준다. 그러나 컴퓨터 상에서는 정보를 비밀로 전송해야 할 때가 잦다. 과거 스코틀랜드의 메리 여왕이나 넬슨 장군을 비롯하여 비밀 메시지를 교환하려던 사람들은 모두 사전에 중개인과 만나서 양측이 사용할 암호에 대해 합의해야 했다. 컴퓨터를 사용하는 오늘날에도 많은 경우 메시지를 비밀로 보내야 한다. 온라인으로 쇼핑할 때는 본 적도 없는 사람, 혹은 방금 알게 된 웹 사이트에 신용 카드 정보를 보내기도 한다. 인터넷상에서 사업을 하려면 모든 사람들이 사전에 대면해야 했던 과거의 방식으로는 불가능하다. 다행히도 수학이 여기서 가능한 해법을 제시한다.

그 해법을 설명하기 전에, 우선 다음과 같은 단순한 상황을 생각해 보자. 나는 인터넷으로 누군가와 체스를 두려고 한다. 나는 런던에, 상대는 도쿄에 산다. 우리는 누가 먼저 둘지를 동전을 던져 결정하기로 한다. "앞면? 뒷면?" 이메일로 상대에게 묻는다. 상대가 앞면을 선택하겠다는 답을 보내온다. 동전을 던진다. '뒷면'이 나왔다고 나는 다시 이메일을 보낸다. "제가 먼저 시작합니다." 내가 상대방을 속였는지 알아낼 방법이 있을까?

인터넷에서 동전을 공정하게 던지는 일은 놀랍게도 가능하며, 이는 소수와 관련된 수학 덕분이다. 모든 소수는 2를 제외하면 홀수odd이다. (소수 중 오직 2만이 짝수even이며 그래서 저 혼자 이상하다odd.) 홀수 소수를 4로 나누면 나머지는 1이나 3이다. 예를 들어 17을 4로 나누면 나머지가 1이고, 23을 4로 나누면 3이 남는다.

1장에서 보았듯 2,000년 전 고대 그리스인은 소수가 무한하다는 사실을 증명했다. 그렇다면 4로 나눈 나머지가 1과 3인 소수 중 어느 쪽이 무한히 많을까? 페르마가 350년 전 제기한 이 질문에 대한 답은 19세기에 와서 독일 수학자 페터 구스타프 르죈 디리클레Peter Gustav Lejeune Dirichlet에 의해 밝혀졌다. 그는 상당히 복잡한 수학을 도입하여 소수 중 반은 4로 나누었을 때 1이 남고 나머지 반은 3이 남기 때문에 어느 한쪽의 소수가 더 많지 않음을 보였다. 수학자들이 말하는 무한에서 '절반'이 정확히 무엇을 의미하는가는 복잡한 문제다. 본질적으로는, 어떠한 수를 택하든 그보다 작은 소수들을 살펴볼 때 그중 절반에 가까운 소수들이 4로 나누었을 때 나머지가 1이라는 뜻이다.

따라서 어떤 소수를 4로 나누었을 때 나머지가 1과 3 중 어느 쪽인지는 '편향되지 않은' 공정한 동전이 앞면이나 뒷면 중 어느 쪽으로 떨어지는지와 다르지 않다. 앞에서 본 동전 던지기 문제를 해결하기 위해 동전의 앞면은 4로 나누었을 때 1이 남는 소수, 뒷면은 4로 나누었을 때 3이 남는 소수라고 하자. 이제 여기서 기발한 수학적 방법을 적용한다. 앞면에 속하는 — 다시 말해, 4로 나누었을 때 1이 남는 — 두 소수, 이를테면 17과 41을 선택한 다음 둘을 곱하면, 그 결과도 4로 나누었을 때 1이 남는다. $41 \times 17 = 697 = 174 \times 4 + 1$이다.

뒷면에 속하는 — 다시 말해 4로 나누었을 때 3이 남는 — 두 소수, 이를테면 23과 43을 선택하면 …… 결과는 당신의 예상과 다르다. 이 두 소수를 곱한 결과를 4로 나누면 1이 남는다. $23 \times 43 = 989 = 247 \times 4 + 1$이다. 두 소수의 곱으로는 소수들이 앞면에 속하는지 뒷면에 속하는지 알 길이 없다. 이 점을 활용해서 '인터넷 동전 던지기Internet heads or tails'를 할 수 있다.

동전을 던져서 앞면이 나오면, 나는 앞면에 속한 두 소수를 선택해서 곱한다. 뒷면이 나오면 뒷면에 속한 두 소수를 선택해서 곱한다. 동전을 던지고 두 소수를 곱한 다음에 그 결과를 도쿄에 사는 상대에게 보낸다. 결과가 6,497이라고 하자. 곱한 결과는 언제나 4로 나누었을 때 1이 남기 때문에, 선택한 두 소수가 무엇인지 모르는 이상 앞면 또는 뒷면의 어느 쪽에서 두 소수를 선택했는지 그는 알 길이 없다. 이제 그는 앞면 또는 뒷면 중 하나를 선택하는 입장이 된다.

그가 옳게 선택했는지를 보려면, 나는 그에게 내가 선택한 두 소수를 보내주어야 한다. 이 경우 두 소수는 89와 73으로 앞면에서 선택한 소수들이다. 곱해서 6,497이 되는 다른 두 소수는 없기 때문에 나는 나의 결백을 증명하기 위해 그에게 6,497이라는 수와 함께 충분한 정보를 준 셈이지만, 그가 나를 속일 수 있을 정도로 충분하지는 않다.

사실 엄밀히 말하면 속일 수 있다. 6,497을 89 × 73으로 분해할 수 있다면 그는 앞면을 선택할 것이기 때문이다. 그러나 내가 충분히 큰 소수(두 자리 수보다 매우 매우 큰)를 선택하는 한 현재의 컴퓨터 성능으로 그 곱을 소인수분해하기란 거의 불가능하다. 인터넷상에서 전송되는 신용 카드 번호의 보안 암호도 유사한 원리를 이용한다.

쉬운 문제

동전을 던졌다. 결과에 따라 나는 앞면 또는 뒷면에 속한 두 개의 소수를 선택해서 곱했다. 결과는 13,068,221이다. 동전은 앞 또는 뒷면 중 어느 쪽으로 떨어졌을까? 컴퓨터의 도움을 받지 않고 답을 구해보라. 답은 이 장의 끝에 있다.

어려운 문제

마찬가지 상황에서 두 소수를 곱한 결과가 다음과 같았다.

$$5,759,602,149,240,247,876,857,994,004,081,295,363,$$

$$338,151,725,852,938,901,132,472,828,171,992,873,$$

$$665,524,051,005,072,817,707,778,665,601,229,693$$

(이번에는 컴퓨터를 사용해도 좋다.)

소인수분해가 곧 암호 해독법이라고?

밥은 영국에서 축구팀 유니폼을 파는 웹 사이트를 운영한다. 호주 시드니에 사는 앨리스는 밥이 운영하는 사이트에서 셔츠를 주문하는데, 신용 카드의 정보를 아무도 볼 수 없게 전송하고 싶다. 밥은 자신의 웹 사이트에서 특수한 코드 번호를 발행했다. 그 번호가 이를테면 126,619라고 하자. 이 코드 번호는 앨리스가 보낸 메시지를 잠그고 안전하게 보관하는 열쇠이다. 그래서 앨리스는 웹 사이트에 들어갈 때 밥이 발행한 암호 열쇠encoding key를 받아 그것으로 자신의 신용 카드를 '잠근다'.

사실 앨리스의 컴퓨터는 이때 126,619라는 수와 그녀의 신용 카드 번호로 특수한 계산을 한다. 이제 암호화된 신용 카드 번호는 인터넷을 통해 공개적으로 밥의 웹 사이트로 전송된다. (상세한 계산 과정은 다음 절에서 볼 수 있다.)

그런데 잠깐. 이 과정에서 별문제는 없을까? 내가 해커라면 밥의 웹 사이트에 접속하여 열쇠의 복사본을 받아 메시지를 열어 볼 텐데 이때 나를 저지할 무언가는 없을까? 흥미롭게도 인터넷 암호의 문을 열기 위해서는 다른 열쇠가 필요하며, 그 열쇠는 밥의 금고에 매우 안전하게 보관된다.

해독 열쇠decoding key는 곱해서 126,619가 되는 두 소수이다. 실제로 밥은 두 소수 127과 997을 선택하여 암호 열쇠를 만들었고, 바로 이 두 소수를 이용해서 앨리스의 컴퓨터가 그녀의 신용 카드 번호를 변경시키려고 수행한 계산을 역으로 풀어내야 한다. 밥은 암호 열쇠 126,619를 자신의 웹 사이트에 공개적으로 발행하지만, 해독 열쇠인 두 소수 127과 997을 철저히 비밀로 유지한다.

곱해서 126,619가 되는 두 소수를 찾아낸다면, 밥의 웹 사이트에 전송된 카드 번호들을 알아낼 수 있다. 사실 126,619는 비교적 작은 수이기 때문에 차근차근 나눗셈을 해보면 금방 127과 997로 소인수분해할 수 있다. 실제 웹 사이트에서는 훨씬 큰 — 너무나 커서 시행착오를 통해 소수 쌍을 찾는 일이 거의 불가능에 가까운 — 수에 기초한 암호 열쇠를 사용하기 때문에, 이 방법을 적용할 수는 없다.

다음에 나온 617자리 수의 암호를 개발한 수학자들은, 너무나 자신만만했던 나머지 수년 동안 이 수의 소수 쌍을 찾는 일에 20만 달러의 상금을 걸었다.

25,195,908,475,657,893,494,027,183,240,048,398,571,429,

282,126,204,032,027,777,137,836,043,662,020,707,595,556,

264,018,525,880,784,406,918,290,641,249,515,082,189,298,

559,149,176,184,502,808,489,120,072,844,992,687,392,807,

287,776,735,971,418,347,270,261,896,375,014,971,824,691,

165,077,613,379,859,095,700,097,330,459,748,808,428,401,

797,429,100,642,458,691,817,195,118,746,121,515,172,654,

632,282,216,869,987,549,182,422,433,637,259,085,141,865,

462,043,576,798,423,387,184,774,447,920,739,934,236,584,

823,824,281,198,163,815,010,674,810,451,660,377,306,056,

201,619,676,256,133,844,143,603,833,904,414,952,634,432,

190,114,657,544,454,178,424,020,924,616,515,723,350,778,

707,749,817,125,772,467,962,926,386,356,373,289,912,154,

831,438,167,899,885,040,445,364,023,527,381,951,378,636,

564,391,212,010,397,122,822,120,720,357

617자리의 이 수를 소인수분해하기 위해 소수를 하나씩 시도해보려면, 우주에 존재하는 원자 수보다 더 많은 횟수만큼 해야 한다. 당연히 누구도 소수 쌍을 찾아내지 못했기에 상금은 2007년에 취소되었다.

사실상 해독이 불가능하다는 외에도 소수 암호에는 다소 기묘한 특징이 있는데, 이 특징은 과거의 모든 암호를 따라다니던 문제를 해결했다. 소수 암호가 발명되기 전의 일반적인 암호들은 같은 열쇠로 잠그고 푸는 자물쇠였다.

그러나 새로 발명한 인터넷 암호들은 새로운 종류의 자물쇠이다. 자물쇠를 열 때 사용하는 열쇠와 잠글 때 사용하는 열쇠가 다르다. 웹 사이트에서는 메시지를 잠그는 열쇠를 자유롭게 배포하지만, 메시지를 여는 또 다른 열쇠들은 극비로 유지한다. 다음 글은 인터넷 암호가 실제로 어떻게 작동하는지 매우 상세하게 설명하고 있으니 용기가 있다면 읽어보라. 이 이야기는 신기한 계산기에서 출발한다.

시계 계산기란?

인터넷에서 사용하는 최신 암호들은 사실 인터넷이라고는 꿈에도 상상하지 못했을 몇백 년 전에 등장한 수학의 발명품 시계 계산기clock calculator에 의존한다. 다음 절에서는 이 시계 계산기가 인터넷 암호에서 어떻게 활용되는지 알아볼 테지만, 우선은 이 계산기들이 어떻게 작동하는지 살펴보자.

12시간짜리 시계에서 시작하자. 이 시계 위에서 하는 덧셈은 익숙하다. 9시에서 네 시간이 지나면 1시가 된다. 이 덧셈은 수를 더해서 그 결과를 12로 나눈 나머지와 같으며, 수식으로 표현하면 다음과 같다.

$$4 + 9 = 1 \ (\bmod 12)$$

'mod 12'라고 쓰는 까닭은 12가 기준, 다시 말해 12는 수가 재시작하는 지점이기 때문이다. 꼭 12에 한정할 필요 없이 유사한 덧셈을 다른 시계 위에서도 할

수 있다. 예를 들어 10시간짜리 시계 위에서

$$9 + 4 = 3 \ (\bmod \ 10)$$

이다. 시계 계산기에서 곱셈은 어떻게 할까? 곱셈은 덧셈을 특정 횟수만큼 반복하는 작업이다. 예를 들어 4 × 9는 9를 네 번 더하라는 뜻이다. 그렇다면 12시간의 시계 위에서 9를 네 번 더하면 바늘은 최종적으로 어디에 위치할까? 9 + 9는 6시와 같다. 매번 9를 더할 때마다 시곗바늘은 세 시간씩 뒤로 회전하여 결국에는 12시로 온다. 0은 수학에서 매우 중요한 수이며, 시계 계산기에서 12시는 사실상 0시로 간주된다. 결과적으로 다음과 같은 기묘한 식이 탄생한다.

$$4 \times 9 = 0 \ (\bmod \ 12)$$

수를 거듭해서 제곱하면 어떨까? 9^4을 예로 들면, 9를 4번 곱한다는 뜻이다. 방금 모듈러 곱셈modular multiplication을 익혔기 때문에 이 계산도 쉽게 할 수 있다. 수가 점점 커지는 상황이므로 여기서는 시곗바늘이 어디로 가는지를 추적하기보다는 12로 나눈 나머지를 알아보는 쪽이 더 쉽다. 9 × 9 = 81에서 시작하자. 12로 나누었을 때의 나머지는 얼마인가? 다시 말해서 81시는 몇 시인가? 9시다. 따라서 9를 얼마나 많이 곱하든, 결과는 언제나 9가 된다.

$$9 \times 9 = 9 \times 9 \times 9 = 9 \times 9 \times 9 \times 9 = 9^4 \ = 9 \ (\bmod \ 12)$$

시계 계산기의 결과는 일반적인 계산기로 계산한 결과를 시계의 시간으로 나눈 나머지와 같다. 그러나 시계 계산기의 강점은 대개 일반적인 계산기로 먼저 계산해 볼 필요가 없다는 점에 있다. 12시간 시계 계산기에서 7^{99}은 얼마일까? 힌트! 7 × 7을 먼저 계산한 다음 그 결과에 7을 다시 곱한다. 규칙이 보이는가?

페르마는 소수 시간 계산기, 이를테면 p시간 시계 계산기의 계산에 관하여 근본적인 발견을 했다. 그가 발견한 사실에 따르면, 이 계산기에서 어떤 수를 골라 p만큼 거듭제곱하면 그 결과는 언제나 처음에 골랐던 그 수이다. 이 발견은 오늘날 그 유명한 '마지막' 정리와 구분하여 페르마 소정리Fermat's little theorem로 불린다.

표 4.13에는 소수와 비소수 시계 계산기의 계산 결과들이 나와 있다.

2의 거듭제곱	2^1	2^2	2^3	2^4	2^5	2^6	2^7	2^8	2^9	2^{10}
일반 계산기	2	4	8	16	32	64	128	256	512	1,024
5시간 계산기	2	4	3	1	2	4	3	1	2	4
6시간 계산기	2	4	2	4	2	4	2	4	2	4

표 4.13

따라서 5시간 소수 시계 계산기로 2의 5제곱을 계산하면 답은 2가 된다. 즉 2^5 = 2 (mod 5)이다. 이 마법은 모든 소수 시간 시계 계산기에서 나타난다. 비소수 시계 계산기에서는 이러한 마법이 나타나지 않을 수도 있다. 예를 들어 6

시간 비소수 시계 계산기에서 2^6은 2가 아니라 4이다.

시곗바늘이 가리키는 시간을 따라가다 보면 어떠한 규칙성이 나타난다. $p - 1$ 단계를 거친 뒤 다음 단계에서는 언제나 시작했던 지점으로 돌아오기 때문에 패턴은 $p - 1$ 단계를 주기로 반복된다. 어떤 경우에 그 패턴은 $p - 1$ 단계 안에서 여러 번 반복되기도 한다. 13시간 시계에서 3^1, 3^2, …… 3^{13}까지 3의 거듭제곱들을 차례대로 계산하면 다음과 같은 결과가 나온다.

$$3, 9, 1, 3, 9, 1, 3, 9, 1, 3, 9, 1, 3$$

3을 13번 곱하는 동안, 시곗바늘은 시계 위의 모든 숫자를 가리키지 않고 일정하게 반복되는 패턴을 따르다가 3으로 돌아온다.

앞서 이미 유사한 수학이 실제로 어떻게 이용되는지를 3장, 특히 퍼펙트 셔플로 포커 게임자들을 속이는 부분에서 보았다. 거기에서는 카드에 번호를 붙인 다음 몇 번의 퍼펙트 셔플을 해야 한 벌의 카드가 원래대로 정렬되는지를 물었다. 카드가 $2N$장일 때, 어떤 경우에는 $2N-2$번의 셔플이 필요했지만 다른 경우에는 그보다 훨씬 적은 수의 셔플이면 충분했다. 52장의 카드를 원래 순서대로 정렬하는 데는 8번의 퍼펙트 셔플로 충분했지만 54장의 카드는 52번을 해야 한다.

페르마는 이론 증명 과정을 꼼꼼히 설명하지 않는 사람이었고 자신의 '소정리'에서도 마찬가지였다. 그의 발견에 대한 설명과 그 정리가 모든 소수 시계에서 언제나 참임을 증명하는 과제는 후세 수학자들의 몫으로 남았다. 결국 그의 소정리를 증명한 사람은 레온하르트 오일러였다.

페르마의 소정리

다음은 페르마의 소정리에 대한 설명이다. 정리에 따르면 p시간 소수 시계에서

$$A^p = A \ (\bmod \, p)$$

이다. 증명은 난해하기는 하지만 전문적인 내용은 아니다. 증명의 흐름을 따라가는 일에 집중하기만 하면 된다.

쉬운 예에서 출발하자. A = 0이라면, 0을 몇 번 곱하든 그 결과는 언제나 0이기 때문에 정리는 참이다. 그러니 A가 0이 아니라고 가정한다. 이제 A를 이 시계 위에서 $p - 1$번 제곱하면 1시가 됨을 보일 것이다. 이렇게만 보여도 증명으로서는 충분하다. 1에 A를 곱하면 결과는 항상 A가 되기 때문이다.

우선, 0을 제외한 시계 위의 모든 시간을 나열한다. 총 $p - 1$시간이 있다.

$$1, \, 2, \, \cdots\cdots, \, p - 1$$

이제 각 숫자에 A를 곱하면,

$$A \times 1, \, A \times 2, \, \cdots\cdots, \, A \times (p - 1) \ (\bmod \, p)$$

이다. 이제 나열된 수들이 순서만 다를 뿐 원래의 나열 $1, \, 2, \, \cdots\cdots, \, p - 1$과 같음을 보이려고 한다. 만약 같지 않다고 하면 A나 p 둘 중 하나가 0이거나, 두

숫자가 같기 때문일 것이다. 시계 위에는 p시간밖에 없으므로 다른 경우는 있을 수 없다.

n과 m이 1과 $p-1$ 사이의 수일 때, A $\times$ n과 A $\times$ m이 p시간 시계 위에서 같다고 하자(이 경우 왜 n과 m이 같아야 하는지 보일 것이다). 따라서 A $\times$ n - A $\times$ m = A $\times$ $(n-m)$은 시계 계산기에서 0이 되고, 따라서 일반적인 계산기에서 A $\times$ $(n-m)$은 p로 나누어 떨어지는 값이다.

증명의 다음 단계에서는 p가 소수라는 사실을 이용하는 것이 핵심이다. 화학 분자들처럼 A $\times$ $(n-m)$은 A를 구성하는 소수 원자들과 $n-m$을 구성하는 소수 원자들의 곱으로 분해된다. p는 소수이다. 소수는 산술의 세계에서 원자와 같아 더는 분해되지 않는다. p는 A $\times$ $(n-m)$을 나누며, 소수들을 곱해서 수를 만드는 방법은 유일하기 때문에 p는 A $\times$ $(n-m)$을 구성하는 원자여야 한다. 그러나 p는 A를 나누지 못하기 때문에, $n-m$을 구성하는 원자여야 한다. 다시 말해서, $n-m$은 p로 나누어떨어진다. 이 사실은 무엇을 의미할까? 바로 n과 m이 p시간 시계에서 같은 시간을 가리킨다는 뜻이다. 유사한 논리를 쓰면 A와 n이 둘 다 0시가 아닐 때 A $\times$ n은 0시가 될 수 없음을 보일 수 있다. 여기서 중요한 사실은 시계에 소수의 시간이 있다는 점이다. 앞에서 우리는 12시간 비소수 시계에서는 4 또는 9가 0이 아님에도 4 $\times$ 9가 0시가 됨을 보았다.

이제 두 수열 ─ 1, 2, ……, $p-1$과 A $\times$ 1, A $\times$ 2, ……, A $\times$ $(p-1)$ ─ 은 같은 숫자들로 구성되지만 다른 순서로 나열된 상태다. 여기서 우리는 어쩌면 페르마가 발견했을지도 모를 기발한 기술을 쓸 수 있다. 수열의 수를 모두 곱하면 두 수열에서 모두 같은 결과를 얻는다. 곱셈에서는 수가 나열된 순서는 중요하지 않기 때문이다. 첫 번째 수열의 곱 1 $\times$ 2 $\times$ …… $\times$ $(p-1)$은 $(p-1)$!

로 쓸 수 있다. 두 번째 수열의 곱은 A를 $p-1$번 곱한 값과, 1부터 $p-1$까지를 곱한 값으로 구성된다. 이 결과를 약간만 재배열하면 $(p-1)! \times A^{p-1}$으로 쓸 수 있다. 그리고 시계 계산기에서 이 곱들은 서로 같다.

$$(p-1)! = (p-1)! \times A^{p-1} \,(\bmod\, p)$$

따라서 $(p-1)! \times (1-A^{p-1})$은 p로 나누어떨어지고, 우리는 다시 앞에서 썼던 기술을 사용한다. 1, 2, ……, $p-1$ 중 p로 나누어떨어지는 수는 없으므로 $(p-1)!$은 p로 나누어떨어질 수 없다. 유일하게 남은 가능성으로 $1-A^{p-1}$은 p로 나누어떨어져야 한다. 다시 말해 A^{p-1}을 시계 계산기에서 계산하면 언제나 1이 나온다. 이것이 바로 수학자들을 괴롭혔던 페르마 정리의 내용이다.

이 증명에는 흥미로운 요소들이 여럿 있다. A × B가 소수 p로 나누어떨어지면 A나 B는 반드시 p로 나누어떨어져야 한다는 사실은 특히 중요하며, 소수만이 가진 특수한 성질에서 유도된다. 그러나 나는 두 가지 방식으로 똑같은 수열 1, 2, ……, $p-1$을 본다는 발상에서 아름다움을 느낀다. 수평적 사고가 빛을 발한 예이다.

인터넷에서 시계 계산기를 활용하여 비밀 메시지를 보내는 방법

이제 앞에서 본 시계들로 인터넷상에서 비밀 메시지를 보내는 방법을 살펴볼 준비가 되었다.

웹 사이트에서 무언가를 살 때 당신의 컴퓨터는 웹 사이트가 공개한 시계 계산기를 이용하여 신용 카드 번호를 암호화하기 때문에 웹 사이트 쪽에서는 시계 계산기가 몇 시간짜리인지를 알려야 한다. 이 정보는 웹 사이트가 당신의 컴퓨터에게 알려주는 두 개의 숫자 중 하나이다. 이 수를 N이라고 하자. 밥의 축구팀 유니폼 웹 사이트에서 N은 126,619였다. 당신의 컴퓨터가 계산을 하려면 두 번째 암호 숫자가 필요한데, 이 수를 E라고 할 것이다. N시간 시계 계산기는 당신의 신용 카드 번호 C를 E만큼 거듭제곱하여 암호화한다. 이렇게 신용 카드 번호를 변형한 수 C^E (mod N)이 나오면, 당신의 컴퓨터는 이 결과를 웹 사이트에 전송한다.

그렇다면 웹 사이트에서는 이 수를 어떻게 해독할까? 페르마의 소수 마술이 그 열쇠이다. N이 p시간 소수 시계 계산기라고 하자(N이 소수 시계 계산기이면 보안 코드에 그다지 적합하지 않다는 사실을 아래에서 보겠지만, 지금으로서는 설명을 쉽게 이해할 수 있도록 도와줄 것이다). C^E을 충분한 횟수만큼 곱해준다면, C는 마술처럼 다시 나타난다. 그러나 C^E을 몇 번이나 곱해야 할까? (이 횟수를 D라 하자.) 다시 말해 p시간 소수 시계에서 언제 (C^E)^p = C가 될까?

물론, 식은 $E \times D = p$일 때 성립한다. 그러나 p는 소수이다. 즉, $E \times D = p$가 되는 D는 없다. 그러나 C를 계속해서 곱해나가면, 또 다른 지점에서 C가 반드시 다시 나타난다. 신용 카드 번호가 다시 나타나게 되는 지점은 거듭제곱의 횟수가 2 (p − 1)+ 1일 때이다. 그다음으로는 거듭제곱의 횟수가 3 (p − 1)+ 1일 때 나타난다. 따라서 해독 숫자를 찾으려면 $E \times D = 1$ (mod (p − 1))이 되는 D를 찾아야 한다. 풀기가 훨씬 수월해졌다. 문제는 E와 p가 공개 숫자이기 때문에, 해커들도 해독 숫자 D를 쉽게 찾는다는 점이다. 안전을 위해 우리는 p시간이 아닌, $p \times q$시간의 시계와 관련된 오일러의 발견을 이용해야 한다.

$p \times q$시간 시계에서 시간 C를 선택했을 때, C, $C \times C$, $C \times C \times C$, ……의 수열은 언제쯤 다시 반복될까? 오일러의 발견에 따르면 패턴은 $(p-1) \times (q-1)$마다 반복된다. 따라서 원래 선택한 시간으로 다시 돌아가려면, C를 $(p-1) \times (q-1) + 1$번, 또는 k가 패턴의 반복 횟수일 때 $k \times (p-1) \times (q-1) + 1$번 거듭제곱해야 한다.

따라서 $p \times q$시간 시계에서 메시지 C^E을 해독하려면 $E \times D = 1 \pmod{(p-1) \times (q-1)}$이 되는 해독 숫자 D를 찾아야 하며, 따라서 $(p-1) \times (q-1)$시간을 가진 비밀 시계 계산기에서 계산해야 한다. 해커는 N과 E만 알고 있으며, 만약 그가 비밀 시계를 찾고자 한다면 감춰진 소수 p와 q를 알아내야 한다. 따라서 인터넷 암호를 해독하는 일은 숫자 N을 소인수분해하는 일과 같다. 그리고 인터넷상에서의 동전 던지기를 다룬 앞 절에서 보았듯 숫자가 커지면 소인수분해는 사실상 불가능하다.

이제 상황을 쉽게 이해할 수 있도록 매우 작은 소수 p와 q를 써서 인터넷 암호의 작동 과정을 살펴보자. 축구팀 유니폼 웹 사이트의 밥은 소수 3과 11을 선택하여 고객이 신용 카드 번호를 암호화할 때 사용하는 공개 시계 계산기가 33시간이 되도록 했다. 33은 시간 계산기의 시간수이기 때문에 공개하지만, 3과 11은 메시지를 해독하는 열쇠이기 때문에 비밀로 유지한다. 밥의 웹 사이트에서 공개하는 두 번째 정보인 암호 숫자 E는 여기에서 7이다. 밥의 웹 사이트에서 유니폼을 사는 고객들은 모두 33시간 시계 계산기로 신용 카드 번호를

7번 거듭제곱하는 계산을 한다.

밥의 웹 사이트를 찾은 어떤 고객은 신용 카드를 최초로 발급받았기 때문에 카드 번호가 2이다. 33시간 시계 계산기로 2를 7제곱하면 29가 나온다.

다음과 같이 하면 33시간 시계 계산기에서 2^7을 효율적으로 계산할 수 있다. 우선 처음에는 2를 제곱해나간다. $2^2 = 4$, $2^3 = 8$, $2^4 = 16$, $2^5 = 32$. 2의 거듭제곱이 커질수록 시곗바늘은 시계판에서 더 많이 회전하고, 2를 6번 곱하게 되면 바늘은 한 바퀴 이상을 돌게 된다. 여기서 우리는 작은 꾀를 써서 시곗바늘을 더 많이 회전시키기보다는 거꾸로 돌아가게 한다. 간단히 말해 33시간 시계 계산기에서 32시는 -1시이다. 이렇게 하면 $2^5 = 32$에 도달한 뒤, 2를 두 번 더 곱하면 -4, 혹은 29시가 된다. 이렇게 우리는 2를 7번 거듭제곱해서 그 결과인 128을 33으로 나눈 나머지를 계산하는 수고를 덜었다. 컴퓨터로 큰 수를 빨리 계산해야 할 때 이러한 수고를 절약하는 것은 매우 귀중한 도움이 된다.

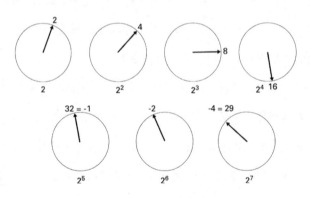

그림 4.17 33시간 시계 계산기로 거듭제곱 계산하기.

고객의 암호 숫자 29가 안전하다고 어떻게 확신할 수 있을까? 해커는 사이버 공간을 돌아다니다가 이 수를 볼 수 있으며, 33시간 시계 계산기와 신용 카드 번호를 7회 거듭제곱하라는 밥의 공개 열쇠도 쉽게 찾아볼 수 있다. 이 암호를 해독하기 위해서 해커는 33시간 시계 계산기로 7번 거듭제곱해서 29가 나오는 수를 찾기만 하면 된다.

당연히 말처럼 쉬운 일이 아니다. 심지어 보통의 산술 계산을 할 때도 숫자를 제곱하려면 메모 용지가 필요한데, 제곱근을 찾기 위해 거꾸로 계산하기란 그보다 훨씬 어려운 일이다. 게다가 시계 계산기로 거듭제곱을 계산해야 하니 이중의 어려움이 따른다. 계산 결과는 시작했던 수와 전혀 관련이 없는 크기의 수이기 때문에 해커는 곧 어디에서 시작했는지를 놓치게 된다.

앞의 예에 나온 숫자들은 모든 가능성을 시도해 볼 수 있을 정도로 작았기 때문에 해커가 답을 알아낼 수 있었다. 그러나 실제 웹 사이트에서는 100자리가 넘는 시간의 시계를 사용하기 때문에, 소모적인 탐색이 불가능하다. 33시간 시계 계산기로 이 문제를 풀기가 그토록 어렵다면 인터넷상으로 거래하는 회사들은 어떻게 고객의 신용 카드 번호를 되살릴 수 있는지 궁금하지 않은가?

페르마의 소정리를 더 일반화한 오일러의 정리대로라면 마법의 해독 숫자 D는 반드시 존재한다. 밥은 암호화된 신용 카드 번호에 이 D를 곱해서 원래의 신용 카드 번호를 되살릴 수 있다. 그러나 D를 알아내려면 감춰진 소수 p와 q를 알아야 한다. 이 두 소수에 관한 지식이 인터넷 암호의 비밀을 푸는 열쇠가 되는 까닭은 다음 방정식을 비밀 계산기로 풀어야 하기 때문이다.

$$E \times D = 1 \ \left(\bmod \left(p - 1 \right) \times \left(q - 1 \right) \right)$$

예에서 제시한 숫자들을 대입한다면, 다음 방정식을 풀어야 하는 셈이다.

$$7 \times D = 1 \ (\ \mathrm{mod}\ (\ 2 \times 10\ )\ )$$

이 방정식은 7을 곱했을 때의 결과를 20으로 나누면 1이 남게 하는 수가 무엇인지를 묻고 있다. $7 \times 3 = 21 = 1\ (\ \mathrm{mod}\ 20\ )$이므로 $D = 3$이 해이다.

  그다음 암호화된 신용 카드 번호를 세제곱하면 원래의 신용 카드 번호가 다시 나온다.

$$29^3 \ = 2 \ (\ \mathrm{mod}\ 33\ )$$

암호화된 메시지에서 신용 카드 번호를 되살리려면 감춰진 소수 p와 q를 알아야 하기 때문에, 인터넷 암호를 해킹하려는 사람이라면 숫자 N을 소인수분해할 줄 알아야 한다. 온라인으로 책을 구매하거나 음악을 내려받을 때마다, 당신은 신용 카드 번호를 안전하게 지켜주는 마법의 소수를 사용하고 있다.

백만 달러짜리 문제

  암호발명가는 언제나 암호해독가를 능가하기 위해 노력한다. 소수 암호가 해독될 경우를 대비하여 수학자들은 더 교묘하게 비밀 메시지를 보내는 방법을 생각해내고 있다. 타원 곡선 암호ECC: elliptic curve cryptography라는 새로운 암호는 이미 항공기의 비행경로 보안에 활용되고 있으며, 이 장의 백만 달러짜리 문제는 이 새로운 암호의 기초인 타원 곡선의 이해와 관련이 있다.

타원 곡선의 형태는 매우 다양하지만, 방정식은 모두 $y^2 = x^3 + ax + b$의 꼴이다. a와 b의 값은 곡선에 따라 달라진다. 예를 들어 $a = 0$, $b = -2$이면 타원 방정식은 $y^2 = x^3 - 2$이다.

이 방정식이 나타내는 곡선은 그래프로 그릴 수 있는데, 연속하는 점 (x, y)들을 찾아서 그린 결과는 아래와 같다. x값을 넣어서 방정식 $x^3 - 2$를 계산한 다음 제곱근을 취해서 x에 대응하는 y값을 찾는다. 예를 들어 $x = 3$이면 $x^3 - 2 = 27 - 2 = 25$ 이다. $y^2 = x^3 - 2$이므로 y를 얻기 위해 25의 제곱근을 계산하면 5 또는 −5가 나온다(음수에 음수를 곱하면 양수가 되기 때문에 제곱근은 언제나 두 개다). 이렇게 얻은 그래프는 제곱근이 언제나 음수인 거울 근을 갖기 때문에 수평축에 대칭이다. 그래프에서 우리는 점 (3, 5)와 (3, −5)를 찾을 수 있다.

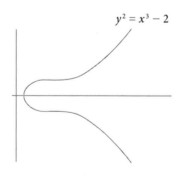

그림 4.18 타원 곡선의 그래프.

타원 곡선 위의 이 점들은 x와 y가 모두 간단한 정수이다. 이런 점들을 더 찾을 수 있을까? $x = 2$를 대입해보자. $x^3 - 2 = 8 - 2 = 6$이므로 $y = \sqrt{6}$ 또는 $-\sqrt{6}$이다. 앞에서 25의 제곱근은 정수였지만, 6의 제곱근은 그리 간단하지 않다. 그리스인이 증명한 바에 따르면 정수는 말할 것도 없고 제곱해서 6이 되는 분수는 존재하지 않는다. $\sqrt{6}$을 소수decimal fraction로 쓰면 규칙성이 전혀 없이 무한히 나아간다.

$$\sqrt{6} = 2.449489742783178 \cdots$$

백만 달러짜리 문제는 이 곡선에서 x, y가 모두 정수 또는 분수인 점 찾기와 관련 있다. 이 기준을 만족하는 점, 다시 말해 x를 정수로 대입했을 때 y가 정수, 또는 분수로 나오는 점은 거의 없다. 대부분의 제곱근은 간단하지 않기 때문이다. 우리는 운 좋게 (3 , 5)와 (3 , −5)를 찾았지만, 다른 간단한 점은 없을까?

고대 그리스인이 고안한 아름다운 기하를 사용하면 x, y가 둘 다 분수인 한 점을 찾았을 때 그 점을 가지고 또 다른 분수 점인 (x , y)들을 찾을 수 있다. 처음 찾아낸 점과 접하는 직선을 그린다. 그 점을 관통해서는 안 되고, 그림 4.19처럼 곡선을 바라볼 때 직각이 되도록 그려야 한다. 이 직선을 그 점에서의 타원의 접선이라고 부른다. 이 직선을 확장시키면, 그 직선은 곡선 위의 또 다른 점과 만나게 된다. 놀랍게도 이 새로운 교점 역시 두 좌표가 모두 분수이다.

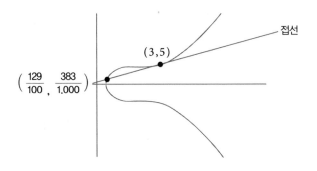

그림 4.19 타원 곡선에서 두 좌표가 모두 분수인 또 다른 점 찾기.

예를 들어, 타원 곡선 $y^2 = x^3 - 2$ 위의 점 $(x, y) = (3, 5)$에서 접선을 그리면, 두 좌표가 모두 분수인 곡선 위의 또 다른 점 $(x, y) = (\frac{129}{100}, \frac{383}{1,000})$ 과 만난다. 이 새로운 점을 가지고 같은 과정을 반복하면 다음과 같이 x, y가 모두 분수인 또 다른 점을 얻는다.

$$\left(\frac{2,340,922,881}{45,427,600} , \frac{93,955,726,337,279}{306,182,024,000} \right)$$

이러한 기하학적 방법이 없었다면

$$x = \frac{2,340,922,881}{45,427,600}$$

과 같은 분수를 대입했을 때 y 또한 분수가 나온다는 사실을 알아내기란 매우 어려웠을 것이다.

이 문제에서는 동일한 기하학적 방법을 계속해서 적용할 수 있으며, 그 결과 타원 곡선 위의 무한히 많은 분수 점 (x, y)들을 얻게 된다. 일반적인 타원 곡선 $y^2 = x^3 + ax + b$의 경우, 두 좌표가 모두 분수인 타원 위의 점 (x_1, y_1)을 찾아서

$$x_2 = \frac{(3x_1^2 + a)^2 - 8x_1 y_1^2}{4y_1^2}$$

그리고

$$y_2 = \frac{x_1^6 + 5ax_1^4 + 20bx_1^3 - 5a^2 x_1^2 - 4abx_1 - a^3 - 8b^2}{8y_1^3}$$

으로 설정하면 x, y가 모두 분수인 곡선의 점을 찾을 것이다.

앞서 예로 든 곡선 $y^2 = x^3 - 2$의 경우, 위와 같이 설정된 식은 x와 y가 모두 분수인 점을 무한히 생성하지만 어떤 곡선에서는 그런 일이 불가능하다. 다음 방정식으로 정의되는 곡선을 예로 들면

$$y^2 = x^3 - 43x + 166$$

이 곡선 위에서는 x, y가 모두 정수 또는 분수인 점들의 개수가 유한하다.

$$(x, y) = (0, 0), (3, 8), (3, -8), (-5, 16),$$
$$(-5, -16), (11, 32), (11, -32)$$

사실 그 점들의 좌표는 모두 정수이다. 기하학적 혹은 대수적 방법으로 두 좌표가 모두 분수인 점들을 더 찾아본다 해도 위에서 제시된 일곱 개의 점 이상을 찾지 못한다.

버치와 스위너톤다이어 추측Birch and Swinnerton-Dyer conjecture이라 불리는 이 장의 백만 달러짜리 문제는 다음과 같다. 주어진 타원 곡선에서 두 좌표가 모두 정수 또는 분수인 점들이 무한히 많은지 알 수 있을까?

그걸 알아서 뭐하지? 라고 생각할지도 모르겠다. 물론, 쓸 데가 있기에 알아야 한다. 현재 타원 곡선의 수학은 휴대 전화와 스마트 보안 카드뿐만 아니라 우리의 안전을 보장해 줄 항공 관제 시스템에까지 쓰인다. 타원 곡선을 활용한 새로운 암호는 신용 카드 번호나 메시지를 수학적 원리에 따라 타원 곡선의 한 점으로 변환한다. 메시지를 암호화할 때, 이 점은 앞서 설명한 기하를 통해 타원 곡선의 다른 점으로 이동한다.

현재 어떠한 수학자도 이 기하학적 과정을 역으로 되돌리는 방법을 알지 못한다. 당신이 이 장의 백만 달러짜리 문제를 해결한다면 새로운 암호를 해독할 수 있을 것이며, 그때가 되면 백만 달러쯤은 우스울 것이다. 세계 최고의 해커가 되어 있을 테니.

정답

대치 암호 해독

A mathematician, like a painter or a poet, is a maker of patterns.

If his patterns are more permanent than theirs, it is because they are made with ideas. The mathematician's patterns, like the painter's or the poet's, must be beautiful; the ideas like the colours or the words, must fit together in a harmonious way. Beauty is the first test: there is no permanent place in the world for ugly mathematics.

("시인이나 화가와 마찬가지로 수학자도 패턴 창조자이다. / 다만, 수학자의 패턴이 시인이나 화가의 그것보다 더 영구적이라면 그 까닭은 수학자의 패턴이 추상적 개념에서 나오기 때문이다. 수학자의 패턴은 화가나 시인의 패턴처럼 아름다워야 한다. 수학적 개념은 화가가 쓰는 색이나 시인이 선택하는 단어처럼 조화로운 방식으로 맞물린다. 아름다움이 첫 번째 조건이다. 못생긴 수학에게 영원의 자리는 없다."라는 뜻이다. — 옮긴이)

암호표는 다음과 같다.

원래의 문자	a	b	c	d	e	f	g	h	i	j	k	l	m
대치 암호	B	A	N	T	S	H	U	F	L	K	X	I	O

원래의 문자	n	o	p	q	r	s	t	u	v	w	x	y	z
대치 암호	C	M	Q	P	V	E	D	G	R	Z	W	J	Y

표 4.14

쉬운 문제

앞면이다. 13,068,221 = 3,613 × 3,617이므로, 3,613과 3,617은 모두 4로 나누었을 때 1이 남는 소수이다. 페르마는 이 수를 빠르게 소인수분해하는 방법을 알아냈다. 3,615를 제곱하면 13,068,225가 나오는데 이 수는 13,068,221보다 4만큼 크다. 4 또한 제곱수이다. 인수분해 공식 $a^2 - b^2 = (a + b) \times (a - b)$를 이용하면 다음과 같다.

$$13{,}068{,}221 = 3{,}615^2 - 2^2 = (3{,}615 + 2) \times (3{,}615 - 2) = 3{,}613 \times 3{,}617$$

5장
미래를 예측하는 방법을 찾아서

시간 여행이 가능하다면 미래 예측은 누워서 떡 먹기일 것이다. 내년에 무슨 일이 일어날지 알고 싶으면 내년으로 갔다 오면 되니까. 그러나 슬프게도 시간 여행은 아직 불가능하며 수정점이나 점성술과 같이 미래를 예측할 수 있다는 현재의 이런 저런 방법들은 순전히 미신일 뿐이다. 내일, 내년, 더 나아가 다음 세기에 무슨 일이 벌어질지 진지하게 알고 싶다면, 최선의 선택은 수학이다.

수학은 지구와 소행성이 충돌할 가능성이 있는지, 태양이 언제까지 타오를지를 예측할 수 있다. 그러나 어떤 문제들은 수학으로도 예측하기 어렵다. 날씨, 인구 증가, 날아가는 축구공을 감싸는 난류를 설명하는 어떤 방정식들은 수학자들조차 풀이 방법을 알지 못한다. 이 장에서 제시되는 백만 달러는 난류에 관한 방정식을 풀고 난류의 행동을 예측하는 사람에게 돌아갈 것이다.

수의 언어를 아는 사람들은 수학의 미래 예측 능력을 활용하여 막대한 힘을 얻었다. 행성의 움직임을 예측할 수 있었던 고대 천문학자에서 주식 시장의 가격 변동을 예측하는 오늘날의 헤지 펀드 매니저에 이르기까지, 사람들은 수학을 통해 미래를 엿보았다. 수학에 잠재된 힘을 알았던 성 아우구스티누스는 이렇게 경고했다. "수학자들, 그리고 헛된 예언을 하는 모든 자를 경계하라. 수학자들은 인간의 영혼을 타락시켜 지옥에 가두는 것을 대가로 악마와 계약을 맺었기에."

분명히 현대 수학은 악마와 계약을 맺었나 싶을 정도로 난해하지만, 수학자들은 우리를 어둠 속에 가두지 않으며 오히려 미래에 일어날 사건들을 예측하기 위해 끊임없이 새로운 이론들을 모색하는 중이다.

수학이 어떻게 땡땡을 구할까?

벨기에 만화가 에르제가 그린 만화 『태양의 신전Prisoners of the Sun』에서 젊은 벨기에 신문기자 땡땡Tintin은 태양신의 신전을 배회하다가 어느 잉카 부족에게 붙들려 감옥에 갇힌다. 잉카 부족은 땡땡과 그의 친구, 아독 선장과 캘큘러스calculus(미적분학이라는 뜻이다. — 옮긴이) 박사를 화형에 처하기로 한다. 화형장의 장작더미는 돋보기를 이용해서 불을 붙인다. 죽음의 시간은 땡땡이 선택할 수 있었다. 땡땡은 선택의 기회를 활용해서 자신과 친구들을 구할 수 있을까?

땡땡은 수학을 할 줄 알았고 며칠 이내로 일식이 닥치리란 사실을 알고 있었기에, 화형 집행 시간을 일식에 맞추어 선택한다(사실 일식의 날짜는 땡땡이 계산한 것이 아니다. 땡땡은 신문기사에서 그 예측을 보았을 뿐이다). 일식이 시작되기 직전, 땡땡은 외친다. "태양의 신은 당신들의 기도를 들어주지 않을 것이오! 오 위대한 태양의 신이여, 우리가 사는 것이 당신의 뜻이라면 지금 그 뜻을 보여주십시오!" 그리고 수학이 예측한 그대로 태양은 사라졌고 겁에 질린 잉카 부족은 땡땡과 친구들을 풀어 주었다.

수학은 패턴을 발견하는 학문이며, 패턴을 발견하면 미래를 보는 눈이 생긴다. 밤하늘을 바라보던 초기 천문학자들은 달, 태양, 행성의 움직임이 반복된다는 사실을 곧 깨달았다. 수많은 문화권에서 천체의 운행 패턴을 시간 측정의 수단으로 활용한다. 태양과 달이 기묘한 당김음 리듬에 따라 춤추듯 이동하면서 여러 가지 형식의 역법들이 나타났지만, 수학으로 태양과 달의 주기를 이해하여 시간을 표시하였다는 점에서는 모두 같다. 다만 부활절처럼 매년 그 날짜가 바뀌는 기념일들을 정할 때 수 19가 하는 역할은 조금 독특하다.

이 달력들은 공통적으로 하루 24시간을 기본 시간 단위로 채택한다. 그러나 지구가 자전축을 따라 한 바퀴 회전하는 시간은 24시간이 아니다. 사실은 그보다 약간 모자란 23시간 56분 4초이다. 만약 우리가 실제 지구의 자전 주기를 하루의 길이로 사용했다면, 여분의 3분 56초가 누적되어 자전하는 지구와 우리 시계 사이의 불일치가 커지면서 결국 자정에 정오의 시각을 알리는 일이 벌어졌을 것이다. 따라서 정확한 시간 측정을 위해 하루 — 혹은, 더 정확한 용어로 태양일 — 는 지표면의 같은 장소에서 관측할 때 태양이 다시 같은 지점으로 돌아올 때까지 걸리는 시간으로 정의된다. 한 바퀴 자전하는 동안 지구는 공전 궤도의 $\frac{1}{365}$을 움직이기 때문에, 태양이 하늘의 같은 지점으로 돌아오기까지는 약 $\frac{1}{365}$ 회전, 또는 $\frac{1}{365}$ 일 — 약 3분 56초 — 의 시간이 더 걸린다.

더 정확하게, 지구가 태양 주위를 한 번 돌기까지는 365.2422태양일이 걸린다. 대부분의 국가가 사용하는 그레고리력은 이러한 주기에 가까운 근사치를 사용한다. 0.2422는 $\frac{1}{4}$에 가까우며, 그래서 4년마다 하루를 추가로 더하는 그레고리력은 지구의 실제 공전 주기에 상당히 근접하다. 그러나 0.2422는 0.25와 같지 않기 때문에 약간의 조정이 필요하다. 그레고리력은 100년마다 윤년을 생략해야 하며, 400년마다 이 생략을 생략해서 윤년이 들어온다. 이슬람력은 달의 주기를 사용한다. 이슬람력에서 기본 단위는 태음월이며 12태음월은 1태음년을 이룬다. 태음월은 메카에 뜬 초승달이 관측될 때 시작되며, 약 29.53일로서 태음년은 태양년보다 11일 모자란다. 365를 11로 나누면 대략 33으로 라마단 달이 태양력을 기준으로 같은 날짜에 돌아오기까지는 33년이 걸리며, 이 때문에 그레고리력으로 보면 라마단 기간은 해마다 바뀐다.

유대인과 중국인이 사용한 달력은 지구의 공전 주기와 달의 공전 주기를 혼합하여 사용한다. 이들은 대략 3년마다 윤달을 삽입하며, 이 계산에서 중요한 역할을 하는 마법의 숫자는 19이다. 19 태양년(= 19 × 365.2422일)은 235 태음월(= 235 × 29.53일)과 거의 정확하게 일치한다. 중국력에서는 19년마다 7번의 윤년을 두어 태음력과 태양력을 맞춘다.

19라는 숫자는 땡땡이 활용한 일식의 계산에서도 매우 중요했다. 일식과 월식이 일어나는 순서 또한 19년마다 반복되기 때문이다. 『태양의 신전』에 나온 이 이야기는 1503년 콜럼버스가 월식을 이용하여 자메이카에서 위기에 처한 자신의 동료들을 구해낸 유명한 역사 속 일화를 기초로 했다. 처음에는 우호적이었던 원주민들은 후에 적대적으로 변하여 콜럼버스와 그의 동료들에게 제공하던 식량 지원을 중단했다. 굶어 죽을 지경이 된 동료들을 보며 콜럼버스는 기발한 계획을 생각해냈다. 그는 자신이 가지고 있던 책력 — 조수와 달의 주기, 별들의 위치에 관한 예측들이 기록되어 항해 시 선원들이 참고했던 책 — 을 보고 1504년 2월 29일에 월식이 일어날 예정임을 알았다. 콜럼버스는 월식이 일어나기 사흘 전 원주민들을 모아놓고 그들을 위협했다. 만약 그들이 식량을 주지 않는다면 달을 사라지게 하겠다고!

다음 월식은 언제 일어날까?

월식eclipse이 일어난 시각을 알면 방정식으로 다음 월식이 언제 일어날지 알아낼 수 있다. 그 계산에는 두 개의 숫자가 중요한 역할을 한다.

첫 번째 숫자는 삭망월(S)의 날짜수로 29.5306이다. 이 기간은 달이 지구를 돌아 태양을 기준으로 같은 자리에 돌아오기까지 걸리는 평균 시간이다. 즉 두 번의 초승달 사이의 평균 시간이다.

나머지 중요한 숫자는 교점월(D)을 구성하는 27.2122일이다. 달이 지구를 공전하는 궤도는 지구가 태양을 공전하는 궤도를 기준으로 약간 기울어져 있다. 두 궤도는 두 지점에서 교차하는데, 다음 그림에서 보인 이 지점은 달의 교점이라고 한다. 교점월은 달이 한 교점에서 반대편 교점을 지나 처음의 교점으로 돌아오는 데 걸리는 평균 시간이다.

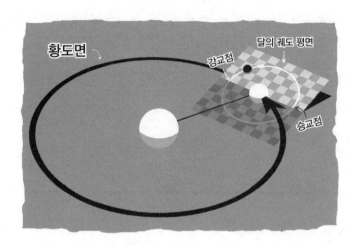

그림 5.01 달의 궤도는 지구의 궤도와 두 지점에서 만나는데, 이 지점을 승교점과 강교점이라 한다.

여기서 $A \times S$와 $B \times D$가 매우 가깝도록 정수 A, B를 찾을 수 있으며, 마지막으로 본 식에서 다음 번 식이 일어나기까지는 $A \times S \approx B \times D$일이 걸린다. 그리고 다시 $A \times S \approx B \times D$일이 지나면 또 다른 식이 일어날 것이다. 월식은 한동안 이와 같은 간격으로 일어나지만, 방정식이 정확하지 않기에 점점 약하게 일어나다가 결국 어느 시점에 가면 태양, 달, 지구가 더 이상 일직선으로 배열되지 않는다. 그리고 그때가 주기의 끝이다.

다음의 예를 보라. $A = 223$인 삭망월은 $B = 242$인 교점월에 매우 가까우며, 따라서 한 번의 월식이 일어난 뒤 $223 \times 29.5306 \approx 242 \times 27.2122$일마다 전과 거의 같은, 또 다른 월식이 일어날 것이다. 대략 $6{,}585\frac{1}{3}$일, 곧 약 18년 11일 8시간의 주기이다. 8시간이라는 간격이 있기 때문에 다음에 일어날 두 번의 월식은 지표면의 다른 장소에서 관찰될 것이다. 그러나 세 번째 월식은 같은 장소에서 일어나며, 따라서 18년 11일 8시간, 곧 약 19,756일이 세 번째로 돌아올 때마다 월식은 반복된다.

한 예로, 북미에서 2010년 12월 21일 관찰된 개기 월식은 1992년 12월 9일 유럽에서 관찰된 월식의 반복이다. 그전 월식은 1956년 11월 18일 미국에서 관찰되었다. 이 기간 사이에 월식이 없지는 않았지만, 그 월식들은 이 월식과 나란히 진행된 또 다른 월식의 주기에 속해 있다. 수학은 각 주기에 해당하는 다음 월식의 날짜를 계산하는 데 도움을 준다.

식량 지원은 없었다. 원주민들은 콜럼버스에게 달을 사라지게 할 힘이 없다고 믿었다. 그러나 2월 29일 저녁, 달이 지평선 위로 떠오를 시간에 그들은 이미 일부분이 뜯겨 나간 달을 보았다. 콜럼버스의 아들 페르디난드에 따르면 달이 밤하늘에서 희미해지자 원주민들은 겁에 질렸고, '비탄에 젖어 울부짖고 통곡하며 식량을 잔뜩 안고 사방에서 함선으로 달려와 대장에게 자신들을 대신해서 그의 신에게 기도해 달라고 간청했다.' 정밀한 계산을 통해 콜럼버스는 달이 점차 다시 모습을 드러내는 때와 맞추어 원주민들을 용서했다. 이 이야기는 출처가 의심스럽기도 하고, 무지한 원주민과 영리한 유럽 정복자를 대비시킬 의도로 스페인인이 꾸며냈을지도 모른다. 그러나 수학의 힘만큼은 분명히 드러난다.

밤하늘에서 일어나는 일들을 예측하는 수학의 능력은 반복되는 패턴의 발견에서 나온다. 그렇다면 반복되는 패턴에서 어떻게 새로운 것을 예측할 수 있을까? 방정식을 활용한 미래 예측은 축구공과 같은 단순한 물체의 행동을 예측하는 데서 시작되었다.

축구공과 깃털을 떨어뜨리면 어느 것이 먼저 바닥에 떨어질까?

물론, 축구공이다. 전혀 어려운 문제가 아니다. 그런데 만약 한 쪽은 납이, 다른 쪽은 공기가 든 똑같은 크기의 두 축구공을 떨어뜨리면 어떨까? 많은 사람들은 직관적으로 납이 든 공이 먼저 떨어진다고 생각한다. 가장 위대한 철학자 중 한 사람이었던 아리스토텔레스도 그렇게 믿었다.

실제로 있었던 일인지 의심스러운 한 실험을 통해 이탈리아 과학자 갈릴레오 갈릴레이Galileo Galilei는 직관적인 이 답이 완전히 잘못되었음을 보였다. 그는 세계적으로 유명한 피사의 사탑에서 실험을 했다. 물체를 던져서 제자들로 하여금 어느 것이 먼저 바닥에 닿는지 지켜보도록 하기에 이곳만큼 좋은 장소가 어디 있겠는가? 갈릴레오는 아리스토텔레스가 틀렸음을 보였다. 두 공의 무게는 다르지만 동시에 땅에 닿았다.

갈릴레오는 물체의 무게가 낙하 시간에 영향을 주지 않는다는 사실을 알았다. 깃털이 공보다 더 느리게 떨어지는 이유는 공기 저항 때문이며, 공기를 제거한다면 공과 깃털은 똑같은 속력으로 떨어져야 한다. 공기가 없는 달 표면은 이 이론을 시험하기에 적절한 장소이다. 1971년, 아폴로 15호의 달 탐사 작전의 사령관 데이비드 스콧은 지질해머와 매의 깃털을 가지고 달 위에서 갈릴레오의 실험을 재현했다. 달에서 작용하는 중력이 약하기 때문에 두 물체는 지구 위에서보다 훨씬 느리게 떨어졌지만, 갈릴레오가 예측한 대로 동시에 땅에 떨어졌다.

후에 작전 통제관이 말했듯, 이 같은 실험 결과는 "지구로 돌아오는 비행이 결정적으로 실험중인이론의 타당성에 달려 있다는 사실과 그 실험을 지켜본 사람들의 수를 생각할 때 안도감을 주었다." 참으로 사실이다. 지구와 태양, 달과 행성의 중력과 엔진의 추진력을 변수로 우주선의 비행을 예측하는 방정식이 없다면 우주 비행은 애초에 불가능했다.

낙하하는 물체의 무게가 그것의 속력과 무관하다는 사실을 발견한 갈릴레오는 물체의 낙하 시간을 예측할 수 있을지 알고 싶었다. 피사의 사탑 같은 곳에서 물체를 낙하시키면 지나치게 빨리 떨어져 정확한 시간을 측정하는 데 어려움이 있기 때문에, 갈릴레오는 공을 빗면 위로 굴려 속력이 어떻게 변하는지를 알아보았다. 그 결과, 공이 1초 후에 1단위 거리만큼 갔다고 하면 2초 후에는 4, 3초 후에는 9단위 거리만큼 이동했다. 따라서 4초가 지나면 공은 총 16단위 거리만큼 이동한다고 예측할 수 있었다.

다시 말해 물체의 낙하 거리는 낙하 시간의 제곱에 비례한다. 수식으로 쓰면,

$$d = \frac{1}{2}\, gt^2$$

이다. 여기서 d는 낙하 거리, t는 낙하 시간이다. 비례 상수 g는 중력가속도로, 낙하하는 물체의 수직 방향 속력이 매초 어떻게 변하는지 알려준다. 피사의 사탑에서 낙하하는 축구공의 속력은 1초가 지나면 g가 되고 2초 후에는 $2g$가 된다. 갈릴레오의 식은 자연을 기술하기 위해 만든 방정식의 첫 사례로, 후에 물리 법칙이라고 하게 되었다.

수학은 자연을 이해하는 방식에 혁명을 일으켰다. 그전까지는 자연을 기술할 때 모호한 일상용어를 사용했다. 무언가가 떨어진다고 말할 수는 있었지만 언제 떨어질지는 말할 수 없었다. 수학의 언어를 통해, 사람들은 자연을 더 정

확하게 기술했을 뿐만 아니라 미래의 행동까지도 예측할 수 있었다.

갈릴레오는 공을 떨어뜨릴 때뿐만 아니라, 공을 찼을 때 어떠한 일이 일어나는지도 예측했다.

 나사가 달 위에서 재현한 갈릴레오의 실험을 http://nssdc.gsfc.nasa.gov/planetary/lunar/apollo_15_feather_drop.html에 접속하면 볼 수 있다.

웨인 루니가 발리킥을 할 때마다 2차 방정식을 푼다고?

"베컴의 프리킥, 때마침 웨인 루니가 지체없이 슛 …… 골 인!!!"

루니는 어떻게 골을 넣었을까? 이런 골을 넣을 수 있다면 루니는 수학 천재임이 분명하다. 베컴의 프리킥을 받을 때, 그는 무의식적으로 갈릴레오가 만든 방정식을 풀어서 공이 떨어질 위치를 예측할 수 있었다.

방정식은 조리법과 같다. 방정식에 따라 준비한 재료들을 특정한 방법으로 섞고 나면 결과물이 나온다. 루니가 풀 방정식에는 다음과 같은 재료가 필요했다. 베컴의 발을 떠나 날아오는 공의 수평 속력 u와 수직 속력 v, 그리고 비례 상수 g로 표현되는 중력의 효과. 이때 g는 공의 수직 방향 속력 v가 매초 어떻게 변하는지를 알려주며, 그 값은 어떤 행성에서 축구를 하는지에 따라 다르다. 지구에서 중력은 매초 9.8미터씩 속력이 증가한다. 갈릴레오의 방정식은 프리킥이 일어난 지점을 기준으로 시시각각 달라지는 공의 높이를 루니에게 알려준다. 베컴이 찬 지점으로부터 축구공이 수평 방향으로 x미터 떨어져 있다면, 지표면에서의 높이 y미터는 다음 방정식을 통해 구할 수 있다.

$$y = \frac{v}{u}x - \frac{g}{2u^2}x^2$$

조리법은 숫자들을 가지고 무엇을 해야 할지 알려주는 수학적 지시들이며, 그 결과물로 공이 그리는 궤적에서 각 지점의 높이가 나온다.

프리킥 지점에서 얼마나 멀리 떨어져 있어야 발리킥이나 헤딩으로 골을 넣을 수 있을지 알아내려면 방정식을 거꾸로 풀어야 한다. 일단 그는 공을 헤딩하기로 정한다. 루니의 신장은 약 1.80미터이며, (점프하지 않고) 헤딩하려면 공의 높이 $y = 1.80$이 되어야 한다. 루니는 u, v, g의 값을 안다. 그 값이 대략 다음과 같다고 하자.

$$u = 20, \ v = 10, \ g = 10$$

(단위를 신경 쓰는 독자들을 위해 : u와 v의 단위는 미터/초이며 g의 단위는 미터/초²이다.)

루니는 공을 정확하게 받아내기 위해 베컴으로부터 얼마나 떨어져 있어야 하는지 알아내야 한다. 그러나 그 정보는 방정식 안에 있어서 표면상으로는 보이지 않는다. 방정식에 따르면 루니는 베컴으로부터 x미터 떨어져 있어야 하며, x는 다음 방정식

$$1.8 = \frac{10}{20} x - \frac{10}{2 \times 400} x^2$$

의 해이다. 양변에 분모를 곱하면

$$x^2 - 40x + 144 = 0$$

이라는 익숙한 방정식이 만들어진다. 중학교에서 배웠던 2차 방정식이다. 이 방정식을 x의 값이 숨겨진 낱말 맞추기 게임의 힌트라고 생각하자.

놀랍게도 이러한 방정식을 최초로 푼 사람들은 고대 바빌로니아인이었다. 그 시대의 2차 방정식은 축구공의 궤적을 기술하기 위해서가 아닌, 유프라테스 강 주변의 토지를 측량할 목적에서 생겨났다. 2차 방정식은 제곱된 어떤 양을 알아내고자 할 때 필요하다. 어떤 수를 제곱하는 것을 영어에서는 '정사각형 넓이 구하기squaring'라고 부르는데, 이는 제곱한 수가 어떤 정사각형의 넓이와 같기 때문이다. 이와 비슷한 맥락에서, 최초의 2차 방정식 역시 토지의 넓이 계산을 배경으로 나타났다.

전형적인 문제는 다음과 같다. 어떤 직사각형 땅의 넓이는 55단위제곱이며 한 변의 길이는 다른 변의 길이보다 6단위가 짧다. 긴 변의 길이는 얼마일까? 긴 변의 길이를 x라고 하면 문제의 설명에 따라 $x \times (x - 6) = 55$, 또는 괄호를 풀고 이항하여 정리하면

$$x^2 \times 6x - 55 = 0$$

이다. 이 수수께끼를 어떻게 풀어야 할까?

바빌로니아인은 뛰어난 해결 방법을 떠올렸다. 이들은 직사각형을 분해하여 그 조각들을 정사각형으로 재배열함으로써 문제를 다루기 쉽게 만들었다. 몇천 년 전 바빌로니아 서기관들이 했을 법한 방식으로 토지를 나누어보자(그림 5.02).

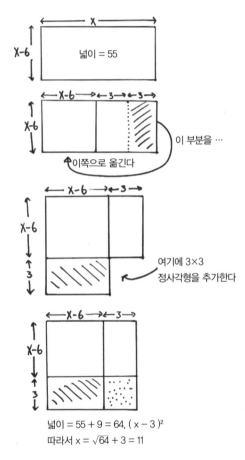

그림 5.02 정사각형을 완성해서 2차 방정식을 푸는 방법.

직사각형의 끝에서 $3 \times (x - 6)$의 작은 직사각형을 잘라내어 큰 직사각형의 아래로 옮긴다. 전체적인 면적은 변하지 않았지만 형태는 바뀌었다. 두 번째 형태는 양변이 $x - 3$단위인 정사각형에 가깝지만, 귀퉁이에 3×3 정사각형이 빠진 상태다.

빈자리에 조그만 정사각형을 채우면 형태의 면적은 9단위 증가한다. 커다란 정사각형의 면적은 따라서 $55 + 9 = 64$이다. 이제 한 변의 길이를 알아내기 위해 64에 제곱근을 씌우면 8이 나온다. 그러나 변의 길이는 $x - 3$이었으므로 $x - 3 = 8$이며, 따라서 $x = 11$이다. 지금까지 한 일이라곤 상상 속의 땅 덩어리를 이리저리 움직인 것뿐이지만, 이 과정 속에는 수수께끼 같은 2차 방정식의 일반적인 해법이 담겨있다.

9세기 이라크 지역에서 대수가 발명되면서, 바빌로니아식 해법은 수식으로 표현되었다. 대수는 바그다드에 지어진 '지혜의 집'을 관장한 무하마드 이븐 무사 알콰리즈미Muhammad ibn-Musa al-Khwarizmi에 의해 발달되었다. 지혜의 집은 당대 최고의 지성들의 요람이었으며, 전 세계의 학자들이 천문학, 의학, 화학, 동물학, 지리학, 연금술, 점성술과 수학을 공부하러 이곳으로 모여들었다. 이슬람 학자들은 수많은 고대 문서들을 수집하고 번역하였으며 후세를 위해 효과적으로 자료를 보존하였다. 그들이 없었다면 그리스, 이집트, 바빌로니아와 인도의 고대 문화를 영원히 알지 못했을지도 모른다. 그러나 지혜의 집의 학자들은 수학 서적의 번역에 만족하지 않았다. 그들은 자신들만의 수학을 발전시킬 계획을 세워 추진해 나갔다.

초기 이슬람 제국에서는 지적 호기심을 적극적으로 장려하였다. 이슬람 경전 꾸란에서는 세속적인 지식의 추구가 신성한 지식에 가까이 가는 수단이라고 가르쳤다. 실제로 수학을 다루는 능력은 무슬림들에게 필수였는데, 독실한 무슬림이라면 기도 시간을 계산할 줄 알고 기도를 드려야 할 메카의 방향을 찾을 줄 알아야 했기 때문이다.

알콰리즈미의 대수는 수학에 혁명을 가져왔다. 대수의 언어는 수들이 보이는 행동 패턴을 설명했고, 수들은 대수의 문법에 따라 상호작용했다. 컴퓨터 프로그램을 실행시키는 코드처럼, 대수는 어떤 수를 그 프로그램에 넣어도 작동한다. 고대 바빌로니아인은 특정한 2차 방정식에 한정된 교묘한 해법을 고안했지만, 알콰리즈미의 대수는 궁극적으로 어떤 2차 방정식이든 풀 수 있는 해의 공식을 유도했다.

a, b, c가 상수일 때, 모든 형태의 2차 방정식 $ax^2 + bx + c$에 대해서 바빌로니아인의 기하학적인 조작은 한 변에 x, 다른 변에는 a, b, c를 조합하는 조리법이 담긴 수식으로 변환된다.

$$x = \frac{-b + \sqrt{b^2 - 4ac}}{2a}$$

루니는 바로 이 수식을 가지고 축구공의 궤적을 기술하는 방정식을 역으로 풀어 자신이 베컴에게서 얼마나 떨어져 서 있어야 할지를 알아낸다. 그가 아는 사실은 자신이 프리킥 지점으로부터 x미터 떨어진 곳에 서야 한다고 할 때,

$$x^2 - 40x + 144 = 0$$

이라는 점이다. 그는 대수적인 조작으로 베컴의 공을 헤딩하려면 36미터 떨어

진 지점에 서야 함을 알아낸다.

어떻게 그 답을 알아냈을까? 베컴의 프리킥을 다루는 2차 방정식에서, $a = 1$, $b = -40$, $c = 144$이다. 따라서 이 방정식으로 역으로 풀어내는 수식에 따르면 루니가 베컴으로부터 떨어져 있어야 할 거리는

$$x = \frac{40 + \sqrt{1,600 - 4 \times 144}}{2} = 20 + \frac{\sqrt{1,024}}{2} = 20 + 16 = 36 \text{ 미터}$$

이다. 재미있게도, -32 또한 1,024의 제곱근이기 때문에 우리는 또 다른 해, $x = 4$미터를 얻는다. 이 지점에서 축구공은 경로에서 위를 향하고 있다. 루니는 축구공이 다시 아래로 내려오는 순간을 기다릴 것이다. 양의 제곱근과 음의 제곱근은 언제나 함께 존재하기 때문에, 우리는 항상 이 수식으로부터 두 개의 해를 얻는다. 이 사실을 표시하기 위해, 경우에 따라 방정식에 나오는 제곱근 기호 앞에는 +가 아닌 ±라는 기호가 붙는다.

물론, 루니는 훨씬 더 직관적으로 경기를 하기 때문에 90분 내내 머릿속으로 암산하지는 않는다. 인간의 뇌가 진화를 거치면서 예측에 능숙하도록 프로그램된 것이다.

부메랑은 왜 다시 돌아올까?

회전하는 물체에서는 신기한 현상이 일어난다. 축구공의 중심을 빗겨 차면 공중에서 휘어지며, 테니스 라켓을 위를 향해 던져 올리면 언제나 손으로 다

시 잡기 전까지 회전한다. 수평에서 기울어진 채 회전하는 자이로스코프는 중력에 대항하는 듯하다. 그러나 회전하는 물체의 기묘한 특성을 보여주는 가장 고전적인 예는 부메랑이다.

회전하는 물체의 역학은 대대로 과학자들을 당황하게 한 복잡한 문제였다. 그러나 이제는 부메랑이 돌아오는 원인에 두 가지 요소가 관련된다는 사실이 밝혀졌다. 첫 번째 요소는 비행기 날개의 양력lift이며, 두 번째 요소는 자이로스코프 효과이다. 수학의 방정식들은 비행기 날개의 기하가 아래로 끌어당기는 중력에 대항하여 위로 밀어 올리는 힘을 발생시키는 원리를 설명하고, 궁극적으로는 예측한다. 비행기의 날개는 위쪽 공기 흐름의 속도가 아래쪽보다 더 빠르도록 설계되었다. 위쪽의 공기는 압착되면서 날개 위에서 더 빠른 속도로 밀려 나간다. 파이프 속을 흐르는 물의 원리와 마찬가지다. 파이프가 좁아지는 곳에서 물의 흐름은 빨라진다.

다음으로, 베르누이 방정식은 날개 위쪽 공기의 속력이 더 빠르면 그 부분의 압력은 더 낮아지고, 날개 아래쪽 공기의 속력이 더 느리면 그 부분의 압력은 높아진다는 사실을 보여준다. 위쪽과 아래쪽의 압력의 차이는 비행기를 들어 올리는 힘을 발생시킨다.

전형적인 부메랑의 생김새를 자세히 관찰하면 양 날개가 비행기와 유사한 모양임을 알 수 있으며, 이 때문에 부메랑은 회전한다. 다시 돌아오리라 기대하며 부메랑을 던지려면, (그것을 비행기로 간주하면) 오른쪽 날개가 위로 가고 왼쪽 날개가 아래로 오도록 수직으로 세운 상태에서 시작해야 한다. 비행기의 날개를 들어 올리는 힘과 같은 종류의 힘이 이제는 부메랑을 왼쪽으로 밀어낸다.

그러나 여기서는 약간 더 미묘한 현상이 일어난다. 만약 부메랑이 단순히 비행기와 같은 방식으로 움직인다면, 비행기에 작용하는 동일한 힘은 부메랑을 왼쪽으로 보낼 뿐 다시 돌아오게 하지 못한다. 부메랑이 돌아오는 까닭은 그것을 던질 때 발생하는 회전 때문이며, 자이로스코프 효과 덕분에 부메랑을 왼쪽으로 밀어내는 힘의 방향이 계속 바뀌면서 결과적으로 부메랑은 둥글게 원호를 그린다.

부메랑을 던지면 위쪽(오른쪽 날개)은 똑바로 회전하지만 아래쪽은 거꾸로 회전한다. 위쪽은 더 빠르게 이동하는 비행기의 한쪽 날개와 같다. 수평으로 비행하는 비행기에서는 움직임이 빠를수록 상승력이 더 커진다. 그러나 수직으로 던지는 부메랑에서는 같은 원리가 상승력이 아닌 기울임을 일으키기 때문에, 위쪽은 부메랑이 그리는 원호 쪽으로 기울어진다.

여기서 자이로스코프 효과가 나타나기 시작한다. 회전하는 자이로스코프를 스탠드 위에 수직으로 세우면 팽이처럼 움직인다. 그러나 자이로스코프를 조금 기울여서 회전축이 수직축과 어느 정도 각을 이루면 세차운동이라는 현상이 나타난다. 회전축 자체가 회전하기 시작하는 것이다. 이와 같은 일이 회전하는 부메랑에서도 일어난다. 부메랑의 회전축은 그것의 중심을 관통하는 가상의 선으로서 이 축이 회전하기 때문에 부메랑은 원을 그린다.

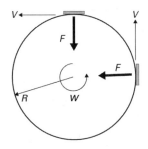

그림 5.03 부메랑에 작용하는 힘. F는 상승력, V는 부메랑의 중심이 움직이는 속력,
R은 부메랑이 그리는 경로의 반지름, W는 세차운동률을 나타낸다.

부메랑을 던져본 사람들이라면 그것을 다시 돌아오게 하기가 쉽지 않다는
사실을 알 것이다. 부메랑이 다시 돌아오게 하려면 손을 떠날 때 속력 V와 부
메랑이 받은 회전율 S가 다음의 식을 만족하게끔 던져야 한다.

$$axS = \sqrt{2}V$$

a는 부메랑의 반지름 — 중심에서 끝까지의 거리 — 이다. 손목을 더 크게 움
직여서 S의 값이 증가하면 수식을 만족하게 할 수 있다.

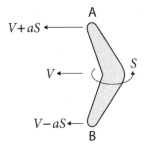

그림 5.04 스핀 때문에 부메랑의 위쪽 A는 아래쪽 B보다 더 빠르게 이동한다.

부메랑이 기울어진 각도는 위쪽과 아래쪽의 전진 속력의 차이에 따라 다르다. 위쪽은 $V + aS$의 속력으로 이동하는 반면 밑은 더 천천히, $V - aS$의 속력으로 나아가는데, 이때 S는 원의 중심에 대한 부메랑의 회전율인 각속력이다(그림 5.04를 참고하라). 따라서 속력 V와 S에 따라 부메랑이 기우는 정도 역시 변화할 수 있으며, 이는 다시 속력 V로 원호를 따라 움직이는 부메랑이 얼마나 빠르게 세차운동을 하는지, 다시 말해 얼마나 빠르게 비틀리는지에 영향을 준다. 부메랑이 돌아오지 않았다면 초기 속력 V와 관련하여 각속력 S의 값이 적절하지 않았을 수도 있으므로, 위의 방정식을 참고하여 던지는 방법을 적절히 수정하면 된다.

일단 부메랑을 돌아오게 하는 방법을 터득했다고 가정하자. 부메랑이 훨씬 더 큰 원을 그리며 되돌아오게 하려면 더 세게, 더 빨리 던지면 될까? 부메랑이 그리는 원 궤적의 반지름도 방정식으로 알 수 있다. 여기서 방정식은 부메랑과 그것의 비행을 정의하는 여러 가지 재료들을 혼합하여 반지름을 만들어 내는 조리법 구실을 한다. 다음은 준비 재료이다.

- J : 부메랑의 관성 모멘트. 부메랑을 회전시키기가 얼마나 어려운가의 척도. 부메랑이 무거울수록 J값도 커진다. 관성 모멘트는 부메랑의 형태에 따라서도 달라진다.
- ρ : 공기의 밀도.
- C_L : 상승력 상수. 부메랑이 경험하는 상승력의 크기를 결정하는 수로 부메랑의 형태에 따라 다르다.
- π : 3.14159 ······

- a : 부메랑의 반지름.

부메랑의 경로 반지름 R은 다음 조리법대로 재료들을 혼합했을 때 결정된다.

$$R = \frac{4J}{\rho C_L \, \pi a^4}$$

여기서 속력은 조리법에 적힌 재료가 아니므로 부메랑을 더 세게, 더 빠르게 던져 봤자 경로 반지름은 변하지 않는다. 그렇다면 양 날개의 끝에 블루택 점토 접착제를 붙여 부메랑을 더 무겁게 만들면 어떨까? 부메랑의 무게가 증가하면 관성 모멘트 J도 증가하므로 조리법에 따라 경로 반지름 R 역시 증가할 것이다. 따라서 무거운 부메랑일수록 더 큰 원을 그리며 돌아온다. 제한된 공간에서 부메랑을 던질 때 알아두면 요긴하다!

『The Number Mysteries』 웹 사이트에서 PDF 파일을 내려받아 지시된 내용에 따라 자신만의 부메랑을 만들어 보자.

중력에 대항하는 달걀을 만들 수 있을까?

단단하게 삶은 달걀을 준비한다. 탁자 한쪽에 달걀을 놓고 회전시킨다. 기적처럼 달걀은 중력의 법칙에 대항하기라도 하듯 일어선다. 더 이상한 점은 날달걀로 실험하면 이 마법 같은 일이 일어나지 않는다는 사실이다.

2002년에 와서야 원인이 밝혀졌다. 회전 에너지가 탁자와의 마찰을 통해 위치 에너지로 전환되어 달걀의 무게중심을 위로 밀어 올리기 때문이다. 탁자와의 마찰이 전혀 없거나 지나치게 크면, 이 효과는 나타나지 않는다. 날달걀의 경우 전환된 에너지 일부가 내부의 유체에 흡수되기 때문에 달걀을 수직으로 세우는 데 필요한 에너지가 부족하다.

왜 진자의 운동은 갈수록 예측하기 어려워질까?

진자를 움직이게 하는 비밀을 최초로 밝힌 사람은 수학을 활용한 미래 예측의 대가 갈릴레오였다. 열일곱 살이었던 그가 피사의 성당 미사에 참석했을 때였다. 지루해진 그는 천장을 바라보았고, 어쩌다가 건물을 통과해 불어오는 바람에 샹들리에가 부드럽게 흔들리는 광경을 보았다.

갈릴레오는 샹들리에가 한쪽에서 다른 쪽으로 이동하기까지 걸리는 시간을 재보기로 했다. 시계가 없었기 때문에 그는(당시에는 시계가 아직 발명되지 않았다), 맥박을 이용해 진동 시간을 측정했다. 샹들리에가 한 번의 완전한 진동을 마칠 때까지 걸리는 시간은 진폭의 크기와 관련이 없어 보인다는 것을 발견하고 놀랐다. 다시 말해, 진동 시간은 본질적으로 진동각의 크기를 크게 하건 작게 하건 변하지 않는다(깊이 들어가면 문제가 약간 더 복잡해지기 때문에 '본질적으로'라는 단어를 넣었다). 바람이 더 세게 불면 샹들리에는 더 큰 호를 그리며 흔들리겠지만, 진동 시간만큼은 바람이 멈추고 샹들리에가 거의 움직이지 않을 때와 같았다.

이 중요한 발견 덕분에 진자의 진동은 시간의 흐름을 기록하는 데 사용되었다. 진자시계를 처음 작동시킬 때 당신은 진자를 옆으로 얼마나 움직여야 할지 고민할 필요가 없으며, 진동각이 시간이 지남에 따라 작아진다 해도 염려할 필요가 없다. 그렇다면 진동 시간은 무엇에 따라 달라질까? 진자가 더 무겁거나 더 길게 만들어진다면 달라질까? 그렇다면 어떻게 달라질지도 예측할 수 있을까?

피사의 사탑에서 갈릴레오가 한 실험과 마찬가지로, 무거운 진자라고 더 빨리 움직이지는 않으며 따라서 진자의 진동은 무게와 관련이 없다. 그러나 진자 길이는 진동 시간에 영향을 준다. 진자 길이가 4배가 되었을 때 진동 시간은 두 배가 된다. 진자 길이가 9배가 되었을 때는 진동 시간이 3배가 되고, 16배가 되면 4배가 될 것이다.

여기에서도 방정식을 통해 이와 같은 예측을 형식화할 수 있다. 진동 시간 T는 진자 길이 L의 제곱근에 비례하여 증가한다.

$$T \approx 2\pi \sqrt{\frac{L}{g}}$$

이 식은 사실 피사의 사탑에서 공의 낙하 실험을 통해 갈릴레이가 만든 방정식을 다른 형태로 쓴 것에 불과하다. g는 마찬가지로 중력 가속도를 의미한다. 여기서 = 기호 대신 ≈을 쓰고 앞 단락에서 '본질적으로'라는 단어를 쓴 이유는, 이 식이 진자의 실제 진동 시간과 같지는 않지만 매우 근사하기 때문이다. 진폭이 지나치게 크지 않다면 이 식을 이용해서 진자의 운동을 예측할 수 있다. 그러나 진동각이 크다면 — 이를테면 진자가 중심축과 거의 수직을 이룬 채로 출발했을 때 — 방정식을 통한 예측은 훨씬 어려워진다. 이때는 진동

각도 진동 시간에 영향을 주는데, 대성당의 샹들리에가 그 정도로 크게 진동하진 않았을 것이므로 갈릴레오는 이 사실을 발견하지 못했다. 진자의 진동이 매우 작은 괘종시계에서도 이러한 효과가 나타나지 않는다.

진동각이 큰 진자의 운동을 올바르게 예측하는 방정식을 찾기 위해서는 일반적인 과정을 넘어선 고등 수학이 필요하다. 다음은 이 방정식의 시작부분이다. 이 식은 사실 진자의 운동에 관여하는 무수히 많은 요소들로 구성된다. θ_0은 진자가 중심축과 이루는 초기각이다.

$$T \approx 2\pi \sqrt{\frac{L}{g}} \left(1 + \frac{1}{16}\theta_0^2 + \frac{11}{3,072}\theta_0^4 + \cdots\cdots\right)$$

그러나 이 정도는 살짝 변형된 진자의 운동을 예측하는 문제에 비하면 아무것도 아니다. 단일한 강체가 아니라 한 진자의 끝에 다른 진자를 달아서 만든, 마치 무릎으로 연결된 하나의 다리를 연상시키는 진자가 앞뒤로 흔들린다고 상상해보자. 이 이중 진자의 운동을 예측하는 문제는 극도로 복잡하다. 훨씬 더 복잡한 방정식이 필요할 뿐만 아니라, 그 해도 예측할 수 없다. 진자의 초기 위치를 아주 약간만 바꾸어도 그 결과는 극적으로 달라진다. 이는 이중 진자가 카오스chaos라는 수학적 현상의 한 예이기 때문이다. 이중 진자는 단순히 책상에 놓인 재미있는 장난감이 아니다. 그 안에 담긴 수학은 인류의 미래에 중대한 영향을 미치는 문제와도 관련이 있다.

온라인에는 이중 진자 시뮬레이션이 많다. 그중 하나인 http://www.
myphysicslab.com/dbl_pendulum.html로 접속해 보자.
다음번 진동에서 두 번째 진자가 첫 번째 진자를 시계방향으로 통
과할지 반시계방향으로 통과할지를 예측해보라. 거의 불가능하다.

자신만의 진자를 만들어보고 싶다면 http://www.instructables.com/
id/The-Chaos-Machine-Double-Pendulum/을 방문한다.

태양계는 언젠가 붕괴할까?

갈릴레오가 처음 낙하하는 공과 흔들리는 진자에 대해 연구한 이래, 수학자
들은 자연의 행동을 예측하는 수십만 개의 방정식을 만들었다. 이 방정식들은
현대 과학의 토대이며, '자연의 법칙'이라 알려졌다. 수학을 통해 인류는 오늘
날의 복잡한 기술 세계를 창조할 수 있었다. 공학자들은 교량이 붕괴하지 않
고, 비행기가 추락하지 않으리라는 확신을 방정식에서 얻는다. 지금까지의 이
야기를 보면 미래를 예측하는 일이 언제나 쉬울 것 같지만, 꼭 그렇지만도 않
다. 프랑스 수학자 앙리 푸앵카레는 그것을 발견했다.

1885년 스웨덴－노르웨이 연합 왕국의 국왕 오스카 2세는 태양계가 태엽시
계처럼 영원히 규칙적으로 돌아갈지, 아니면 어느 순간 태양계에서 튕겨 나온

지구가 우주 공간으로 사라질 수도 있을지 수학적으로 분명한 결론을 내리는 사람에게 2,500크로넨을 하사하겠다고 공표했다. 푸앵카레는 답을 찾을 수 있 겠다고 생각하고 문제를 연구하기 시작했다.

복잡한 문제를 분석할 때 수학자들은 보통 설정을 단순화해서 문제가 쉽게 풀리길 기대한다. 푸앵카레는 우선 태양계의 다른 행성들을 모두 배제한 채 단 두 물체로 구성된 계를 고려했다. 그들의 궤도가 안정적임은 아이작 뉴턴 이 이미 증명한 사실이었다. 두 물체는 타원 궤도에서 서로 공전하면서 언제 까지나 똑같은 패턴을 반복한다.

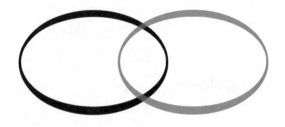

그림 5.05

이러한 가정에서 출발한 푸앵카레는 방정식에 또 다른 행성이 추가되면 어 떤 일이 발생할지 연구하기 시작했다. 문제는 한 계에 지구, 달, 태양처럼 세 물체를 놓는 순간 궤도의 안정성을 알아내기가 매우 어려워진다는 점이었다. 너무나 복잡해서 위대한 뉴턴도 풀지 못했을 정도였다. 3차원 물체의 위치를 표시할 정확한 좌표들과 각 차원의 속도 성분까지, 혼합할 재료들이 이제 18 가지로 늘어나기 때문이다. 뉴턴은 이렇게 썼다. '이 모든 원인을 동시에 고려 하면서 손쉬운 계산이 가능한 엄밀한 법칙에 따라 이 운동들을 정의하기란, 내

가 잘못 생각한 것이 아니라면, 인간이 가진 능력 밖의 일이다.'

푸앵카레는 기죽지 않았다. 그는 계속해서 궤도를 근사하여 문제를 단순화함으로써 중요한 진전을 이루었다. 그는 근사로 인한 행성 위치의 매우 작은 오차쯤은 최종 결과에 큰 영향을 주지 않는다고 믿었다. 비록 문제를 완전히 풀지는 못했지만, 그의 정교한 아이디어는 오스카 왕의 상을 받기에 충분했다. 그러나 푸앵카레의 논문이 출판되기 전, 한 편집자가 푸앵카레의 수학을 이해하지 못하고 의문을 제기했다. 행성 위치의 오차가 작다고 해서 결과적으로 예측한 궤도들의 오차도 작으리라는 추론은 타당할까?

가정을 정당화하려는 과정에서 푸앵카레는 한순간에 자신의 실수를 깨달았다. 애초의 생각과는 반대로, 초기 조건 — 세 물체의 처음 위치와 속도 — 의 작은 변화가 완전히 다른 궤도를 만들 수 있었다. 단순화 작업은 쓸모가 없었다. 왕에게 헌정하는 논문이 잘못된 것이었다가는 그의 노여움을 사기 때문에, 푸앵카레는 논문의 출판을 막으려고 편집자들에게 연락했다. 논문은 이미 출판된 상태였으나 대부분은 회수하여 파기했다.

모든 것이 엄청난 수치였다. 그러나 수학에서는 잘못의 원인이 흥미로운 발견으로 이어지는 일이 흔하다. 푸앵카레는 이후에 매우 작은 변화도 겉보기에 안정된 계를 갑작스럽게 무너뜨릴 수 있다는 자신의 믿음을 설명하는 방대한 논문을 썼다. 그가 자신의 실수를 통해 발견한 사실은 지난 세기의 가장 중요한 수학 개념 중 하나인 카오스 이론으로 발전했다.

푸앵카레의 발견에 따르면, 심지어 뉴턴의 태엽시계 우주에서도 단순한 방정식이 극히 복잡한 결과를 초래할 수 있다. 이는 무작위성이나 확률의 수학이 아니다. 여기서 우리는 수학에서 말하는 결정론적 계deterministic system라는 것을 다룬다. 결정론적 계는 엄밀한 수학 방정식에 따라 통제되며, 임의의 초기 조건들에 대해서 언제나 같은 결과가 발생한다. 카오스 계 역시 결정론적이지만, 초기 조건의 매우 작은 변화가 완전히 다른 결과를 초래할 수 있다.

태양계 모형으로 적절한 다음 예를 보자. 검은색, 회색, 흰색의 세 자석을 바닥에 놓는다. 자석 위로는 어느 방향으로든 자유롭게 진동할 수 있는 자성을 띤 진자를 설치한다. 진자는 세 자석에 끌리기 때문에 안정적인 위치를 찾기 전까지 자석들 사이에서 진동할 것이다. 진자의 끝에는 잉크 카트리지가 달려 있다. 진자가 진동하면, 잉크가 떨어지면서 진자의 경로를 표시한다. 사실 이 실험의 목적은 세 태양계 행성의 인력이 작용하는 상황에서 그 사이를 지나치는 소행성이 어떻게 되는지 알아보는 데 있다. 결국 이 소행성은 한 행성과 부딪칠 것이다.

이상하게도 이 모의실험을 반복할 때 똑같은 잉크 자국이 남는 일은 거의 없다. 최대한 진자를 똑같은 위치에 놓고 똑같은 방향으로 진동하도록 설정해도, 잉크 자국은 완전히 다른 경로를 그리며 진자는 매번 다른 자석에 붙는다. 그림 5.06에서, 거의 똑같은 위치에서 출발하지만 완전히 다른 자석으로 가는 세 경로를 볼 수 있다.

자석의 경로를 통제하는 방정식들은 카오스적이기 때문에, 시작 위치에서의 매우 작은 변화가 결과에 극적인 영향을 준다. 카오스를 대표하는 특징이다.

컴퓨터를 사용하면 진자가 특정 자석에 붙는 과정을 시각화할 수 있다. 세 자석은 각각의 색에 대응하는 커다란 항아리 모양의 색깔 영역의 중심에 위치한다. 검은색 영역 위에서 출발시키면 진자는 결국 검은색 자석 위에 정착하게 된다. 마찬가지로, 회색 또는 흰색 영역 위에서 진자를 움직이기 시작하면 회색이나 흰색 자석에서 멈추게 된다. 어떤 영역들에서는 진자의 시작점이 약간 바뀐다 해도 결과에 극적인 영향을 주지 않음을 확인할 수 있다. 예를 들어, 검은 자석 근처에서 움직이기 시작한 진자는 검은 자석에서 진동을 멈추게 될 가능성이 크다. 그러나 또 다른 영역에서는 시작점이 조금만 달라져도 진자가 정착하는 자석의 색이 급격하게 바뀐다.

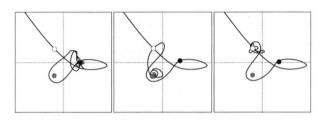

그림 5.06 초기 조건의 작은 변화로도 진자는 세 자석
(그림에서 보이는 흰색, 회색, 검은색의 작은 원) 사이에서 완전히 다른 경로를 지난다.

이 그림은 자연이 매우 좋아하는 프랙탈의 한 예이다. 프랙탈은 카오스 기하이며, 이 그림의 일부 영역을 확대하면 전체와 똑같은 수준의 복잡성이 보이는데 이는 이미 앞서 그림 2.28에서 살펴보았다. 바로 이 복잡성 때문에 진자의 운동은 그것을 기술하는 방정식이 상당히 단순함에도 예측하기가 매우 어렵다.

진동하는 진자의 운동이 태양계의 미래와도 관련이 있다면? 떠돌이 소행성이 일으킨 작은 변화만으로도 태양계 전체는 소용돌이치며 분열하기에 충분할 것이다. 이 일은 이미 태양계와 가까운, 안드로메다자리 웁실론 항성계에서 일어났다. 천문학자들이 보기에 현재 이 항성 주위 행성들이 기이한 행동을 하는 까닭은 그전까지 안정한 상태였던 궤도들이 무언가에 의해 교란되어 기존의 행성들 중 하나가 사라지는 대참사가 일어났기 때문이다. 우리 지구도 이렇게 사라질 수 있지 않을까?

그림 5.07 위 컴퓨터 이미지는 자석 위를 움직이는 진자의 운동을 묘사한다.

지구의 안위를 확인하려는 목적에서, 과학자들이 최근 슈퍼컴퓨터를 이용하여 푸앵카레를 좌절시켰던 질문 — 지구는 실제로 태양계 밖으로 떨어져 나갈 위험에 처해 있는가? — 에 대한 궁극적인 해답을 찾으려 했다. 과학자들은 컴퓨터로 행성들의 실제 궤도를 시간에 따라 앞뒤로 돌려 보았다. 다행히도, 계산에 따르면 99%의 확률로 앞으로 50억 년(태양이 적색거성으로 진화해 태양계 내부를 삼켜버릴 때까지) 동안 행성들은 순조롭게 운동할 것이다. 그러나 적어도 수학적으로 더 흥미로운 결과가 나올 확률 1%는 여전히 남아 있다.

연구에 따르면 돌덩이로 이루어진 내행성 — 수성, 금성, 지구와 화성 — 의 궤도는 기체로 이루어진 거대한 외행성 — 목성, 토성, 천왕성과 해왕성 — 보다 더 불안정하다. 어떠한 도움 없이도 외행성들의 미래는 놀라울 정도로 안정적일 것이다. 태양계 붕괴라는 대참사를 일으킬 가능성이 있는 행성은 꼬마 수성이다.

컴퓨터 시뮬레이션은 수성과 목성 간의 기묘한 공명을 보여주는데, 수성의 궤도는 이 공명 때문에 가장 가까운 이웃 금성의 궤도와 교차할 조짐을 보인다. 금성과 수성 간의 대대적인 충돌이 일어난다면 태양계는 아마 산산이 찢겨 나갈지도 모른다. 정말로 그런 일이 일어나게 될까? 우리는 모른다. 카오스가 미래 예측을 어렵게 하기 때문이다.

나비가 어떻게 사람 수천만 명을 죽일 수 있을까?

태양계 외에 다른 카오스 체계들도 있다. 수많은 자연 현상들이 카오스의 특성을 보인다. 주식 시장의 동향, 이상파랑(異常波浪)의 형성, 심장의 박동 등. 그러나 모든 이들의 삶에 가장 큰 영향을 미치는 카오스 계는 날씨이다. '10억 년 후에도 지구는 태양의 주위를 돌고 있을까?'와 같은 문제는 일상에 직접적인 영향을 미치지 않는다. 우리는 다음 주의 날씨가 따뜻하고 맑을지, 멀리는 20년 후의 기후가 현재와 비교하여 어떨지 정도를 궁금해한다.

일기 예보는 언제나 일종의 민간 기술이었다. 비록 그중 일부는 사실로 밝혀졌지만 말이다. '저녁 하늘이 붉으면 양치기의 내일은 맑다'라는 영국 속담은 참이었다. 태양 광선이 맑은 하늘의 영역을 지나 양치기의 서쪽에 도달할 때면 붉게 변하기 때문이다. 유럽의 날씨 체계는 일반적으로 서쪽에서 동쪽으로 이동하기 때문에, 이는 좋은 날씨를 암시하는 징조이다.

오늘날의 기상학자들은 해양 기상 관측소의 측정 자료에서 인공위성이 수집한 사진과 정보에 이르기까지 수많은 데이터를 다룬다. 또한 매우 정밀한 방정식들을 가지고 대기에서 충돌하는 기단들이 상호작용을 통해 구름과 바람을 만들고 비를 내리는 과정을 기술한다. 날씨를 통제하는 방정식이 있다면, 최첨단 장비로 수집한 날씨 데이터와 함께 컴퓨터에 넣고 돌려서 다음 주의 날씨를 간단히 알아낼 수 있지 않을까?

슬프게도, 오늘날의 슈퍼컴퓨터를 이용한 2주 후의 일기 예보조차 그다지 믿을만하지 못하다. 2주 후는 고사하고, 우리는 오늘의 날씨가 어떻게 변할지조차 정확히 알 수 없다. 가장 우수한 기상 관측소의 적중률에도 한계가 있다. 우리는 공기 중의 모든 입자의 속력과, 공간의 모든 지점의 온도와, 지구 곳곳에 작용하는 모든 압력을 절대로 정확하게 알 수 없으며, 이 중 어느 요소에서 작은 변화가 일어나도 완전히 다른 기상 예측이 나올 수 있다. '나비 효과'라는 말은 여기에서 나왔다. 나비의 날갯짓이 대기 중의 미세한 변화를 일으키고 이 미세한 변화가 결과적으로는 지구 반대편에 태풍과 회오리를 일으켜, 수많은 생명의 목숨을 앗아가고 몇백만 파운드의 경제적 손실을 초래하는 엄청난 재앙을 일으킬 수 있다.

이러한 이유로 기상학자들은 여러 기상 예측들을 동시에 내놓는데, 각 예측은 전 세계적인 기상 관측소와 인공위성의 연결망을 통해 수집한 조금씩 다른 측정 자료에서 나온다. 때때로 모든 예측이 전반적으로 유사한 결과를 나타내면, 기상학자들은 상당한 확신을 가지고 다음 주 혹은 다음다음 주의 날씨가 — 비록 엄밀하게 말하면 카오스 계지만 — 안정적일 것이라고 예측한다. 그러나 각 예측이 완전히 다르게 나오는 경우, 기상학자들은 며칠 후의 날씨도 제대로 예측할 수 없다.

세 자석 사이를 진동하는 카오스 진자의 예에서, 진자의 운동을 묘사한 그림의 어떤 영역에서는 초기 위치에 작은 변화가 일어나도 다른 자석으로 가는 일은 없었다. 날씨에서도 마찬가지다. 어떤 거대한 검은색 영역이 사막에서의 날씨를 나타낸다고 가정하자. 나비가 아무리 세게 날갯짓을 해도 그 영역의 날씨는 언제나 더울 것이다. 마찬가지로 북극은 흰색 영역으로 생각할 수 있고, 이 영역에서 진자는 언제나 흰색 자석에 붙게 된다. 그러나 영국의 날씨는 진자의 초기 위치가 조금만 변해도 그림의 색이 급격하게 바뀌는 영역이다.

우주의 모든 입자의 위치와 속력을 정확히 안다면 우리는 미래를 확실하게 예측할 수 있다. 그러나 모든 입자 중 어느 하나라도 초기 조건이 아주 약간만 달라지면, 미래는 완전히 다르게 나오기도 한다. 어쩌면 우주는 태엽시계처럼 작동할지도 모르지만, 태엽시계 우주의 결정론적 속성을 이용할 수 있을 정도로 톱니바퀴들의 위치를 정확히 알아내는 일이 우리에겐 불가능하다.

앞면일까, 뒷면일까?

1968년 유럽 축구 선수권 대회 당시에는 승부차기 규칙이 없었다. 그래서 추가 시간이 종료된 후에도 승부가 결정되지 않았던 이탈리아 대 소비에트 연맹의 준결승전에서는 동전을 던져 어느 나라가 결승전에 진출할지 결정했다. 로마 시대 이래로 동전 던지기는 분쟁을 공정하게 해결하는 보편적인 방법으로 인식되어 왔다. 동전이 공중에서 회전하는 동안 어떻게 떨어질지 알기란 불가능하기 때문이다. 과연 그럴까?

이론적으로, 동전이 정확하게 어디에 위치하는지, 얼마나 회전하고 있고 언제 땅에 떨어질지를 안다면, 그것이 어떻게 떨어질지를 계산할 수 있다. 그러나 날씨와 마찬가지로 이러한 요소들 중 어느 하나라도 미세하게 변한다면 완전히 다른 결과가 나오지 않을까? 미국 캘리포니아 주 스탠퍼드대학교의 수학자 퍼시 디아코니스Persi Diaconis는 동전 던지기가 정말 예측 불가능한지 시험해보기로 했다. 매번 동일한 조건에서 동전을 던진다면, 수학적으로는 언제나 똑같은 결과가 나올 것이다. 그러나 동전 던지기 속에 카오스의 특성이 있다면? 초기 조건을 아주 약간만 변화시킨다면, 동전이 어떻게 땅에 떨어질지를 예측하는 일이 불가능해질까?

공학을 전공한 동료들의 도움을 받아 디아코니스는 동전 던지는 기계를 만들었고, 그 기계는 똑같은 조건에서 계속 동전을 던질 수 있었다. 물론, 기계가 다음 동전을 던질 때마다 매우 사소한 차이가 생기는데, 그렇다면 이 차이는 세 자석 사이를 진동하는 진자처럼 완전히 다른 결과를 초래할까? 디아코니스가 동전 던지기 기계를 가지고 실험을 반복한 결과, 동전은 언제나 똑같이 떨어졌다. 다음으로 그는 동전을 동일한 방식으로 던질 수 있도록 스스로 훈련했고 결국 연달아 10번의 앞면이 나오게 할 수 있었다. 절대로 퍼시 디아코니스 같은 사람과 동전 던지기로 내기를 해서는 안 된다.

그렇다면 동전을 던질 때마다 방법을 바꾸는 평범한 사람의 경우는 어떨까? 디아코니스는 여기에도 편향이 존재할지 궁금했다. 수학적 분석을 시도하려면 회전 전문가가 필요했다. 그는 '떨어지는 고양이 이론' — 왜 고양이는 어떠한 각도에서 떨어져도 발부터 착지하는지를 설명하는 이론 — 을 증명하여 유명해진 리처드 몽고메리Richard Montgomery를 보고 적임자를 찾았다고 생각했다. 통계학자인 수잔 홈즈Susan Homes와 함께 그들은 엄지손가락으로 튕긴 동전은 회전하면서 특정한 면이 위로 가게끔 떨어지는 경향이 있다는 사실을 보였다.

이론을 실제 숫자로 변환하려면 동전이 회전하면서 공중에서 어떻게 움직이는지 면밀히 분석해야 했다. 그들은 초당 10,000프레임의 고속 디지털 사진기의 도움으로 동전의 움직임을 포착했고, 그 데이터를 자신들이 만든 이론 모형에 넣었다. 그들이 발견한 사실은 어떻게 보면 놀랍다. 평범한 사람의 동전 던지기에는 실제로 편향이 있다. 다만, 그 정도가 작을 뿐이다. 특정 면을 위로 향하게 동전을 튕기면 51%의 확률로 그 면이 위로 가도록 떨어지는 경향이 있었다. 그 원인은 부메랑과 자이로스코프의 역학과 관련이 있는 듯하다. 회전하는 동전 역시 자이로스코프처럼 세차운동을 한다는 사실이 밝혀졌으며, 따라서 처음에 위를 향한 면이 공중에서 약간 더 오래 머물게 된다. 동전을 한 번 던질 때 이 차이는 무시할 만하지만, 길게 보면 매우 중요해질 수도 있다.

장기전에 관심을 보이는 조직은 카지노이다. 그들의 이윤은 장기적인 확률에 좌우된다. 주사위를 던지거나 룰렛 바퀴가 돌아갈 때마다 당신은 주사위나 공이 어떻게 떨어질지 예측하지만 카지노는 그러한 예측이 실패할 때 돈을 번다. 그러나 동전 던지기에서와 마찬가지로, 룰렛 바퀴와 공의 시작 위치와 속력을 정확하게 알면, 이론적으로는 뉴턴 역학을 적용하여 공이 어디로 떨어질지 알아낼 수 있다. 룰렛 바퀴가 정확히 같은 위치에서 정확히 같은 속력으로 돌아갈 때, 공을 정확히 같은 방식으로 놓는다면 그 공은 정확히 같은 위치에 떨어질 것이다. 이때 푸앵카레가 발견한 문제가 발생한다. 룰렛 바퀴와 공의 초기 조건에 매우 작은 변화만 생겨도 공의 최종 위치에 극적인 영향을 줄 수 있다. 주사위도 마찬가지다.

그렇다고 수학이 공의 최종적인 위치를 대략적으로나마 알아내는 데 도움을 주지 못한다는 뜻은 아니다. 돈을 걸기 전에 공이 바퀴 속에서 회전하는 모습을 몇 번 관찰하다 보면 공의 경로를 분석하고 최종 도착지를 예측할 수 있다. 세 명의 동유럽인 — '세련되고 아름답다'라고 묘사된 어느 헝가리 여인과 두 명의 '우아한' 세르비아 남자 — 은 그렇게 했다. 그들은 수학을 이용하여 2004년 3월, 런던 리츠 호텔 카지노의 룰렛 게임장에서 한몫 단단히 잡았다.

그들은 컴퓨터에 연결한 레이저 스캐너를 휴대 전화 속에 숨긴 채 룰렛 바퀴가 두 번 회전하는 동안 바퀴를 기준으로 한 공의 회전을 기록했다. 컴퓨터는 공이 떨어지리라고 예상되는 6개의 숫자를 계산했다. 바퀴가 세 번째로 돌아가는 동안, 도박단은 돈을 걸었다. 승률을 37 : 1에서 6 : 1로 높인 삼인조는 공의 최종 위치로 예측한 여섯 숫자 모두에 돈을 걸었다. 첫날 밤 그들은 100,000파운드(약 1억 7천만 원. 2012년기준.)를 건졌다. 이튿날 밤, 그들은 120만 파운드(약 21억 원. 2012년 기준.)라는 엄청난 액수의 돈을 벌었다. 비록 체포되어 9개월 형을 살기는 했지만, 그들은 결국 풀려났고 자신들이 얻은 돈을 가질 수 있었다. 법적으로 그들은 룰렛 바퀴에 어떠한 속임수도 쓰지 않았기 때문이다.

그들은 룰렛 바퀴에 카오스가 있기는 하지만, 공과 바퀴의 초기 조건에 약간의 변화가 있다고 해서 결과가 완전히 달라지지만은 않는다는 사실을 알았다. 기상학자들도 날씨를 예측할 때 이 사실에 의지한다. 그들은 컴퓨터 모델로 예측을 수행할 때, 오늘 날씨 조건의 변동이 예보에 지대한 영향을 주지 않을 때도 있음을 알아냈다. 도박단의 컴퓨터 역시 몇천 가지의 가능한 시나리오를 검토하면서 공이 어디로 떨어질지 살펴보는 일을 수행하고 있었다. 위치를 정확하게 알아낼 수는 없더라도, 여섯 개의 숫자면 승산은 도박단에게 있었다.

지금까지 읽은 내용으로 판단하면 자연 현상이 피사의 사탑에서 낙하하는 공처럼 단순하고 예측 가능하거나 날씨처럼 카오스적이고 예측하기 어렵거나 둘 중 하나라고 생각할지도 모르겠다. 그러나 그 경계는 분명하지 않다. 사소한 어떤 부분이 아주 약간만 변해도 처음에는 쉽게 예측할 수 있었던 문제들이 카오스적으로 바뀔 때도 있기 때문이다.

누가 나그네쥐들을 죽였을까?

몇 해 전, 환경론자들이 밝힌 내용에 따르면 나그네쥐의 수는 4년마다 급격히 감소했다. 한 유명한 가설에 따르면 이는 북극에서 온 이 쥐들이 일정 주기마다 높은 절벽에서 스스로 몸을 던져 자살하기 때문이었다. 1958년, 월트 디즈니 제작사의 자연사 팀은 쥐들의 집단 자살을 영화 『백색 황야White Wilderness』의 한 장면에 넣어 아카데미상을 받았다. 그 장면은 너무나 그럴듯해서 나그네쥐를 뜻하는 영어 '레밍lemming'은 잠재적으로 파멸을 향하는 집단을 무조건 따르는 사람들을 가리키게 되었다. 심지어 나그네쥐의 행동에서 영감을 얻은 비디오 게임도 나왔는데 게임을 하는 이들은 아무 생각 없이 절벽 끝을 향해 행진하는 쥐들을 구출해야 했다.

1980년대에 『백색 황야』의 제작팀이 영화의 모든 장면을 조작했다는 사실이 밝혀졌다. 캐나다의 한 다큐멘터리 방송에 따르면, 영화를 찍는 동안 특별 출연한 나그네쥐들은 계획된 시간에 맞춰 뛰어내리지 않았고, 제작팀에서는 쥐들이 뛰어내리도록 '사주'했다. 그러나 4년 주기로 나그네쥐의 개체 수를 급격하게 감소시킨 원인이 집단 자살이 아니라면, 무엇이 그 현상을 설명해 줄까?

그림 5.08

『백색 황야』에 나온 장면을 보고 싶다면, http://www.youtube.com/watch?v=xMZlr5Gf9yY로 접속한다.

여기서도 수학이 답을 제시해준다. 어느 한 해에서 다음 해까지의 나그네쥐의 개체 수는 간단한 방정식을 통해 예측할 수 있다. 우선 먹이 공급과 포식자 등의 환경적 요인에 따라 유지되는 최대 개체 수가 존재한다고 가정하고,

그 수를 N이라고 하자. 지난해에 살아남은 쥐들의 수는 L, 그다음 해에 태어난 쥐들의 수는 K라고 한다. K마리의 쥐 중에서 일부는 살아남지 못할 것이다. 그 비율은 $\frac{L}{N}$, 다시 말해 지난해에 살아남은 개체 수를 최대 개체 수로 나눈 값이다. 따라서 한 해가 끝날 때쯤 $K \times \frac{L}{N}$ 마리가 죽고

$$K - \frac{K \times L}{N}$$

마리가 살아남는다. 계산을 쉽게 하기 위해 최대 개체 수 $N = 100$이라고 하자.

형태는 단순하지만, 이 방정식은 놀라운 결과를 만들어낸다. 일단 나그네쥐의 개체 수가 봄마다 두 배로 증가한다면, 다시 말해 $K = 2L$이라면 어떠한 일이 일어나는지 살펴보자. 분명히 $2L \times \frac{L}{100}$ 마리는 죽게 될 것이다. 첫해에 30마리가 있다고 가정하자. 방정식을 통해 계산해보면 이듬해 말에는 나그네쥐가 $60 - 60 \times \frac{30}{100} = 42$마리일 것이다. 개체 수는 계속해서 증가해서 4년 뒤에 이르면 50마리가 된다.

이때부터 해마다 살아남는 나그네쥐의 수는 50마리로 일정하게 유지된다. 놀랍게도 첫해가 시작될 때의 개체 수가 얼마이건 간에 해가 넘어갈 때쯤 살아남는 나그네쥐의 수는 결과적으로 항상 최대 개체 수의 절반에 접근하고, 일단 절반에 도달하면 그 수는 계속 유지된다. 따라서 일단 개체 수가 50마리에 이르면 다음 해로 넘어갈 때까지 그 수는 100으로 증가하겠지만, 그 해가 끝날 때쯤에는 $100 \times \frac{50}{100} = 50$마리가 죽고 다시 50마리가 될 것이다(그림 5.09).

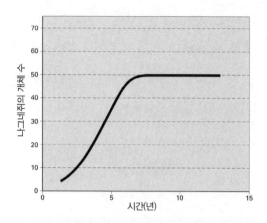

그림 5.09 봄마다 나그네쥐의 수가 두 배로 늘어난다고 할 때,
개체 수는 처음 나그네쥐의 수와 상관없이 일정한 값에 이른다.

나그네쥐의 번식력이 더 강하다면 어떨까? 어느 한 해에서 이듬해까지 세 배
가 조금 넘게 증가한다면 개체 수는 일정하지 않고 두 값 사이를 오가게 된다.
어떤 해에서 살아남는 쥐의 수가 매우 많았다면 이듬해에서 그 수는 하락한다.

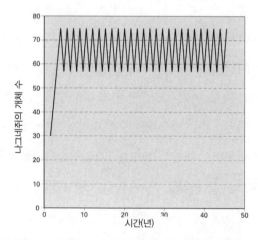

그림 5.10 봄마다 나그네쥐의 수가 세 배로 증가한다면 개체 수는 진동하기 시작한다.

나그네쥐의 번식력이 이보다 더 강해지면, 개체 수는 기묘한 방식으로 요동치기 시작한다. 개체 수가 3.5배씩 증가한다면, 나그네쥐의 총수는 네 개의 값 사이를 진동하며 약 4년을 주기로 이 패턴을 반복한다(네 값이 모두 나타나는 정확한 기간은 $1 + \sqrt{6}$, 대략 3.449년이다). 여기서 우리는 4년마다 어느 한 해에 나그네쥐의 숫자가 쥐들끼리의 집단 자살 합의가 아닌 방정식에 의해 뚜렷하게 감소함을 알 수 있다.

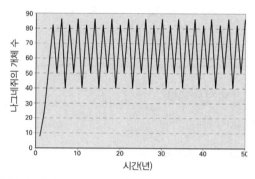

그림 5.11 봄마다 나그네쥐의 수가 3.5배로 증가하면, 개체 수는 네 개의 값 사이에서 진동한다.

진짜 흥미로운 변화는 개체 수의 증가가 3.5699배를 막 넘어설 때 일어난다. 그때, 어느 한 해에서 다음 해로 넘어갈 때의 개체 수는 아무렇게나 들쭉날쭉 치솟는다. 개체 수를 계산하는 방정식은 간단한데도, 카오스적인 결과가 나타나기 시작했다. 나그네쥐의 초기 개체 수가 변하면, 개체 수의 역학은 완전히 달라진다. 갑자기 카오스 현상이 나타나는 문턱 값 3.5699를 넘어서면 개체 수가 어떻게 변화할지 예측하기란 거의 불가능하다. 개체 수를 통제하는 방정식은 예측 가능한 상태에서 출발하지만, 나그네쥐의 생식 능력이 어느 정도 이상이 되는 순간 카오스가 출현한다.

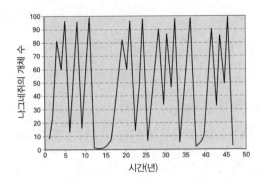

그림 5.12 봄마다 나그네쥐의 수가 3.5699배 혹은 그 이상으로 증가한다면, 개체 수의 변화는 카오스가 된다.

수조 속 물고기 방정식 게임

게임은 두 명이 진행한다. 『The Number Mysteries』 웹 사이트에서 PDF 파일을 내려받은 다음 열 마리의 물고기와 수조를 마련한다. 이 게임에서는 10년 동안 물고기의 수가 어떻게 변하는지 살핀다. 각 물고기는 일 년에 해당하고, 몸의 측면에 붙은 상자에는 그해 수조 속의 물고기 개체 수를 기록한다. 수조 안에는 최대 12마리의 물고기가 살 수 있다. 물고기의 수명은 1년이며, 그해 동안 몇 마리의 새끼를 낳은 다음 죽는다.

주사위를 두 개 던진다. 이때 처음 수조 속의 물고기 수는 주사위 숫자의 합에서 1을 뺀 값이다(따라서 1에서 11 사이의 수이다). 이 수를 N_0라고 한다. 첫 번째 경기자가 1부터 50 사이의 숫자 하나를 선택하여 그 값을 K라고 한다. 이 값은 물고기마다 몇 마리의 새끼를 낳는지 결정한다. 시작할 때 수조 속에 N_0마리의 물고기가 있었다면, 첫해 동안 이들은 $\frac{K}{10} \times N_0$마리의 새끼를 낳는다. 이는 물고기 개체 수에 $\frac{K}{10}$를 곱한 것으로, $\frac{K}{10}$는 0.1부터 5 사이의 수이다.

새로 태어난 물고기들 전부가 살아남지는 못한다. 작년 말에 N마리의 물고기가 수조에서 살아남았다면, 이듬해가 끝날 무렵 물고기의 개체 수는 아래와 같다.

$$\frac{K}{10} \times N \times \left(1 - \frac{N}{12}\right)$$

개체 수를 정수로 만들기 위해서는 결과를 반올림해야 한다(4.5마리는 5마리로 반올림한다).

수조가 10년 동안 '유지'된다고 가정하자. 첫 번째 경기자의 점수는 홀수 해 말의 물고기 개체 수이고, 두 번째 경기자의 점수는 짝수 해 말의 물고기 개체 수이다. N_i가 i년의 물고기 개체 수라고 하자. 그렇다면

경기자 1의 점수는 $N_1 + N_3 + N_5 + N_7 + N_9$,

경기자 2의 점수는 $N_2 + N_4 + N_6 + N_8 + N_{10}$

이다. 10마리의 물고기 몸에 달린 상자에 각 해의 개체 수를 기록하면, 10년 동안의 개체수 변화를 파악할 수 있다. 모든 물고기가 어떤 시점에서 죽는다면, K의 숫자를 고른 경기자 1은 자동으로 진다.

다음의 예를 참고하라. 경기자들이 두 개의 주사위를 던졌을 때 4가 나왔다. 따라서 처음 수조 속의 물고기 수는 3마리, 즉 $N_0 = 3$이다. 경기자 1은 $K = 20$을 선택한다. 1년이 지날 때 물고기의 수 N_1은 따라서

$$N_1 = \frac{K}{10} \times N_0 \times \left(1 - \frac{N_0}{12}\right) = 2 \times 3 \times \left(1 - \frac{3}{12}\right) = 4.5 \approx 5$$

이고 이듬해 말쯤엔

$$N_2 = \frac{K}{10} \times N_1 \times \left(1 - \frac{N_1}{12}\right) = 2 \times 5 \times \left(1 - \frac{5}{12}\right) = 5\frac{5}{6} \approx 6$$

마리, 3년째는

$$N_3 = \frac{K}{10} \times N_2 \times \left(1 - \frac{N_2}{12}\right) = 2 \times 6 \times \left(1 - \frac{6}{12}\right) = 6$$

마리의 물고기가 있다. 식에 6을 넣으면 계속 반복되기 때문에 물고기의 개체 수는 안정화된다. 따라서

경기자 1은 5 + 6 + 6 + 6 + 6 = 29마리

경기자 2는 6 + 6 + 6 + 6 + 6 = 30마리

를 기록하고 우승자는 경기자 2이다. 배율 K를 변화시켰을 때 어떤 일이 일어나는지 보라.

숫자를 반올림하기 때문에, 이 게임은 나그네쥐의 죽음과 관련된 카오스 모형의 미묘한 특징을 온전히 갖추진 못한다.

이 게임에 필요한 온라인 수조 시뮬레이션을 설치하려면 http://www.rigb.org/christmaslectures06/50_20.html을 방문한다.

이 온라인 버전의 수조에는 물고기 개체 수가 반올림한 상태로 화면 상에 나타나지만, 이듬해의 물고기 수를 알려주는 방정식에는 반올림하지 않은 그대로를 대입한다. 예를 들어, $K = 27$, $N_0 = 3$으로 설정한다면

$$N_1 \ = 6.075, \text{ 반올림해서 6마리}$$

$$N_2 \ = 8.09873, \text{ 반올림해서 8마리}$$

$$N_3 \ = 7.10895, \text{ 반올림해서 7마리}$$

$$N_4 \ = 7.8233, \text{ 반올림해서 8마리}$$

$$N_5 \ = 7.352, \text{ 반올림해서 7마리}$$

$$N_6 \ = 7.68872, \text{ 반올림해서 8마리}$$

$$N_7 \ = 7.45835, \text{ 반올림해서 7마리}$$

$$N_8 \ = 7.62147, \text{ 반올림해서 8마리}$$

$$N_9 \ = 7.50844, \text{ 반올림해서 8마리}$$

$$N_{10} = 7.58804, \text{ 반올림해서 8마리}$$

경기자 1의 점수는 6 + 7 + 7 + 7 + 8 = 35마리

경기자 2의 점수는 8 + 8 + 8 + 8 + 8 = 40마리

베컴과 카를로스처럼 킥하는 방법

데이비드 베컴과 로베르토 카를로스 두 사람은 마치 물리 법칙을 거스르는 듯 보였던 매우 독특한 프리킥의 기록이 있다. 그중 가장 놀라운 것은 아마도 1997년 브라질 대 프랑스전에서 카를로스가 찼던 킥일 것이다. 그가 프리킥을 찬 지점은 골대로부터 30미터 떨어져 있었다. 다른 선수들 같으면 공을 동료에게 패스해서 경기를 이어나갔을 것이다. 카를로스는 아니었다. 그는 공을 놓고 슛을 하기 위해 뒤로 물러섰다.

프랑스 골키퍼 파비엥 바르테즈는 선수들로 수비벽을 쌓긴 했지만, 카를로스가 정말로 골문 쪽을 겨냥하리라고는 생각지도 못했다. 아니나 다를까 카를로스가 뛰어와 공을 찼을 때, 그의 생각대로 공은 표적에서 완전히 빗나가 바깥으로 향하는 듯 보였다. 골대의 측면에 앉은 관객들은 공이 관객석으로 날아오는 줄 알고 몸을 숙이기 시작했다. 그러다 갑자기, 마지막 순간에 공은 왼쪽으로 방향을 바꾸어 프랑스 진영의 골문 뒤편으로 날아 들어갔다. 바르테즈는 어안이 벙벙했다. 그는 완전히 무방비 상태에서 당했다. "아니 어떻게 공이 그렇게 움직일 수 있지?" 그가 순간 무슨 생각을 했을지 훤하다.

물리 법칙을 거스르는 듯한 카를로스의 킥은 사실 축구공의 운동에 숨겨진 과학을 활용한 것이다. 축구공의 회전은 괴이한 현상을 일으키기도 한다. 회전이 없도록 차면, 공은 포물선을 그리며 마치 고정된 2차원 평면 속에서처럼 움직인다. 그러나 회전이 생기면 그 순간 축구공의 운동은 3차원의 수학으로 기술해야 한다. 위아래뿐만 아니라 좌우로도 움직일 수 있기 때문이다.

그렇다면 공중을 나는 축구공을 좌우로 움직이게 하는 요소는 무엇일까?

바로 1852년 최초로 공의 회전 효과를 설명한 독일 수학자 하인리히 마그누스의 이름을 딴 마그누스 효과Magnus effect이다(그래서인지 독일인은 언제나 축구를 잘한다). 마그누스 효과는 비행기 날개에서 양력이 발생하는 원리와 유사하다. 앞서 305쪽에서 설명했듯, 날개의 위와 아래에서 바람의 속력이 다르면 날개의 위쪽 압력이 낮아지고 아래쪽 압력이 높아지기 때문에 비행기를 위로 들어올리는 힘이 생긴다.

로베르토 카를로스의 프리킥 장면은 http://www.youtube.com/watch?v=Pl0LHM-33lo에서 볼 수 있다.

공이 오른쪽에서 왼쪽으로 휘도록, 카를로스는 공의 왼쪽이 자신을 향하여 (축구공의 중심을 관통하는 수직축을 중심으로) 회전하도록 찼다. 공은 회전하면서 사실상 공기가 왼쪽에서 더 빨리 흐르도록 밀어낸다. 이렇게 왼쪽의 공기가 더 빠른 속도로 공을 스쳐 가면서 압력은 낮아진다. 비행기 날개의 위쪽에서 일어나는 현상과 똑같다. 공의 오른쪽에 작용하는 압력은 상승하는데, 기류 속에서 공의 표면이 회전할 때 오른쪽에서 공기의 속력이 감소하기 때문이다. 압력의 상승은 공을 오른쪽에서 왼쪽으로 미는 힘으로 바뀌고, 그 힘은 결국 골네트를 흔들도록 공을 몰고 간다.

갈릴레오의 방정식으로 예측한 거리보다 훨씬 멀리 날아가도록 골프공을 칠 때도 같은 원리가 적용된다. 이 경우 회전축은 골프공의 운동과 수직이 아닌 수평을 이룬다. 목표 지점을 향해 공을 칠 때, 골프 클럽의 머리는 공이 날아가는 방향으로 아랫부분이 돌아가도록 회전을 준다.

이때 기류의 속력이 감소하면서 베르누이 효과로 공 아래의 압력이 증가하고, 이는 다시 중력에 반하여 공을 위로 밀어 올리는 힘을 발생시킨다. 실제로 골프공은 마치 회전이 날개라도 달아준 듯 거의 무중력 상태에서 공중을 난다.

지금까지 언급하지 않은 한 가지 요인이 있는데, 카를로스의 프리킥이 늦게 휘어진 이유는 이 요인으로 설명된다. 바로 공에 작용하는 '항력'이다. 나그네쥐의 개체 수 증감과 더불어, 카를로스의 마법 같은 회전킥의 비밀은 카오스적인 운동에서 규칙적인 운동으로의 전환에 있었다. 축구공 뒤의 기류는 카오스적일 수도 있고 규칙적일 수도 있다. 카오스적인 기류는 난류로 불리며 공이 매우 빠르게 운동할 때 발생한다. 규칙적인 기류를 층류laminar flow라 부르며 속력이 느릴 때 나타난다. 한쪽에서 다른 쪽으로의 전환이 일어나는 시점은 공의 형태에 따라 다르다.

바람의 속력에 따라 기류가 달라지는 현상은 매우 쉽게 관찰할 수 있다. 깃발(또는 천 조각)이 뒤따라오도록 들고 직선 위를 걸어가면서 휘날리는 모습을 관찰하자. 이제 더 빠른 속력으로, 차창 밖으로 깃발을 들거나 강풍 속에서 가능한 한 빠르게 뛰면서 같은 일을 반복한다. 깃발은 거세게 펄럭일 것이다. 그 이유는 깃발처럼 어떤 물체 주위를 지나는 공기는 속력에 따라 다르게 행동하기 때문이다. 낮은 속력에서 기류는 쉽게 예측 가능하지만, 속력이 높으면 훨씬 더 카오스적이다.

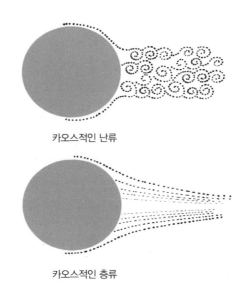

카오스적인 난류

카오스적인 층류

그림 5.13 카오스적인 난류는 규칙적인 층류보다 항력이 덜 생긴다.

난류에서 층류로의 이러한 변화가 프리킥 차기와 어떠한 관련이 있을까? 카오스적인 난류에서 공에 작용하는 항력은 훨씬 적다. 따라서 공이 빠르게 움직일 때, 회전은 공의 운동 방향에 큰 영향을 주지 못하며 회전력은 운동 경로로 분산된다. 공의 속력이 느려지면서 '전환점'을 지나면 난류가 층류로 바뀌면서 훨씬 더 큰 항력이 발생한다. 마치 누군가가 브레이크를 세게 밟은 것과 같다. 전환의 순간 공기 저항은 150% 증가한다. 이제 회전의 영향이 나타나면서 공은 순간적으로 급격히 방향을 바꾼다. 추가된 항력은 상승력도 증가시키기 때문에 마그누스 효과 역시 커지면서, 공은 훨씬 더 강하게 측면으로 휘어진다.

로베르토 카를로스는 골대에서 꽤 멀리 떨어진 지점에서 프리킥을 차야 했기 때문에 카오스적 난류가 발생할 정도로 세게 찰 수 있었고, 경기장 바깥으로 빠져나가기 전에 공의 속력이 느려지면서 휘어질 시간도 충분히 있었다. 시속 110킬로미터로 찬 축구공은 주변 기류가 카오스적이지만 대략 중간쯤 날아간 뒤에는 속력이 느려지면서 층류로 변한다. 브레이크가 작동하면서 공의 회전이 우세해졌기 때문에 바르테즈는 패배했다.

카오스의 수학은 축구 경기가 아닌 다른 곳에서도 작용한다. 비행기를 타고 이동할 때 우리는 카오스의 영향을 받는다. '난류'를 이야기하면 대부분의 사람들은 좌석벨트를 단단히 매라는 안내 방송과 혼란스러운 기류에 비행기가 이리저리 흔들리는 광경을 상상한다. 비행기는 축구공보다 훨씬 빠르며, 비행기 날개 주변의 혼란스러운 기류 — 난류 — 는 공기 저항을 증가시키기 때문에 연료의 소모와 비용의 손실이 더 크다.

한 연구에서는 난류로 인한 항력이 10% 감소할 때 항공 회사의 이윤이 40% 증가한다는 결론이 나왔다. 항공 공학자들은 난류의 형성을 조금이라도 방지할 수 있는 날개 구조의 설계 방법을 끊임없이 모색하는 중이다. 날개를 따라 나란히 레코드판의 홈처럼 미세한 홈을 만드는 것도 한 가지 방법이다. 덴티클denticle이라는 아주 작은 이빨 모양의 돌기로 날개 표면을 덮는 방법도 있다. 흥미롭게도 상어 피부가 천연 덴티클로 덮여 있다는 사실에서, 자연이 공학자들보다 훨씬 오래전에 유체 저항을 극복하는 방법을 발견했음을 알 수 있다.

광범위하게 연구되었지만, 축구공이나 비행기 날개에서 발생하는 난류는 여전히 수학의 큰 수수께끼 중 하나이다. 좋은 소식이 있다. 우리는 이제 기체와 유체의 행동을 묘사하는 방정식을 쓸 수 있다. 나쁜 소식은 그 방정식을 풀 줄 아는 사람이 없다는 것이다! 베컴이나 카를로스 같은 사람들에게는 이 방정식은 그다지 중요하지 않다. 그러나 기상 관측자들은 대기 중의 기류를 예측하기 위해, 의료관계자들은 인체 속 혈류를 이해하기 위해, 천체물리학자들은 은하 속의 별들이 어떻게 운동하는지 알아내기 위해 이 방정식들을 푼다. 동일한 수학이 이이 모든 일들을 지배한다. 현재 기상 관측자들과 디자이너들은 정확한 값이 아닌 근삿값을 사용할 수밖에 없는 상황이지만, 이 방정식에는 카오스가 숨어 있기 때문에 작은 오차도 결과에 큰 영향을 줄 수 있다. 따라서 그들의 예측도 완전히 빗나갈 수 있다.

이 방정식들은 그들을 만든 19세기의 두 수학자의 이름을 따서 내비어-스톡스 방정식Navier-Stokes equation으로 불린다. 이 방정식은 만만하지 않다. 방정식의 일반적인 표현은 다음과 같다.

$$\frac{\partial}{\partial t} u_i + \sum_{j=1}^{n} u_j \frac{\partial u_i}{\partial x_j} = v \triangle u_i - \frac{\partial p}{\partial x_i} + f_i(x, t)$$

$$\mathrm{div}\, u = \sum_{i=1}^{n} \frac{\partial u_i}{\partial x_i} = 0$$

이 방정식에 나오는 기호들을 이해하지 못한다 해도 걱정할 필요가 없다. 많은 사람들이 이해하지 못하니까! 그러나 수학의 언어를 아는 사람에게 이 방정식은 미래를 예측하는 열쇠이다. 최초로 이 방정식을 푸는 사람에게 백만 달러가 상금으로 수여될 만큼 이것은 중요하다.

양자역학을 창시한 위대한 독일 물리학자 베르너 하이젠베르크Werner Heisenberg는 언젠가 이렇게 말했다. "신을 만나게 된다면 나는 두 가지를 물을 작정이다. 왜 상대성인가? 그리고 왜 난류인가? 신이 아니고서야 이 문제에

답을 할 사람은 없으리라고 믿는다."

누군가 로베르토 카를로스에게 어떻게 축구공을 그렇게 극적으로 휘게 할 수 있었는지 묻자 그는 대답했다. "나는 어렸을 때부터 프리킥의 정확성을 높이기 위해 연습했다. 훈련 시간이 끝나면 적어도 한 시간은 남아서 추가로 프리킥을 연습했다. 모든 일이 다 마찬가지다. 많은 땀과 고통이 있을수록, 더 많은 것을 얻는다."

수학에서도 마찬가지라고 생각한다. 문제가 더 어려울수록, 그것을 해결했을 때의 만족감도 더 커진다. 수학이 어려워졌다면 로베르토 카를로스의 말을 기억하라. "많은 땀과 고통이 있을수록, 더 많은 것을 얻는다." 마침내 언젠가 당신이 시대를 초월해 존재하는 수학적 난제를 해결한다면, 모든 사람들이 네트 뒤편에 떨어진 공을 본 바르테즈와 비슷한 생각을 할 것이다. 아니 어떻게 그걸 해냈지!

감사의 글

이 책을 만드는 데 도움을 주신 다음 분들께 큰 감사를 전한다. 포스 이스테이트의 편집자 로빈 하비Robin Harvie, 초장거리 마라톤에 대한 애정은 그 자신에게 큰 도움이 되었을 것이다. 그린 앤드 히턴의 내 출판대리인 앤터니 토핑Antony Topping, 그는 글쓰기 마라톤을 완주하도록 도와준 나의 개인 트레이너였다. 교열 담당자 존 우드러프John Woodruff는 은퇴 계획을 미루면서까지 이 책이 형태를 갖추는 데 도움을 주었다. 일러스트레이터 조 맥클러렌Joe McClaren이 『타임스Times』의 내 칼럼에 그린 삽화들은 매주 수요일 아침을 환하게 해주었다. 일러스트레이터 레이먼드 터비Raymond Turvey는 가장 복잡한 형태들도 그만의 방식으로 완벽하게 잡아냈다.

이 책을 위한 자료들은 수많은 프로젝트에서 가져왔다.

나는 2006년 왕립 학회의 크리스마스 과학 강연을 맡아달라는 요청을 받았다. 이 강연은 1825년 이래로 계속되었으며 1996년부터 TV로 방영되었다. 강연의 목적은 과학을 일반 대중에게로 가져가는 것, 특히 젊은 청중들이 실제로 과학을 하도록 이끄는 데 있다. 나는 운이 좋아 1978년 크리스토퍼 지만Christopher Zeeman이 맡은 최초의 수학 강연에 참석했었다. 나는 그때 13살이었다. 지만은 여러 주제가 혼합된 흥미진진한 이야기를 했고 그해 크리스마스에 집으로 돌아오면서 나는 바로 그와 같은 수학자가 되기로 마음 먹었다. 2006년 강연 요청을 받았을 때, 나는 수학자의 꿈을 심어준 왕립 학회에 멋지게 보답할 때가 왔다고 생각했다. 미래의 수학자들에게 영감을 줄 기회를 갖게 된 것은 진정 명예로운 일이다.

왕립학회에서 보내온 개요에 따르면 나는 11살에서 14살의 학생들을 대상으로 다섯 번의 강연을 할 예정이었다. 크리스마스 과학 강연은 대개 폭발, 드라이아이스, 지원 학생들을 뽑아 함께 실험하기가 전부이다. 구실을 붙여 기존의 방식을 버리고 재미있는 게임을 통해 수학을 보여주는 일은 재미있는 도전이었다. 결과적으로 나는 다섯 번의 수학 판토마임을 하고 난 기분이다. 강연을 위해 왕립 학회, 채널 파이브Channel Five, 윈드폴 영화사Windfall Films 사람들로 구성된 멋진 팀이 조직되었다. 특히 수학에 생기를 불어넣을 상상력이 풍부한 방법들을 발견하는 데 도움을 주신 마틴 고스트Martin Gorst, 타임 에드워즈Time Edwards, 앨리스 존스Alice Jones에게 감사드린다. 강연을 할 수 있게끔 도와주신 앤디 마머리Andy Marmery, 캐서린 드 레인지Catherine de Lange, 데이비드 듀건David Dugan, 데이비드 콜먼David Coleman에게도 감사드리고 싶다.

수많은 학교에서 시범적으로 자료를 운용해보았지만, 학생을 대상으로 우리가 가진 모든 아이디어를 실현할 수 있도록 매우 관대히 허락해주신 유대 자유 학교Jewish Free School 측에 특히 감사드린다. 크리스마스와 유대교는 기묘한 조합이었겠지만, 우리는 학생들에게 수학이 종교를 초월한 보편적인 언어임을 보이는 데 성공했다. 성공과 실패는 아이들이 어떻게 반응했는가를 관찰함으로써만 알 수 있다. 강연을 위해 우리가 한 모든 연구들은 이 책을 쓰는 데 꼭 필요한 자료가 되었다.

수학에 관한 텔레비전 프로그램을 만들면서 나는 어떠한 주제들이 대중의 마음을 끌 수 있는지를 알게 되었다. 교사용 TV 프로그램 『숫자로 칠하기 Painting with Numbers』 네 편을 포함한 여러 편의 영상과, 내가 속한 일요 축구팀 레크레아티보 해크니Reacreativo Hackney가 출연한 무한히 많은 소수가 존재한다는 유클리드의 증명에 관한 영상을 함께 만든 앨롬 샤하Alom Shaha에게도 감사드리고 싶다. 그와 만든 프로그램에서 우리가 연구한 자료들은 크리스마스 과학 강연을 만들 때 매우 유용했다.

BBC와 함께 만든 4부작 시리즈 『수학 이야기The Story of Maths』 는 이 책의 많은 내용에 흥미진진한 역사적 토대를 제공했다. 나는 BBC의 총 제작 감독 데이비드 오큐푸나David Okuefuna에게 감사드려야 한다. 수학에 대한 그의 사랑 덕분에 아이디어가 현실화되었다. 이 프로그램이 방영되기까지 방송 대학 Open University 측에서는 재정적, 학술적으로 귀중한 지원을 해 주셨다. 영상을 제작하기 시작하면 개인이 아닌 팀 전체의 노력이 중요해지는바, 캐런 맥건Karen McGann, 크리샤 데렉키Krysia Derecki, 로빈 대쉬우드Robin Dashwood, 크리스티나 로리Christina lowry, 데이비드 베리David Berry와 케미 마제코던미Kemi Majekodunmi에게 감사드린다.

책을 쓰고, 텔레비전 시리즈물을 만들고, 강연을 통해 수학에 생기를 불어넣는 일에는 시간이 필요하다. 그와 같은 시간을 허락하게 해주신 분들에게 감사드린다. 찰스 시모니Charles Simonyi('대중 과학의 이해를 위한 찰스 시모니 석좌교수직'을 창설한 미국의 억만장자. ms워드와 액셀의 개발자였다. — 옮긴이)는 대중의 과학 이해를 전담하는 자리를 두면 대중들이 과학에 흥미를 가지도록 장려하는 일에 재직자가 진지하게 임할 것이라고 내다보았다. 옥스퍼드 대학교 측은 수학을 대중에게 전달하려는 나의 노력에 항상 협조적이었다. 나는 또한 공학과 물리학 연구 위원회Engineering and Physical Sciences Research Council로부터 시니어 미디어 펠로우십Senior Media Fellowship scheme 제도를 통해 매우 귀중한 지원을 받아왔다. 그들의 도움이 없었다면, 절대로 이처럼 영향력 있는 결과를 만들어내지 못했으리라.

나는 또한 옥스퍼드대학교 학생들의 모임 '수마술사들The mathemagicians'에도 감사드린다. 이들은 다양한 방식으로 수학의 즐거움을 전파하면서 나를 돕고 있다. 많은 학생들이 원고를 읽고 책에 등장하는 애플리케이션에 관하여 흥미진진한 아이디어를 제공했다. 토머스 울리Thomas Woolley는 특히 이 책에 나온 복잡한 프랙탈 그래픽 일부를 만드는 데 도움을 주었다.

이 책을 읽는 독자들이라면 누구나 내가 축구광임을 짐작했을 것이다. 일요 축구팀 레크레아티보 해크니(http://recreativofootballclub.blogspot.com을 보라)에서 뛰면서 나는 매주 일요일마다 에너지를 발산할 더없이 귀중한 분출구를 찾았다(비록 경기 중 사고로 부러진 오른손 5번 손바닥뼈와 왼쪽 손목의 다발골절 수술로 이 책의 출간이 조금 늦어지긴 했지만). 내가 응원하는 팀은 아스널Arsenal이다. 비록 한동안은 우승 트로피를 타지 못했지만, 그 팀의 경기를 보다 보면 마치 눈앞에서 복잡한 체스 게임이 벌어지는 듯한 느낌을 받는다. 아스널 팀 벤치 어딘가에 수학자가 있음이 틀림없다. 책을 쓰고 난 이후에는 뜻밖의 선물이 따라왔다. 바로 영국 작가들의 축구팀에서 뛰어달라는 제안이었다(http://writersteam.co.uk를 참조).

그 팀에 속한 작가라면 누구나 책을 쓰는 지난한 과정 내내 지지해주는 가

족들에게 가장 큰 공을 돌려야 한다는 생각에 동의할 것이다. 나의 아내 샤니와 세 자녀, 토머, 마갈리, 그리고 이나에게 감사의 마음을 전한다. 내가 키우던 고양이 프레디 융베리Freddie Ljungberg는 안타깝게도 스트레스를 견디지 못하고 집을 떠났다. 그 아이를 마지막으로 목격했던 장소는 웨스트햄 부근이었던 것 같다(스웨덴 축구 선수 융베리는 2007년 서른 살에 웨스트햄으로 이적하였다. ─ 옮긴이).

그림 출처

2.01 Watts's Tower © Joe McLaren

2.02 Volume sliced © Raymond Turvey

2.03 Footballs © Joe McLaren

2.04 Platonic Solids © Joe McLaren

2.05 Truncated Tetrahedron © Raymond Turvey

2.06 Great Rhombicosidodecahedron © Raymond Turvey

2.07 Footballs © Raymond Turvey

2.08 Football © Raymond Turvey

2.09 Two partial sphere bubbles © Joe McLaren

2.10 Double bubble © Joe McLaren

2.11 Fused bubble © Joe McLaren

2.12 Wire frame © Joe McLaren

2.13 Tetrahedron © Joe McLaren

2.14 Truncated octahedron © Raymond Turvey

2.15 Kelvin's Foam © Raymond Turvey

2.16 Two shapes packed together © Raymond Turvey

2.17 Beijing Olympic Swimming Pool © Arup

2.18 Rhombic Dodecahedron © Raymond Turvey

2.19 Ball and stick model © Raymond Turvey

2.20 Three maps of Britain © Joe McLaren

2.21 Making a fractal © Raymond Turvey

2.22 Making a fractal © Raymond Turvey

2.23 Making a fractal © Raymond Turvey

2.24 Coastline © Thomas Woolley

2.25 Koch Snowflake

2.26 Coastline © Thomas Woolley

2.27 Coastline © Thomas Woolley

2.28 Scottish coastline at three magnifications © Steve Boggs

2.29 Fractal Fern

2.30 Four grids © Thomas Woolley

2.31 Six fractals © Thomas Woolley

2.32 Five maps of the UK © Thomas Woolley

3장

3.19 Country borders © Raymond Turvey

3.20 Minefields © Raymond Turvey

3.21 Minefields © Raymond Turvey

3.22 Loading truck problem © Joe McLaren

3.23 Travelling Salesman solution © Raymond Turvey

4.01 Babington Code © Joe McLaren

4.02 Enigma Machine © Joe McLaren

4.03 Chappe Machine © Joe McLaren

4.04 Chappe Code © Joe McLaren

4.05 Nelson semaphore © Raymond Turvey

4.06 Semaphore code © Joe McLaren

4.07 Beatles cover © Joe McLaren

4.08 Beatles cover corrected © Joe McLaren

4.09 CND Symbol

4.10 Morse Code Alphabet © Raymond Turvey

4.11 Morse Code © Raymond Turvey

4.12 Hexagram © Raymond Turvey

4.13 Hexagram © Raymond Turvey

4.14 Photograph of Leibniz's binary calculator © Marcus du Sautoy

4.15 Coldplay cover © Raymond Turvey

4.16 Baudot code © Raymond Turvey

4.17 Clocks © Raymond Turvey

4.18 Elliptical curve © Steve Boggs

4.19 Elliptical curve © Steve Boggs

4장

5장

찾아보기

19세기 산업은 전기 기술 시대, 20세기는 전자 기술(반도체) 시대, 21세기는 양자 기술 시대입니다. 미래의 주역인 청소년들을 위해 21세기 양자 기술(양자 암호, 양자 컴퓨터, 양자 통신 같은 양자정보과학 분야, 양자 철학 등) 시대를 대비한 수학 및 양자 물리학 양서를 계속 출간하고 있습니다.

GREAT DISCOVERIES SERIES

퀀텀맨 : 양자역학의 영웅, 파인만

로렌스 크라우스 지음 | 김성훈 옮김 | 20,000원

저자는 파인만 생전의 역사적 맥락을 정확히 짚어 설명하면서, 파인만 연구의 물리학적 가치와 그 과정에서 드러나는 파인만의 유래한 천재성을 여지없이 끄집어낸다. 20세기 후반 물리학의 핵심적인 발전과 파인만의 통찰력으로 등장해 지금까지도 풀리지 않고 남아 있는 수많은 수수께끼를 제대로 바라보는 관점을 얻게 된다.

아인슈타인의 우주 : 알베르트 아인슈타인의 시각은 시간과 공간에 대한
우리의 이해를 어떻게 바꾸었나

미치오 카쿠 지음 | 고중숙 옮김 | 328쪽 | 15,000원

밀도 높은 과학적 개념을 일상의 언어로 풀어내는 카쿠는 이 책에서 인간 아인슈타인과 그의 유산을 수식 한 줄 없이 체계적으로 설명한다. 가장 최근의 끈이론에도 살아남아 있는 그의 사상을 통해 최첨단 물리학을 이해할 수 있는 친절한 안내서이다.

불완전성 : 쿠르트 괴델의 증명과 역설

레베카 골드스타인 지음 | 고중숙 옮김 | 352쪽 | 15,000원

괴델의 불완전성 정리는 20세기의 가장 아름다운 정리라 불린다. 이는 인간의 마음으로는 완전히 헤아릴 수 없는, 인간과 독립적으로 존재하는 영원불멸한 객관적 진리의 증거이다. 괴델의 정리와 그 현란한 귀결들을 이해하기 쉽도록 펼쳐 보임은 물론 괴팍하고 처절한 천재의 삶을 생생히 그렸다. (함께 읽는 책 : 『괴델의 증명』)
간행물윤리위원회 선정 '청소년 권장 도서', 2008 과학기술부 인증 '우수과학도서' 선정

너무 많이 알았던 사람 : 앨런 튜링과 컴퓨터의 발명

데이비드 리비트 지음 | 고중숙 옮김 | 408쪽 | 18,000원

튜링은 제2차 세계대전 중에 독일군의 암호를 해독하기 위해 '튜링기계'를 성공적으로 설계, 제작하여 연합군에게 승리를 안겨 주었고 컴퓨터 시대의 문을 열었다. 또한 반동성애법을 위반했다는 혐의로 체포되기도 했다. 저자는 소설가

의 감성으로 튜링의 세계와 특출한 이야기 속으로 들어가 인간적인 면에 대한 시각을 잃지 않으면서 그의 업적과 귀결을 우아하게 파헤친다.

신중한 다윈 씨 : 찰스 다윈의 진면목과 진화론의 형성 과정

데이비드 쾀멘 지음 | 이한음 옮김 | 352쪽 | 17,000원

찰스 다윈과 그의 경이로운 생각에 관한 이야기. 데이비드 쾀멘은 다윈이 비글호 항해 직후부터 쓰기 시작한 비밀 '변형' 공책들과 사적인 편지들을 토대로 인간적인 다윈의 초상을 그려 내는 한편, 그의 연구를 상세히 설명한다. 역사상 가장 유명한 야외 생물학자였던 다윈의 삶을 읽고 나면 '다윈주의'라는 용어가 두렵지 않을 것이다.

한국간행물윤리위원회 선정 '2008년 12월 이달의 읽을 만한 책'

〈KBS TV 책을 말하다〉 2009년 1월 테마북 선정

열정적인 천재, 마리 퀴리 : 마리 퀴리의 내면세계와 업적

바바라 골드스미스 지음 | 김희원 옮김 | 296쪽 | 15,000원

저자는 수십 년 동안 공개되지 않았던 일기와 편지, 연구 기록, 그리고 가족과의 인터뷰 등을 통해 신화에 가려졌던 마리 퀴리를 드러낸다. 눈부신 연구 업적과 돌봐야 할 가족, 사회에 대한 편견, 그녀 자신의 열정적인 본성 사이에서 끊임없이 갈등을 느끼고 균형을 잡으려 애썼던 너무나 인간적인 여성의 모습이 그것이다. 이 책은 퀴리의 뛰어난 과학적 성과, 그리고 명성을 위해 치러야 했던 대가까지 눈부시게 그려 낸다.

파인만

파인만의 과학이란 무엇인가

리처드 파인만 강연 | 정무광, 정재승 옮김 | 192쪽 | 10,000원

'과학이란 무엇인가?' '과학적인 사유는 세상의 다른 많은 분야에 어떻게 영향을 미치는가?'에 대한 기지 넘치는 강연이 생생하게 수록되어 있다. 아인슈타인 이후 최고의 물리학자로 누구나 인정하는 리처드 파인만의 1963년 워싱턴대학교에서의 강연을 책으로 엮었다.

파인만의 물리학 강의 Ⅰ

리처드 파인만 강의 | 로버트 레이턴, 매슈 샌즈 엮음 | 박병철 옮김 | 736쪽 |

양장 38,000원 | 반양장 18,000원, 16,000원(Ⅰ-Ⅰ, Ⅰ-Ⅱ로 분권)

40년 동안 한 번도 절판되지 않았던, 전 세계 이공계생들의 필독서, 파인만의 빨간 책.

2006년 중3, 고1 대상 권장 도서 선정(서울시 교육청)

파인만의 물리학 강의 II

리처드 파인만 강의 | 로버트 레이턴, 매슈 샌즈 엮음 | 김인보, 박병철 외 6명 옮김 | 800쪽 | 40,000원

파인만의 물리학 강의 I 에 이어 국내 처음으로 소개하는 파인만 물리학 강의의 완역본. 전자기학과 물성에 관한 내용을 담고 있다.

파인만의 물리학 강의 III

리처드 파인만 강의 | 로버트 레이턴, 매슈 샌즈 엮음 | 김충구, 정무광, 정재승 옮김 | 511쪽 | 30,000원

파인만의 물리학 강의 3권 완역본. 양자역학의 중요한 기본 개념들을 파인만 특유의 참신한 방법으로 설명한다.

파인만의 물리학 길라잡이 : 강의록에 딸린 문제 풀이

리처드 파인만, 마이클 고틀리브, 랠프 레이턴 지음 | 박병철 옮김 | 304쪽 | 15,000원

파인만의 강의에 매료되었던 마이클 고틀리브와 랠프 레이턴이 강의록에 누락된 네 차례의 강의와 음성 녹음 그리고 사진 등을 찾아 복원하는 데 성공하여 탄생한 책으로 기존의 전설적인 강의록을 보충하기에 부족함이 없는 참고서이다.

파인만의 여섯 가지 물리 이야기

리처드 파인만 강의 | 박병철 옮김 | 246쪽 | 양장 13,000원, 반양장 9,800원

파인만의 강의록 중 일반인도 이해할 만한 '쉬운' 여섯 개 장을 선별하여 묶은 책. 미국 랜덤하우스 선정 20세기 100대 비소설 가운데 물리학 책으로 유일하게 선정된 현대과학의 고전.
간행물윤리위원회 선정 '청소년 권장 도서'

일반인을 위한 파인만의 QED 강의

리처드 파인만 강의 | 박병철 옮김 | 224쪽 | 9,800원

가장 복잡한 물리학 이론인 양자전기역학을 가장 평범한 일상의 언어로 풀어낸 나흘간의 여행. 최고의 물리학자 리처드 파인만이 복잡한 수식 하나 없이 설명해 간다.

천재 : 리처드 파인만의 삶과 과학

제임스 글릭 지음 | 황혁기 옮김 | 792쪽 | 28,000원

'카오스'의 저자 제임스 글릭이 쓴 천재 과학자 리처드 파인만의 전기. 과학자라면, 특히 과학을 공부하는 학생이라면 꼭 읽어야 하는 책.
2006년 과학기술부인증 '우수과학도서', 아·태 이론물리센터 선정 '2006년 올해의 과학도서 10권'

발견하는 즐거움

리처드 파인만 지음 | 승영조, 김희봉 옮김 | 320쪽 | 9,800원

인간이 만든 이론 가운데 가장 정확한 이론이라는 '양자전기역학(QED)'의 완성자로 평가받는 파인만. 그에게서 듣는 앎에 대한 열정.

문화관광부 선정 '우수학술도서', 간행물윤리위원회 선정 '청소년을 위한 좋은 책'

대칭 시리즈

심화된 수학을 공부할 때, 현대 과학을 논할 때 빼놓을 수 없는 핵심 개념인 대칭symmetry을 다양한 분야에서 입체적으로 다룬 승산의 책을 만나보세요.

초끈이론의 진실 : 이론 입자물리학의 역사와 현주소

피터 보이트 지음 | 박병철 옮김 | 465쪽 | 20,000원

초끈이론이 탄생한 지 20년이 지난 지금까지도 아무런 실험적 증거를 내놓지 못하고 있다. 그 이유는 무엇일까? 입자물리학이 지배하고 있는 초끈이론을 논박하면서 그 반대진영에 있는 고리 양자중력, 트위스터 이론 등을 소개한다.

2009년 대한민국학술원 기초학문육성 '우수학술도서' 선정

무한 공간의 왕

시오반 로버츠 지음 | 안재권 옮김 | 668쪽 | 25,000원

쇠퇴해가는 고전 기하학을 부활시켰으며, 수학과 과학에서 대칭의 연구를 심화시킨 20세기 최고의 기하학자 '도널드 콕세터'의 전기.

미지수, 상상의 역사

존 더비셔 지음 | 고중숙 옮김 | 536쪽 | 20,000원

인류의 수학적 사고의 발전 과정을 보여주는 4000년에 걸친 대수학algebra의 역사를 명강사의 설명으로 읽는다. 대칭 개념의 발전 과정을 대수학의 관점으로 볼 수 있다.

아름다움은 왜 진리인가

이언 스튜어트 지음 | 안재권, 안기연 옮김 | 432쪽 | 20,000원

현대 수학·과학의 위대한 성취를 이끌어낸 힘, '대칭symmetry의 아름다움'에 관한 책. 대칭이 현대 과학의 핵심 개념으로 부상하는 과정을 천재들의 기묘한 일화와 함께 다루었다.

대칭 : 자연의 패턴 속으로 떠나는 여행

마커스 드 사토이 지음 | 안기연 옮김 | 492쪽 | 20,000원

수학자의 주기율표이자 대칭의 지도책 『유한군의 아틀라스』가 완성되는 과정을 담았다. 자연의 패턴에 숨겨진 대칭을 전부 목록화하겠다는 수학자들의 야심찬 모험을 그렸다.

대칭과 아름다운 우주

리언 레더먼, 크리스토퍼 힐 지음 | 안기연 옮김 | 464쪽 | 20,000원

힐과 레더먼이 쓴 매혹적이면서도 쉽게 읽히는 이 책은 대칭과 같은 단순하고 우아한 개념이 어떻게 우주의 구성에 중요한 의미를 갖는지 궁금해 하는 독자의 호기심을 채워 준다. 대칭이 물리학 속에서 어떤 의미를 갖는지를 환론의 대모 에미 뇌터의 삶과 함께 조명했다.

對稱性とはなにか : 自然・宇宙のしくみを對稱性の破れによって理解する

(대칭성이란 무엇인가 : 자연・우주의 구조를 대칭성 깨짐을 통해 이해한다)

히로세 다치시게 지음 | 근간

13歳の娘に語るガロアの數學 (열세 살 딸에게 들려주는 갈루아 수학)

김중명 지음 | 근간

영재수학

경시대회 문제, 어떻게 풀까

테렌스 타오 지음 | 안기연 옮김 | 178쪽 | 12,000원

세계에서 아이큐가 가장 높다고 알려진 수학자 테렌스 타오가 전하는 경시대회 문제 풀이 전략 정수론, 대수, 해석학, 유클리드 기하, 해석 기하 등 다양한 분야의 문제들을 다룬다. 문제를 어떻게 해석할 것인가를 두고 고민하는 수학자의 관점을 엿볼 수 있는 새로운 책이다.

평면기하의 탐구문제들 제1권, 제2권

프라소로프 지음 | 한인기 옮김 | 328쪽 | 각권 20,000원

기초 수학이 강한 러시아의 저명한 기하학자 프라소로프의 역작. 이 책에 수록된 정리들과 문제들은 문제 해결자의 자기주도적인 탐구활동에 적합하도록 체계화한 것이다.

문제해결의 이론과 실제

한인기, 꼴랴긴 Yu. M. 공저 | 208쪽 | 15,000원

입시 위주의 수학교육에 지친 수학 교사들에게는 '수학 문제해결의 가치'를 다시금 일깨워 주고, 수학 논술을 준비하는 중등 학생들에게는 진정한 문제 해결력을 길러주는 수학 탐구서.

유추를 통한 수학탐구

P.M. 에르든예프, 한인기 공저 | 272쪽 | 18,000원

유추는 개념과 개념을, 생각과 생각을 연결하는 징검다리와 같다. 이 책을 통해 자신의 힘으로 수학하는 기쁨을 얻는다.

영재들을 위한 365일 수학여행

시오니 파파스 지음 | 김흥규 옮김 | 280쪽 | 15,000원

재미있는 수학 문제와 수수께끼를 일기 쓰듯이 하루 한 문제씩 풀어 가면서 논리적인 사고력과 문제해결능력을 키우고 수학언어에 친근해지도록 하는 책으로 수학사 속의 유익한 에피소드도 읽을 수 있다.

수학 명저

괴델의 증명

어니스트 네이글, 제임스 뉴먼 지음 | 더글러스 호프스태터 서문 | 곽강제, 고중숙 옮김 | 176쪽 | 15,000원

『타임』지가 선정한 '20세기 가장 영향력 있는 인물 100명'에 든 단 2명의 수학자 중 한 명인 괴델의 불완전성 정리를 군더더기 없이 간결하게 조명한 책. 괴델은 '무모순성'과 '완전성'을 동시에 갖춘 수학 체계를 만들 수 없다는, 즉 '애초부터 증명 불가능한 진술이 있다'는 것을 증명하였다. (함께 읽기 : 『불완전성』)

오일러 상수 감마

줄리언 해빌 지음 | 프리먼 다이슨 서문 | 고중숙 옮김 | 416쪽 | 20,000원

수학의 중요한 상수 중 하나인 감마는 여전히 깊은 신비에 싸여 있다. 줄리언 해빌은 여러 나라와 세기를 넘나들며 수학에서 감마가 차지하는 위치를 설명하고, 독자들을 로그와 조화급수, 리만 가설과 소수정리의 세계로 안내한다.
2009 대한민국학술원 기초학문육성 '우수학술도서' 선정

리만 가설 : 베른하르트 리만과 소수의 비밀

존 더비셔 지음 | 박병철 옮김 | 560쪽 | 20,000원

수학의 역사와 구체적인 수학적 기술을 적절하게 배합시켜 '리만 가설'을 향한 인류의 도전사를 흥미진진하게 보여 준다. 일반 독자들도 명실공히 최고 수준이라 할 수 있는 난제를 해결하는 지적 성취감을 느낄 수 있다. (함께 읽기 : 『오일러 상수 감마』 『소수의 음악』)

2007 대한민국학술원 기초학문육성 '우수학술도서' 선정

뷰티풀 마인드

실비아 네이사 지음 | 신현용, 승영조, 이종인 옮김 | 757쪽 | 18,000원

MIT에 재학 중이던 21세 때 완성한 게임 이론으로 46년 뒤 노벨경제학상을 수상한 존 내쉬의 영화 같았던 삶. 그의 삶 속에서 진정한 승리는 정신분열증을 극복하고 노벨상을 수상한 것이 아니라, 아내 앨리사와의 사랑으로 끝까지 살아남아 성장했다는 점이다.

간행물윤리위원회 선정 '우수도서', 영화 『뷰티풀 마인드』 오스카상 4개 부문 수상

우리 수학자 모두는 약간 미친 겁니다

폴 호프만 지음 | 신현용 옮김 | 376쪽 | 12,000원

83년간 살면서 하루 19시간씩 수학문제만 풀었고, 485명의 수학자들과 함께 1,475편의 수학 논문을 써낸 20세기 최고의 전설적인 수학자 폴 에어디쉬의 전기.

한국출판인회의 선정 '이달의 책', 론폴랑 과학도서 저술상 수상

무한의 신비

애머 악첼 지음 | 신현용, 승영조 옮김 | 304쪽 | 12,000원

고대부터 현대에 이르기까지 수학자들이 이루어 낸 무한에 대한 도전과 좌절. 무한의 개념을 연구하다 정신병원에서 쓸쓸히 생을 마쳐야 했던 칸토어와 피타고라스에서 괴델에 이르는 '무한'의 역사.

수학 재즈

에드워드 B. 버거, 마이클 스타버드 지음 | 승영조 옮김 | 352쪽 | 17,000원

왜 일기예보는 항상 틀리는지, 왜 증권투자로 돈 벌기가 쉽지 않은지, 왜 링컨과 존 F. 케네디는 같은 운명을 타고 났는지, 이 모든 것을 수식 없는 수학으로 설명한 책. 저자는 우연의 일치와 카오스, 프랙탈, 4차원 등 묵직한 수학 주제를 가볍게 우리 일상의 삶의 이야기로 풀어서 들려준다.

물리학 명저

타이슨이 연주하는 우주 교향곡 제1권, 제2권

닐 디그래스 타이슨 지음 | 박병철 옮김 | 1권 256쪽, 2권 264쪽 | 각권 10,000원

모두가 궁금해하는 우주의 수수께끼를 명쾌하게 풀어내는 책 10여 년 동안 미국 월간지 『유니버스』에 '우주'라는 제목으로 기고한 칼럼을 두 권으로 묶었다. 우주에 관한 다양한 주제를 골고루 배합하여 쉽고 재치 있게 설명한다.

아 · 태 이론물리센터 선정 '2008년 올해의 과학도서 10권'

갈릴레오가 들려주는 별 이야기 : 시데레우스 눈치우스

갈릴레오 갈릴레이 지음 | 앨버트 반 헬덴 해설 | 장헌영 옮김 | 232쪽 | 12,000원

과학의 혁명을 일궈 낸 근대 과학의 아버지 갈릴레오 갈릴레이가 직접 기록한 별의 관찰일지. 1610년 베니스에서 초판 550권이 일주일 만에 모두 팔렸을 정도로 그 당시 독자들에게 놀라움과 경이로움을 안겨 준 이 책은 시대를 넘어 현대 독자들에게까지 위대한 과학자 갈릴레오 갈릴레이의 뛰어난 통찰력과 날카로운 지성을 느끼게 해 준다

퀀트 : 물리와 금융에 관한 회고

이매뉴얼 더만 지음 | 권루시안 옮김 | 472쪽 | 18,000원

'금융가의 리처드 파인만'으로 손꼽히는 금융가의 전설적인 더만 그가 말하는 이공계생들의 금융계 진출과 성공을 향한 도전을 책으로 읽는다. 금융공학과 퀀트의 세계에 대한 다채롭고 흥미로운 회고. 수학자 제임스 시몬스는 70세의 나이에도 1조 5천억 원의 연봉을 받고 있다. 이공계생들이여, 금융공학에 도전하라!

스트레인지 뷰티

조지 존슨 지음 | 고중숙 옮김 | 608쪽 | 20,000원

20여 년에 걸쳐 입자물리학계를 지배한 탁월한 과학자이면서도, 고뇌에서 벗어나지 못했던 한 인간에 대한 다차원적 조명. 리처드 파인만에 필적하는 노벨상 수상자 괴짜 천재 머레이 겔만의 삶과 학문.

(함께 읽는 책 : 「대칭 시리즈」 전 5권)

건강과 자기계발

TMS 통증 혁명

존 사노 지음 | 신승철 옮김 | 254쪽 | 9,000원

저자는 1만 명의 환자들을 치료한 임상결과를 바탕으로 긴장성근육통증후군(TMS)의 원인이 그동안 정통 의학계가 무시해왔던 '정신(마음)'의 문제임을 밝혔다. 통증 치료 관련 산업만 이미 수천억 달러가 넘도록 커져버린 의학계의 현주소를 날카롭게 해부한다.

통증 유발자, 마음

존 사노 지음 | 승영조, 최우석 옮김 | 432쪽 | 17,000원

수술을 받아도 치료할 수 없고, 정확한 원인 없이 환자를 괴롭히는 통증의 정체를 밝힌다. 30년이 넘는 세월 동안 수천 명의 환자를 치료한 임상 경험을 토대로 통증의 원인과 치료법을 쉽게 설명하고 있다.

영원히 사는 법 : 의학 혁명까지 살아남기 위해 알아야 할 9가지

레이 커즈와일, 테리 그로스먼 지음 | 김희원 옮김 | 568쪽 | 19,000원

노화, 퇴행성 질환과 관련된 최근의 과학적, 의학적 연구성과를 포괄적이면서도 읽기 쉽게 해설했다. 기술의 진보가 가져올 놀라운 미래상을 그려내며, 불로장생을 가능케 할 진보된 미래까지 건강을 유지할 방법을 최신 자료를 바탕으로 소개한다.

엘리먼트 : 타고난 재능과 열정이 만나는 지점

켄 로빈슨 지음 | 승영조 옮김 | 353쪽 | 14,000원

인간 잠재력 계발 분야의 세계적 리더, 켄 로빈슨이 공개하는 성공의 비밀! 저자는 폴 매카트니, 『심슨가족』의 창시자 매트 그로닝 등 다양한 분야에서 성공한 사람들과의 인터뷰와 오랜 연구 끝에 성공의 비밀을 밝혀냈다. 인간은 누구나 천재적 재능을 가지고 있다고 주장하는 켄 로빈슨은 이 책에서 그 재능을 발견하고 성공으로 이르게 하는 해법을 제시한다.

브라이언 그린

엘러건트 유니버스

브라이언 그린 지음 | 박병철 옮김 | 592쪽 | 20,000원

초끈이론과 숨겨진 차원, 그리고 궁극의 이론을 향한 탐구 여행. 초끈이론의 권위자 브라이언 그린은 핵심을 비껴가지 않고도 가장 명쾌한 방법을 택한다.

『KBS TV 책을 말하다』와 『동아일보』 『조선일보』 『한겨레』 선정 '2002년 올해의 책'

우주의 구조

브라이언 그린 지음 | 박병철 옮김 | 747쪽 | 28,000원

『엘러건트 유니버스』에 이어 최첨단의 물리를 맛보고 싶은 독자들을 위한 브라이언 그린의 역작! 새로운 각도에서 우주의 본질을 이해할 수 있을 것이다.

『KBS TV 책을 말하다』 테마북 선정, 제46회 한국출판문화상(번역부문, 한국일보사)

아·태 이론물리센터 선정 '2005년 올해의 과학도서 10권'

블랙홀을 향해 날아간 이카로스

브라이언 그린 지음 | 박병철 옮김 | 40쪽 | 12,000원

세계적인 물리학자이자 베스트셀러 『엘러건트 유니버스』의 저자, 브라이언 그린이 쓴 첫 번째 어린이 과학책. 저자가 평소 아들에게 들려주던 이야기를 토대로 쓴 우주여행 이야기로, 흥미진진한 모험담과 우주 화보집이라고 불러도 손색없는 화려한 천체 사진들이 아이들을 우주의 세계로 안내한다.

로저 펜로즈

실체에 이르는 길 제1권, 제2권 : 우주의 법칙으로 인도하는 완벽한 안내서

로저 펜로즈 지음 | 박병철 옮김 | 각권 856쪽 | 각권 35,000원

우주를 수학적으로 가장 완전하게 서술한 교양서. 수학과 물리적 세계 사이에 존재하는 우아한 연관관계를 복잡한 수학을 피하지 않으면서 정공법으로 설명한다. 우주의 실체를 이해하려는 독자들에게 놀라운 지적 보상을 제공한다. 학부 이상의 수리물리학을 이해하려는 학생에게도 가장 좋은 안내서가 된다.

2011년 아·태 이론물리센터 선정 '올해의 과학도서 10권'

Shadows of the Mind : A Search for the Missing Science of Consciousness
로저 펜로즈 지음 | 근간

Cycles of Time : An Extraordinary New View of the Universe
로저 펜로즈 지음 | 근간

마커스 드 사토이

소수의 음악 : 수학 최고의 신비를 찾아
마커스 드 사토이 지음 | 고중숙 옮김 | 560쪽 | 20,000원
소수, 수가 연주하는 가장 아름다운 음악! 이 책은 세계 최고의 수학자들이 혼돈 속에서 질서를 찾고 소수의 음악을 듣기 위해 기울인 힘겨운 노력에 대한 매혹적인 서술로, 19세기 이후부터 현대 정수론의 모든 것을 다룬다. '리만 가설'을 소개하는, 일반인을 위한 최고의 안내서이다.

대칭 : 자연의 패턴 속으로 떠나는 여행
마커스 드 사토이 지음 | 안기연 옮김 | 492쪽 | 20,000원
수학자의 주기율표이자 대칭의 지도책 『유한군의 아틀라스』가 완성되는 과정을 담았다. 자연의 패턴에 숨겨진 대칭을 전부 목록화하겠다는 수학자들의 야심찬 모험을 그렸다.

넘버 미스터리
마커스 드 사토이 지음 | 안기연 옮김

근간

A Universe from Nothing
로렌스 크라우스 지음 | 박병철 옮김 | 근간

Quantum Physics for Poets
리언 레더먼, 크리스토퍼 힐 지음 | 전대호 옮김 | 근간

The Quantum Universe
브라이언 콕스, 제프 퍼쇼 지음 | 박병철 옮김 | 근간

Cycles of Time : An Extraordinary New View of the Universe
로저 펜로즈 지음 | 근간

Shadows of the Mind : A Search for the Missing Science of Consciousness
로저 펜로즈 지음 | 근간

對稱性とはなにか : 自然・宇宙のしくみを對稱性の破れによって理解する
(대칭성이란 무엇인가 : 자연・우주의 구조를 대칭성 깨짐을 통해 이해한다)
히로세 다치시게 지음 | 근간

13歳の娘に語るガロアの數學 (열세 살 딸에게 들려주는 갈루아 수학)
김중명 지음 | 근간

넘버 미스터리

1판 1쇄 발행 2012년 6월 25일
1판 2쇄 발행 2014년 8월 26일

지은이 | 마커스 드 사토이
옮긴이 | 안기연
펴낸이 | 황승기
마케팅 | 송선경
편집 | 김지혜
디자인 | 박세명
펴낸곳 | 도서출판 승산

등록날짜 | 1998년 4월 2일
주소 | 서울시 강남구 역삼2동 723번지 혜성빌딩 402호
대표전화 | 02-568-6111
팩시밀리 | 02-568-6118
이메일 | books@seungsan.com
웹사이트 | www.seungsan.com

ISBN 978-89-6139-046-0   03410

값은 뒤표지에 있습니다.